COLETÂNEA DE QUESTÕES

TECNÓLOGO I

2014 © Wander Garcia

Coordenador da Obra: Alexandre Moreira Nascimento
Organizador da Obra: Alexandre Moreira Nascimento
Organizador da Formação Geral: Elson Garcia
Editor: Márcio Dompieri
Gerente Editorial: Paula Tseng
Equipe Editora Foco: Erica Coutinho, Georgia Dias e Ivo Shigueru Tomita
Projeto gráfico, Capa e Diagramação: R2 Editorial

Dados Internacionais de Catalogação na Publicação (CIP)
(Câmara Brasileira do Livro, SP, Brasil)

Coletânea de questões do ENADE: Tecnólogos I / Alexandre
Moreira Nascimento, coordenador da coleção. -- Alexandre
Moreira Nascimento e Elson Garcia, organizadores da obra.
-- Indaiatuba, SP: Editora Foco Jurídico, 2014. -- (ENADE
coletânea de questões)

1. Arquitetura 2. Computação 3. Ensino superior - Avaliação - Brasil
4. Tecnólogos 5. Universidades e faculdades - Avaliação - Brasil
I. Nascimento, Alexandre Moreira. II. Série.

ISBN 978-85-8242-100-0

14-04483   CDD-378

Índices para catálogo sistemático:
1. Ensino superior : Avaliação : Brasil   378

2014
Todos os direitos reservados à
Editora Foco Jurídico Ltda.
Al. Júpiter 578 - Galpão 01 – American Park Distrito Industrial
CEP 13347-653 – Indaiatuba – SP
E-mail: contato@editorafoco.com.br
www.editorafoco.com.br

SUMÁRIO

CAPÍTULO I
AVALIAÇÃO DAS HABILIDADES E CONTEÚDOS GERAIS E ESPECÍFICOS 7

CAPÍTULO II
QUESTÕES DE FORMAÇÃO GERAL 11

HABILIDADE 01
CULTURA E ARTE 15

HABILIDADE 02
AVANÇOS TECNOLÓGICOS 25

HABILIDADE 03
CIÊNCIA, TECNOLOGIA E SOCIEDADE 27

HABILIDADE 04
DEMOCRACIA, ÉTICA E CIDADANIA 29

HABILIDADE 05
ECOLOGIA/BIODIVERSIDADE 35

HABILIDADE 06
GLOBALIZAÇÃO E POLÍTICA INTERNACIONAL 39

HABILIDADE 07
POLÍTICAS PÚBLICAS: EDUCAÇÃO, HABITAÇÃO, SANEAMENTO, SAÚDE, TRANSPORTE, SEGURANÇA, DEFESA, DESENVOLVIMENTO SUSTENTÁVEL 43

HABILIDADE 08
RELAÇÕES DE TRABALHO 49

HABILIDADE 09
RESPONSABILIDADE SOCIAL: SETOR PÚBLICO, PRIVADO, TERCEIRO SETOR 53

HABILIDADE 10
SOCIODIVERSIDADE E MULTICULTURALISMO: VIOLÊNCIA, TOLERÂNCIA/INTOLERÂNCIA, INCLUSÃO/EXCLUSÃO E RELAÇÕES DE GÊNERO 55

HABILIDADE 11
TECNOLOGIAS DE INFORMAÇÃO E COMUNICAÇÃO 59

HABILIDADE 12
VIDA URBANA E RURAL 61

4   COLETÂNEA DE QUESTÕES – TECNÓLOGO I

HABILIDADE 13
MAPAS GEOPOLÍTICOS E SOCIOECONÔMICOS 63

HABILIDADE 14
OUTROS TEMAS 65

ANEXO
GABARITO E PADRÃO DE RESPOSTA 69

CAPÍTULO III
QUESTÕES DE COMPONENTE ESPECÍFICO DE DESENVOLVIMENTO DE SISTEMAS   **77**

HABILIDADE 01
MODELAGEM DE PROCESSOS DE NEGÓCIOS 81

HABILIDADE 02
GERÊNCIA DE PROJETOS E PROCESSOS DE DESENVOLVIMENTO DE *SOFTWARE* 83

HABILIDADE 03
ENGENHARIA DE REQUISITOS 87

HABILIDADE 04
ANÁLISE E PROJETO DE SISTEMAS ORIENTADOS A OBJETOS 91

HABILIDADE 05
BANCO DE DADOS E ESTRUTURAS DE DADOS 95

HABILIDADE 06
ALGORITMOS E PROGRAMAÇÃO 99

HABILIDADE 07
QUALIDADE DE *SOFTWARE*, VERIFICAÇÃO E VALIDAÇÃO DE *SOFTWARE* 101

HABILIDADE 08
MANUTENÇÃO DE *SOFTWARE* 103

HABILIDADE 09
REDES DE COMPUTADORES E SEGURANÇA DA INFORMAÇÃO 105

HABILIDADE 10
SISTEMAS OPERACIONAIS 107

HABILIDADE 11
MATEMÁTICA, LÓGICA E ESTATÍSTICA 109

HABILIDADE 12
EMPREENDEDORISMO 111

CAPÍTULO IV
QUESTÕES DE COMPONENTE ESPECÍFICO DE REDES DE COMPUTADORES   **113**

HABILIDADE 01
FUNDAMENTOS BÁSICOS DE REDE 119

HABILIDADE 02
FUNDAMENTOS DE COMUNICAÇÃO E TRANSMISSÃO DE DADOS 121

HABILIDADE 03
ARQUITETURA DE REDES DE COMPUTADORES, REDES CONVERGENTES, REDES DE LONGAS
DISTÂNCIAS E TECNOLOGIAS DE ACESSO 123

COLETÂNEA DE QUESTÕES – TECNÓLOGO I

HABILIDADE 04
PADRÕES E PROTOCOLOS UTILIZADOS NA ARQUITETURA TCP/IP 127

HABILIDADE 05
EQUIPAMENTOS PARA INTERCONEXÃO DE REDES E PADRÕES DE CABEAMENTO ESTRUTURADO 131

HABILIDADE 06
PADRÕES PARA REDES LOCAIS IEEE 802 E PADRÕES PARA REDES SEM FIO 135

HABILIDADE 07
GERENCIAMENTO DE REDES E ADMINISTRAÇÃO DE SISTEMAS OPERACIONAIS DE REDES 139

HABILIDADE 08
SEGURANÇA DE REDES DE COMPUTADORES E DE DADOS, CRIPTOGRAFIA 143

HABILIDADE 09
PROJETO DE REDES DE COMPUTADORES 145

CAPÍTULO V
QUESTÕES DE COMPONENTE ESPECÍFICO DE AUTOMAÇÃO INDUSTRIAL   **147**

HABILIDADE 01
MATEMÁTICA E FÍSICA APLICADAS 153

HABILIDADE 02
ELETRICIDADE, MÁQUINAS ELÉTRICAS, INSTALAÇÕES ELÉTRICAS INDUSTRIAIS, ACIONAMENTOS ELÉTRICOS 155

HABILIDADE 03
ELETRÔNICA ANALÓGICA/DIGITAL, MICROCONTROLADORES, SISTEMAS DE CONTROLE, SENSORES
E TRANSDUTORES, CONTROLES LÓGICOS PROGRAMÁVEIS E ROBÓTICA 159

HABILIDADE 04
INFORMÁTICA APLICADA 171

HABILIDADE 05
SISTEMAS ELETROPNEUMÁTICOS E ELETRO-HIDRÁULICOS 173

HABILIDADE 06
DESENHO TÉCNICO 175

HABILIDADE 07
SISTEMAS SUPERVISÓRIOS E REDES INDUSTRIAIS 177

HABILIDADE 08
MANUTENÇÃO INDUSTRIAL, CONTROLE DE QUALIDADE E SEGURANÇA DO TRABALHO 179

HABILIDADE 09
FABRICAÇÃO MECÂNICA E METROLOGIA 183

CAPÍTULO VI
QUESTÕES DE COMPONENTE ESPECÍFICO DE PRODUÇÃO INDUSTRIAL   **185**

HABILIDADE 01
GESTÃO DE PROJETOS, PROCESSOS E PLANEJAMENTO ESTRATÉGICO 189

HABILIDADE 02
ADMINISTRAÇÃO DA PRODUÇÃO 193

HABILIDADE 03
SISTEMAS DE GESTÃO DA QUALIDADE 201

HABILIDADE 04
SAÚDE, SEGURANÇA E MEIO AMBIENTE 205

HABILIDADE 05
SISTEMAS DE MEDIÇÃO 207

HABILIDADE 06
GESTÃO DE PESSOAS 209

HABILIDADE 07
TECNOLOGIAS 211

CAPÍTULO VII
GABARITO E PADRÃO DE RESPOSTA   **213**

ANEXO
GABARITO E PADRÃO DE RESPOSTA 215

CAPÍTULO III
DESENVOLVIMENTO DE SISTEMAS 215

CAPÍTULO IV
DESENVOLVIMENTO DE SISTEMAS 218

CAPÍTULO V
AUTOMAÇÃO INDUSTRIAL 220

CAPÍTULO VI
PRODUÇÃO INDUSTRIAL 222

Capítulo I
Avaliação das Habilidades e Conteúdos Gerais e Específicos

Avaliação das Habilidades e Conteúdos Gerais e Específicos

Mais do que nunca as Instituições de Ensino Superior, o Ministério da Educação e o mercado de trabalho buscam a formação de profissionais que desenvolvam habilidades, competências e conteúdos gerais e específicos.

Nesse sentido, o Exame Nacional de Desempenho dos Estudantes - ENADE, instituído pela Lei 10.861/04, vem submetendo, principalmente junto aos alunos concluintes, exame **obrigatório** que avalia habilidades e competências destes, e não apenas a capacidade de decorar do estudante, o que faz com que essa avaliação esteja muito mais próxima do que é a "vida real", o mercado de trabalho, do que outros exames de proficiência e de concursos com os quais o estudante se depara durante sua vida escolar e profissional.

Esse exame tem os seguintes **objetivos**:

a) avaliar o desempenho dos estudantes com relação aos **conteúdos programáticos** previstos nas diretrizes curriculares dos cursos de graduação;

b) avaliar o desempenho dos estudantes quanto ao **desenvolvimento de competências e habilidades** necessárias ao aprofundamento da formação geral e profissional;

c) avaliar o desempenho dos estudantes quanto ao **nível de atualização** com relação à realidade brasileira e mundial;

d) servir como um dos **instrumentos de avaliação** das instituições de ensino superior e dos cursos de graduação.

Dessa forma, o exame não privilegia o verbo **decorar**, mas sim os verbos analisar, comparar, relacionar, organizar, contextualizar, interpretar, calcular, **raciocinar**, argumentar, propor, dentre outros.

É claro que será aferido também se os conteúdos programáticos ministrados nos cursos superiores foram bem compreendidos, mas o foco maior é a avaliação do desenvolvimento da capacidade de compreensão, de síntese, de crítica, de argumentação e de proposição de soluções por parte dos estudantes.

Além disso, o exame é **interdisciplinar** e **contextualizado**, inserindo o estudante dentro de situações-problemas, de modo a verificar a capacidade deste de *aprender a pensar*, a *refletir* e a *saber como fazer*.

O exame é formado por 40 questões, sendo 10 questões de **Formação Geral, das quais duas são subjetivas,** e 30 questões de **Componente Específico, das quais três são subjetivas.**

As questões subjetivas costumam avaliar textos argumentativos a serem escritos, em geral, em até 15 linhas.

O peso da parte de formação geral é de 25%, ao passo que o peso da segunda parte é de 75%.

O objetivo da presente obra é colaborar com esse processo contínuo de desenvolvimento de habilidades e conteúdos gerais e específicos junto aos alunos, a partir do conhecimento e resolução de questões do exame mencionado e do Exame Nacional de Cursos, questões essas que, como se viu, primam pela avaliação desses conteúdos e competências.

Capítulo II

Questões de Formação Geral

1) Conteúdos e Habilidades objetos de perguntas nas questões de Formação Geral.

As questões de Formação Geral avaliam, junto aos estudantes, o conhecimento e a compreensão, dentre outros, dos seguintes **Conteúdos**:

I. Arte e cultura; filosofia e estética;

II. Avanços tecnológicos;

III. Ciência, tecnologia e inovação;

IV. Democracia, ética, cidadania e direitos humanos;

V. Ecologia/biodiversidade;

VI. Globalização e geopolítica;

VII. Políticas públicas: educação, habitação, saneamento, saúde, transporte, segurança, defesa e desenvolvimento sustentável;

VIII. Relações de trabalho;

IX. Responsabilidade social e redes sociais: setor público, privado, terceiro setor;

X. Sociodiversidade: multiculturalismo, tolerância, inclusão/exclusão (inclusive digital), relações de gênero; minorias;

XI. Tecnologias de Informação e Comunicação;

XII. Vida urbana e rural;

XIII. Violência e terrorismo.

XIV. Relações interpessoais

XV. Propriedade intelectual

XVI. Diferentes mídias e tratamento da informação

Tais conteúdos são o pano de fundo para avaliação do desenvolvimento dos seguintes grupos de Habilidades:

a) **Interpretar**, **compreender** e **analisar** textos, charges, figuras, fotos, gráficos e tabelas.

b) Estabelecer **comparações**, contextualizações, relações, contrastes e reconhecer diferentes manifestações artísticas.

c) Elaborar sínteses e extrair **conclusões**.

d) **Criticar**, **argumentar**, opinar, propor **soluções** e fazer escolhas.

As questões objetivas costumam trabalhar com as três primeiras habilidades, ao passo que as questões discursivas trabalham, normalmente, com a quarta habilidade.

Com relação às questões de Formação Geral optamos por classificá-las nesta obra pelas quatro Habilidades acima enunciadas.

2) Questões de Formação Geral classificadas por Habilidades.

Habilidade 01

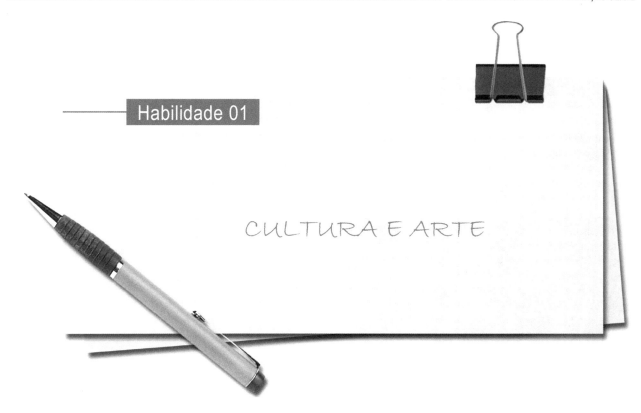

CULTURA E ARTE

1. (EXAME 2013)

Todo caminho da gente é resvaloso.
Mas também, cair não prejudica demais
A gente levanta, a gente sobe, a gente volta!...
O correr da vida embrulha tudo, a vida é assim:
Esquenta e esfria, aperta e daí afrouxa,
Sossega e depois desinquieta.
O que ela quer da gente é coragem.
Ser capaz de ficar alegre e mais alegre no meio da alegria,
E ainda mais alegre no meio da tristeza...

ROSA, J.G. Grande Sertão: Veredas. Rio de Janeiro:
Nova Fronteira, 2005.

De acordo com o fragmento do poema acima, de Guimarães Rosa, a vida é

(A) uma queda que provoca tristeza e inquietute prolongada.
(B) um caminhar de percalços e dificuldades insuperáveis.
(C) um ir e vir de altos e baixos que requer alegria perene e coragem.
(D) um caminho incerto, obscuro e desanimador.
(E) uma prova de coragem alimentada pela tristeza.

2. (EXAME 2011)

Retrato de uma princesa desconhecida

Para que ela tivesse um pescoço tão fino
Para que os seus pulsos tivessem um quebrar de caule
Para que os seus olhos fossem tão frontais e limpos
Para que a sua espinha fosse tão direita
E ela usasse a cabeça tão erguida
Com uma tão simples claridade sobre a testa
Foram necessárias sucessivas gerações de escravos
De corpo dobrado e grossas mãos pacientes
Servindo sucessivas gerações de príncipes
Ainda um pouco toscos e grosseiros
Ávidos cruéis e fraudulentos
Foi um imenso desperdiçar de gente
Para que ela fosse aquela perfeição
Solitária exilada sem destino

ANDRESEN, S. M. B. Dual. Lisboa:
Caminho, 2004. p. 73.

No poema, a autora sugere que

(A) os príncipes e as princesas são naturalmente belos.
(B) os príncipes generosos cultivavam a beleza da princesa.
(C) a beleza da princesa é desperdiçada pela miscigenação racial.
(D) o trabalho compulsório de escravos proporcionou privilégios aos príncipes.
(E) o exílio e a solidão são os responsáveis pela manutenção do corpo esbelto da princesa.

3. (EXAME 2010)

Painel da série Retirantes, de Cândido Portinari.
Disponível em: <http://3.bp.blogspot.com>. Acesso em 24 ago. 2010.

Morte e Vida Severina

(trecho)

Aí ficarás para sempre,
livre do sol e da chuva,
criando tuas saúvas.
— Agora trabalharás
só para ti, não a meias,
como antes em terra alheia.
— Trabalharás uma terra
da qual, além de senhor,
serás homem de eito e trator.
— Trabalhando nessa terra,
tu sozinho tudo empreitas:
serás semente, adubo, colheita.
— Trabalharás numa terra
que também te abriga e te veste:
embora com o brim do Nordeste.
— Será de terra
tua derradeira camisa:
te veste, como nunca em vida.
— Será de terra
e tua melhor camisa:
te veste e ninguém cobiça.
— Terás de terra
completo agora o teu fato:
e pela primeira vez, sapato.
Como és homem,
a terra te dará chapéu:
fosses mulher, xale ou véu.
— Tua roupa melhor
será de terra e não de fazenda:
não se rasga nem se remenda.
— Tua roupa melhor
e te ficará bem cingida:
como roupa feita à medida.

João Cabral de Melo Neto. **Morte e Vida Severina.**
Rio de Janeiro: Objetiva. 2008.

Analisando o painel de Portinari apresentado e o trecho destacado de Morte e Vida Severina, conclui-se que

(A) ambos revelam o trabalho dos homens na terra, com destaque para os produtos que nela podem ser cultivados.
(B) ambos mostram as possibilidades de desenvolvimento do homem que trabalha a terra, com destaque para um dos personagens.
(C) ambos mostram, figurativamente, o destino do sujeito sucumbido pela seca, com a diferença de que a cena de Portinari destaca o sofrimento dos que ficam.
(D) o poema revela a esperança, por meio de versos livres, assim como a cena de Portinari traz uma perspectiva próspera de futuro, por meio do gesto.
(E) o poema mostra um cenário próspero com elementos da natureza, como sol, chuva, insetos, e, por isso, mantém uma relação de oposição com a cena de Portinari.

4. (EXAME 2010)

Para preservar a língua, é preciso o cuidado de falar de acordo com a norma padrão. Uma dica para o bom desempenho linguístico é seguir o modelo de escrita dos clássicos. Isso não significa negar o papel da gramática normativa; trata-se apenas de ilustrar o modelo dado por ela. A escola é um lugar privilegiado de limpeza dos vícios de fala, pois oferece inúmeros recursos para o domínio da norma padrão e consequente distância da não padrão. Esse domínio é o que levará o sujeito a desempenhar competentemente as práticas sociais; trata-se do legado mais importante da humanidade.

PORQUE

A linguagem dá ao homem uma possibilidade de criar mundos, de criar realidades, de evocar realidades não presentes. E a língua é uma forma particular dessa faculdade [a linguagem] de criar mundos. A língua, nesse sentido, é a concretização de uma experiência histórica. Ela está radicalmente presa à sociedade.

XAVIER, A. C. & CORTEZ. s. (orgs.). **Conversas com Linguistas**:
virtudes e controvérsias da Linguística. Rio de Janeiro:
Parábola Editorial, p. 72-73. 2005
(com adaptações).

Analisando a relação proposta entre as duas asserções acima, assinale a opção correta.

(A) As duas asserções são proposições verdadeiras, e a segunda é uma justificativa correta da primeira.

(B) As duas asserções são proposições verdadeiras, mas a segunda não é uma justificativa correta da primeira.

(C) A primeira asserção é uma proposição verdadeira, e a segunda é uma proposição falsa.

(D) A primeira asserção é uma proposição falsa, a segunda é uma proposição verdadeira.

(E) As duas asserções são proposições falsas.

5. (EXAME 2009)

Leia o trecho:

> **O sertão vai a Veneza**
>
> Festival de Veneza exibe "Viajo Porque Preciso, Volto Porque Te Amo", de Karim Aïnouz e Marcelo Gomes, feito a partir de uma longa viagem pelo sertão nordestino. [...] Rodaram 13 mil quilômetros, a partir de Juazeiro do Norte, no Ceará, passando por Pernambuco, Paraíba, Sergipe e Alagoas, improvisando dia a dia os locais de filmagem. "Estávamos à procura de tudo que encetava e causava estranhamento. Queríamos romper com a ideia de lugar isolado, intacto, esquecido, arraigado numa religiosidade intransponível. Eu até evito usar a palavra 'sertão' para ter um novo olhar sobre esse lugar", conta Karim.
>
> A ideia era afastar-se da imagem histórica da região na cultura brasileira. "Encontramos um universo plural que tem desde uma feira de equipamentos eletrônicos a locais de total desolação", completa Marcelo.
>
> CRUZ, Leonardo. **Folha de S. Paulo**, p. E1, 05/09/2009.

A partir da leitura desse trecho, é INCORRETO afirmar que

(A) a feira de equipamentos eletrônicos, símbolo da modernidade e da tecnologia sofisticada, é representativa do contrário do que se pensa sobre o sertão nordestino.

(B) as expressões isolamento, esquecimento e religiosidade, utilizadas pelos cineastas, são consideradas adequadas para expressar a atual realidade sertaneja.

(C) o termo "sertão" tem conotação pejorativa, por implicar atraso e pobreza; por isso, seu uso deve ser cuidadoso.

(D) os entrevistados manifestam o desejo de contribuir para a desmitificação da imagem do sertão nordestino, congelada no imaginário de parte dos brasileiros.

(E) revela o estranhamento que é comum entre pessoas mal informadas e simplificadoras, que veem o sertão como uma região homogênea.

6. (EXAME 2008)

O escritor Machado de Assis (1839-1908), cujo centenário de morte está sendo celebrado no presente ano, retratou na sua obra de ficção as grandes transformações políticas que aconteceram no Brasil nas últimas décadas do século XIX.

O fragmento do romance *Esaú e Jacó*, a seguir transcrito, reflete o clima político-social vivido naquela época.

> Podia ter sido mais turbulento. Conspiração houve, decerto, mas uma barricada não faria mal. Seja como for, venceu-se a campanha. (...)
>
> Deodoro é uma bela figura. (...)
>
> Enquanto a cabeça de Paulo ia formulando essas ideias, a de Pedro ia pensando o contrário; chamava o movimento um crime.
>
> — Um crime e um disparate, além de ingratidão; o imperador devia ter pegado os principais cabeças e mandá-los executar.
>
> ASSIS, Machado de. Esaú e Jacó. In:_. **Obra completa**. Rio de Janeiro: Nova Aguilar, 1979. v. 1, cap. LXVII (Fragmento).

Os personagens a seguir estão presentes no imaginário brasileiro, como símbolos da Pátria.

Disponível em: <http://www.morcegolivre.vet.br/tiradentes_lj.html>.

ERMAKOFF, George. Rio de Janeiro, **1840-1900**: Uma crônica fotográfica. Rio de Janeiro: G. Ermakoff Casa Editorial, 2006. p.189.

ERMAKOFF, George. Rio de Janeiro, **1840-1900**: Uma crônica fotográfica. Rio de Janeiro: G. Ermakoff Casa Editorial, 2006. p.38.

LAGO, Pedro Corrêa do; BANDEIRA, **Júlio. Debret e o Brasil**: obra completa 1816-1831. Rio de Janeiro: Capivara, 2007. p. 78.

LAGO, Pedro Corrêa do; BANDEIRA, Julio. **Debret e o Brasil**: Obra Completa 1816-1831. Rio de Janeiro: Capivara, 2007. p. 93.

Das imagens anteriores, as figuras referidas no fragmento do romance *Esaú e Jacó* são
(A) I e III
(B) I e V
(C) II e III
(D) II e IV
(E) II e V

7. (EXAME 2008)

A foto a seguir, da americana Margaret Bourke-White (1904-71), apresenta desempregados na fila de alimentos durante a Grande Depressão, que se iniciou em 1929.

STRICKLAND, Carol; BOSWELL, John. **Arte Comentada**: da pré-história ao pós-moderno. Rio de Janeiro: Ediouro [s.d.].

Além da preocupação com a perfeita composição, a artista, nessa foto, revela

(A) a capacidade de organização do operariado.
(B) a esperança de um futuro melhor para negros.
(C) a possibilidade de ascensão social universal.
(D) as contradições da sociedade capitalista.
(E) o consumismo de determinadas classes sociais.

8. (EXAME 2008)

O filósofo alemão Friedrich Nietzsche (1844-1900), talvez o pensador moderno mais incômodo e provocativo, influenciou várias gerações e movimentos artísticos. O Expressionismo, que teve forte influência desse filósofo, contribuiu para o pensamento contrário ao racionalismo moderno e ao trabalho mecânico, através do embate entre a razão e a fantasia.

As obras desse movimento deixam de priorizar o padrão de beleza tradicional para enfocar a instabilidade da vida, marcada por angústia, dor, inadequação do artista diante da realidade. Das obras a seguir, a que reflete esse enfoque artístico é

(A)

Homem idoso na poltrona Rembrandt van Rijn - Louvre, Paris
Disponível em: <http://www.allposters.com/ gallery.asp?startat=/ getposter. aspolAPNum=1350898>.

(B)

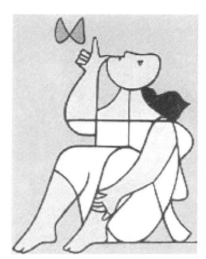

Figura e borboleta Milton Dacosta. Disponível em: <http://www.unesp.br/ouvidoria/ publicacoes/ed_0805.php>.

(C)

O grito - Edvard Munch - Museu Munch, Oslo. Disponível em: <http://members.cox.net/ claregerber2/The%20Scream2.jpg>.

(D)

Menino mordido por um lagarto Michelangelo Merisi (Caravaggio) – National Gallery, Londres Disponível em: <http://vr.theatre.ntu.edu.tw/artsfile/ artists/images/Caravaggio/Caravaggio024/File1.jpg>.

(E)

Abaporu - Tarsila do Amaral. Disponível em: <http://tarsiladoamaral.com.br/index_frame.htm>.

9. (EXAME 2007)

Entre 1508 e 1512, Michelangelo pintou o teto da Capela Sistina no Vaticano, um marco da civilização ocidental. Revolucionária, a obra chocou os mais conservadores, pela quantidade de corpos nus, possivelmente, resultado de seus secretos estudos de anatomia, uma vez que, no seu tempo, era necessária a autorização da Igreja para a dissecação de cadáveres.

Recentemente, perceberam-se algumas peças anatômicas camufladas entre as cenas que compõem o teto. Alguns pesquisadores conseguiram identificar uma grande quantidade de estruturas internas da anatomia humana, que teria sido a forma velada de como o artista "imortalizou a comunhão da arte com o conhecimento".

Uma das cenas mais conhecidas é "A criação de Adão". Para esses pesquisadores ela representaria o cérebro num corte sagital, como se pode observar nas figuras a seguir.

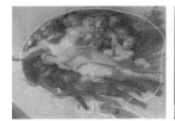 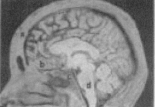

BARRETO, Gilson e OLIVEIRA, Marcelo G. de. **A arte secreta de Michelangelo** - Uma lição de anatomia na Capela Sistina. ARX.

Considerando essa hipótese, uma ampliação interpretativa dessa obra-prima de Michelangelo expressaria

(A) o Criador dando a consciência ao ser humano, manifestada pela função do cérebro.
(B) a separação entre o bem e o mal, apresentada em cada seção do cérebro.
(C) a evolução do cérebro humano, apoiada na teoria darwinista.
(D) a esperança no futuro da humanidade, revelada pelo conhecimento da mente.
(E) a diversidade humana, representada pelo cérebro e pela medula.

10. (EXAME 2007)

Cidadezinha qualquer

Casas entre bananeiras
mulheres entre laranjeiras
pomar amor cantar.
Um homem vai devagar.
Um cachorro vai devagar.
Um burro vai devagar.
Devagar... as janelas olham.
Eta vida besta, meu Deus.

ANDRADE, Carlos Drummond de. Alguma poesia. In: **Poesia completa**. Rio de Janeiro: Nova Aguilar, 2002, p. 23.

Cidadezinha cheia de graça...
Tão pequenina que até causa dó!
Com seus burricos a pastar na praça...
Sua igrejinha de uma torre só...
Nuvens que venham, nuvens e asas,
Não param nunca nem num segundo...
E fica a torre, sobre as velhas casas,
Fica cismando como é vasto o mundo!...
Eu que de longe venho perdido,
Sem pouso fixo (a triste sina!)
Ah, quem me dera ter lá nascido!
Lá toda a vida poder morar!
Cidadezinha... Tão pequenina
Que toda cabe num só olhar...

QUINTANA, Mário. A rua dos cataventos In: **Poesia completa**. Org. Tânia Franco Carvalhal. Rio de Janeiro: Nova Aguilar, 2006, p. 107.

Ao se escolher uma ilustração para esses poemas, qual das obras, a seguir, estaria de acordo com o tema neles dominante?

(A)

Di Cavalcanti

(B)

Tarsila do Amaral

(C)

Taunay

(D)

Manezinho Araújo

(E)

Guignard

11. (EXAME 2006)

José Pancetti

O tema que domina os fragmentos poéticos abaixo é o mar. Identifique, entre eles, aquele que mais se aproxima do quadro de Pancetti.

(A) Os homens e as mulheres
adormecidos na praia
que nuvens procuram
agarrar?

(MELO NETO, João Cabral de. Marinha. **Os melhores poemas**. São Paulo: Global, 1985. p. 14.)

(B) Um barco singra o peito
rosado do mar.
A manhã sacode as ondas
e os coqueiros.

(ESPÍNOLA, Adriano. Pesca. **Beira-sol**. Rio de Janeiro: TopBooks, 1997. p. 13.)

(C) Na melancolia de teus olhos
Eu sinto a noite se inclinar
E ouço as cantigas antigas
Do mar.

(MORAES, Vinícius de. Mar. **Antologia poética**. 25 ed. Rio de Janeiro: José Olympio, 1984. p. 93.)

(D) E olhamos a ilha assinalada
pelo gosto de abril que o mar trazia
e galgamos nosso sono sobre a areia
num barco só de vento e maresia.

(SECCHIN, Antônio Carlos. A ilha. **Todos os ventos**. Rio de Janeiro: Nova Fronteira, 2002. p. 148.)

(E) As ondas vêm deitar-se no estertor da praia larga...
No vento a vir do mar ouvem-se avisos naufragados...
Cabeças coroadas de algas magras e de estrados...
Gargantas engolindo grossos goles de água amarga...

(BUENO, Alexei. Maresia. **Poesia reunida**. Rio de Janeiro: Nova Fronteira, 2003. p. 19.)

12. (EXAME 2006)

Observe as composições a seguir.

(CAULOS. **Só dói quando eu respiro**. Porto Alegre: L & PM, 2001.)

QUESTÃO DE PONTUAÇÃO

Todo mundo aceita que ao homem
cabe pontuar a própria vida:
que viva em ponto de exclamação
(dizem: tem alma dionisíaca);
viva em ponto de interrogação
(foi filosofia, ora é poesia);
viva equilibrando-se entre vírgulas
e sem pontuação (na política):
o homem só não aceita do homem
que use a só pontuação fatal:
que use, na frase que ele vive
o inevitável ponto final.

(MELO NETO, João Cabral de. **Museu de tudo e depois**. Rio de Janeiro: Nova Fronteira, 1988.)

Os dois textos acima relacionam a vida a sinais de pontuação, utilizando estes como metáforas do comportamento do ser humano e das suas atitudes.

A exata correspondência entre a estrofe da poesia e o quadro do texto "Uma Biografia" é

(A) a primeira estrofe e o quarto quadro.
(B) a segunda estrofe e o terceiro quadro.
(C) a segunda estrofe e o quarto quadro.
(D) a segunda estrofe e o quinto quadro.
(E) a terceira estrofe e o quinto quadro.

13. (EXAME 2006)

Samba do Approach

Venha provar meu brunch
Saiba que eu tenho approach
Na hora do lunch
Eu ando de ferryboat
Eu tenho savoir-faire
Meu temperamento é light
Minha casa é hi-tech
Toda hora rola um insight
Já fui fã do Jethro Tull
Hoje me amarro no Slash
Minha vida agora é cool
Meu passado é que foi trash
Fica ligada no link
Que eu vou confessar, my love
Depois do décimo drink
Só um bom e velho engov
Eu tirei o meu green card
E fui pra Miami Beach
Posso não ser pop star
Mas já sou um nouveau riche
Eu tenho sex-appeal
Saca só meu background
Veloz como Damon Hill
Tenaz como Fittipaldi
Não dispenso um happy end
Quero jogar no dream team
De dia um macho man
E de noite uma drag queen.

(Zeca Baleiro)

I. "(...) Assim, nenhum verbo importado é defectivo ou simplesmente irregular, e todos são da primeira conjugação e se conjugam como os verbos regulares da classe."
(POSSENTI, Sírio. **Revista Língua**. Ano I, n.3, 2006.)

II. "O estrangeirismo lexical é válido quando há incorporação de informação nova, que não existia em português."
(SECCHIN, Antonio Carlos. **Revista Língua**, Ano I, n.3, 2006.)

III. "O problema do empréstimo linguístico não se resolve com atitudes reacionárias, com estabelecer barreiras ou cordões de isolamento à entrada de palavras e expressões de outros idiomas. Resolve-se com o dinamismo cultural, com o gênio inventivo do povo. Povo que não forja cultura dispensa-se de criar palavras com energia irradiadora e tem de conformar-se, queiram ou não queiram os seus gramáticos, à condição de mero usuário de criações alheias."
(CUNHA, Celso. **A língua portuguesa e a realidade brasileira**. Rio de Janeiro: Tempo Brasileiro, 1972.)

IV. "Para cada palavra estrangeira que adotamos, deixa-se de criar ou desaparece uma já existente."
(PILLA, Éda Heloisa. **Os neologismos do português e a face social da língua**. Porto Alegre: AGE, 2002.)

O Samba do Approach, de autoria do maranhense Zeca Baleiro, ironiza a mania brasileira de ter especial apego a palavras e a modismos estrangeiros. As assertivas que se confirmam na letra da música são, apenas,

(A) I e II.
(B) I e III.
(C) II e III.
(D) II e IV.
(E) III e IV.

14. (EXAME 2005)

(Colecção Roberto Marinho. **Seis décadas da arte moderna brasileira**. Lisboa: Fundação Calouste Gulbenkian, 1989. p.53.)

A "cidade" retratada na pintura de Alberto da Veiga Guignard está tematizada nos versos

(A) Por entre o Beberibe, e o oceano
Em uma areia sáfia, e lagadiça
Jaz o Recife povoação mestiça,
Que o belga edificou ímpio tirano.

(MATOS, Gregório de. **Obra poética**. Ed. James Amado. Rio de Janeiro: Record, 1990. Vol. II, p. 1191.)

(B) Repousemos na pedra de Ouro Preto,
Repousemos no centro de Ouro Preto:
São Francisco de Assis! igreja ilustre, acolhe,
À tua sombra irmã, meus membros lassos.

(MENDES, Murilo. **Poesia completa e prosa**. Org. Luciana Stegagno Picchio. Rio de Janeiro: Nova Aguilar, 1994. p. 460.)

(C) Bembelelém
Viva Belém!
Belém do Pará porto moderno integrado na equatorial
Beleza eterna da paisagem
Bembelelém
Viva Belém!

(BANDEIRA, Manuel. **Poesia e prosa**. Rio de Janeiro: Aguilar, 1958. Vol. I, p. 196.)

(D) Bahia, ao invés de arranha-céus, cruzes e cruzes
De braços estendidos para os céus,
E na entrada do porto,
Antes do Farol da Barra,
O primeiro Cristo Redentor do Brasil!

(LIMA, Jorge de. **Poesia completa**. Org. Alexei Bueno. Rio de Janeiro: Nova Aguilar, 1997. p. 211.)

(E) No cimento de Brasília se resguardam
maneiras de casa antiga de fazenda,
de copiar, de casa-grande de engenho,
enfim, das casaronas de alma fêmea.

(MELO NETO, João Cabral. **Obra completa**. Rio de Janeiro: Nova Aguilar, 1994. p. 343.)

15. (EXAME 2004)

A leitura do poema de Carlos Drummond de Andrade traz à lembrança alguns quadros de Cândido *Portinari*.

Portinari

De um baú de folhas-de-flandres no caminho da roça
um baú que os pintores desprezaram
mas que anjos vêm cobrir de flores namoradeiras
salta João Cândido trajado de arco-íris
saltam garimpeiros, mártires da liberdade, São João da Cruz
salta o galo escarlate bicando o pranto de Jeremias
saltam cavalos-marinhos em fila azul e ritmada
saltam orquídeas humanas, seringais, poetas de e sem óculos, transfigurados
saltam caprichos do nordeste – nosso tempo
(nele estamos crucificados e nossos olhos dão testemunho)
salta uma angústia purificada na alegria do volume justo e da cor autêntica
salta o mundo de Portinari que fica lá no fundo
maginando novas surpresas.

ANDRADE, Carlos Drummond de. **Obra completa**. Rio de Janeiro: Companhia Editora Aguilar, 1964. p.380-381.

Uma análise cuidadosa dos quadros selecionados permite que se identifique a alusão feita a eles em trechos do poema.

I

II

III

IV

V

Podem ser relacionados ao poema de Drummond os seguintes quadros de Portinari:

(A) I, II, III e IV.
(B) I, II, III e V.
(C) I, II, IV e V.
(D) I, III, IV e V.
(E) II, III, IV e V.

Habilidade 02

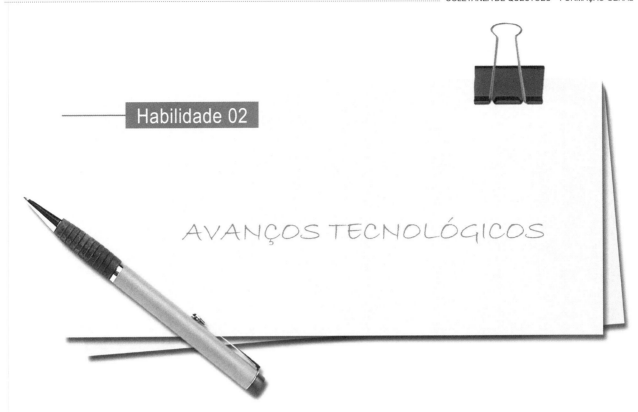

AVANÇOS TECNOLÓGICOS

1. (EXAME 2010)

Isótopos radioativos estão ajudando a diagnosticar as causas da poluição atmosférica. Podemos, com essa tecnologia, por exemplo, analisar o ar de uma região e determinar se um poluente vem da queima do petróleo ou da vegetação.

Outra utilização dos isótopos radioativos que pode, no futuro, diminuir a área de desmatamento para uso da agricultura é a irradiação nos alimentos. A técnica consiste em irradiar com isótopos radioativos para combater os micro-organismos que causam o apodrecimento dos vegetais e aumentar a longevidade dos alimentos, diminuindo o desperdício. A irradiação de produtos alimentícios já é uma realidade, pois grandes indústrias que vendem frutas ou suco utilizam essa técnica.

Na área médica, as soluções nucleares estão em ferramentas de diagnóstico, como a tomografia e a ressonância magnética, que conseguem apontar, sem intervenção cirúrgica, mudanças metabólicas em áreas do corpo. Os exames conseguem, inclusive, detectar tumores que ainda não causam sintomas, possibilitando um tratamento precoce do câncer e maior possibilidade de cura.

A notícia acima

(A) comenta os malefícios do uso de isótopos radioativos, relacionando-os às causas da poluição atmosférica.

(B) elenca possibilidades de uso de isótopos radioativos, evidenciando, assim, benefícios do avanço tecnológico.

(C) destaca os perigos da radiação para a saúde, alertando sobre os cuidados que devem ter a medicina e a agroindústria.

(D) propõe soluções nucleares como ferramentas de diagnóstico em doenças de animais, alertando para os malefícios que podem causar ao ser humano.

(E) explica cientificamente as várias técnicas de tratamento em que se utilizam isótopos radioativos para matar os micro-organismos que causam o apodrecimento dos vegetais.

2. (EXAME 2004)

TEXTO

"O homem se tornou lobo para o homem, porque a meta do desenvolvimento industrial está concentrada num objeto e não no ser humano. A tecnologia e a própria ciência não respeitaram os valores éticos e, por isso, não tiveram respeito algum para o humanismo. Para a convivência. Para o sentido mesmo da existência.

Na própria política, o que contou no pós-guerra foi o êxito econômico e, muito pouco, a justiça social e o cultivo da verdadeira imagem do homem. Fomos vítimas da ganância e da máquina. Das cifras. E, assim, perdemos o sentido autêntico da confiança, da fé, do amor. As máquinas andaram por cima da plantinha sempre tenra da esperança. E foi o caos."

ARNS, Paulo Evaristo. **Em favor do homem.**
Rio de Janeiro: Avenir, s/d. p.10.

De acordo com o texto, pode-se afirmar que

(A) a industrialização, embora respeite os valores éticos, não visa ao homem.

(B) a confiança, a fé, a ganância e o amor se impõem para uma convivência possível.

(C) a política do pós-guerra eliminou totalmente a esperança entre os homens.

(D) o sentido da existência encontra-se instalado no êxito econômico e no conforto.

(E) o desenvolvimento tecnológico e científico não respeitou o humanismo.

Habilidade 03

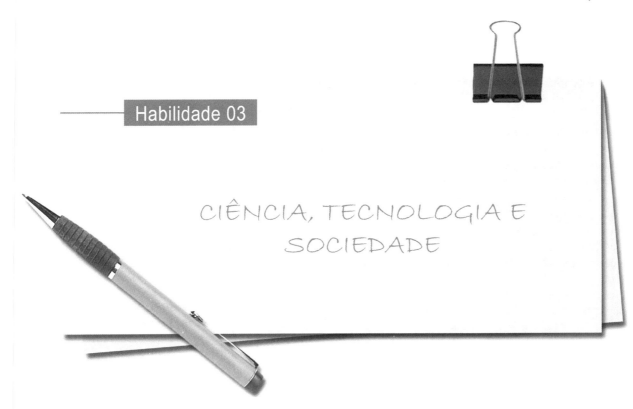

CIÊNCIA, TECNOLOGIA E SOCIEDADE

1. (EXAME 2013)

Uma revista lançou a seguinte pergunta em um editorial: "Você pagaria um ladrão para invadir sua casa?". As pessoas mais espertas diriam provavelmente que não, mas companhias inteligentes de tecnologia estão, cada vez mais, dizendo que sim. Empresas como a Google oferecem recompensas para *hackers* que consigam encontrar maneiras de *entrar* em seus *softwares*. Essas companhias frequentemente pagam milhares de dólares pela descoberta de apenas um *bug* – o suficiente para que a caça a *bugs* possa fornecer uma renda significativa. As empresas envolvidas dizem que os programas de recompensa tornam seus produtos mais seguros. "Nós recebemos mais relatos de *bugs*, o que significa que temos mais correções, o que significa uma melhor experiência para nossos usuários", afirmou o gerente de programa de segurança de uma empresa. Mas os programas não estão livres de controvérsias. Algumas empresas acreditam que as recompensas devem apenas ser usadas para pegar cibercriminosos, não para encorajar as pessoas a encontrar as falhas. E também há a questão de *double-dipping* – a possibilidade de um *hacker* receber um prêmio por ter achado a vulnerabilidade e, então, vender a informação sobre o mesmo *bug* para compradores maliciosos.

Disponível em: <http://pcworld.uol.com.br>. Acesso em: 30 jul. 2013 (adaptado).

Considerando o texto acima, infere-se que

(A) os caçadores de falhas testam os *softwares*, checam os sistemas e previnem os erros antes que eles aconteçam e, depois, revelam as falhas a compradores criminosos.

(B) os caçadores de falhas agem de acordo com princípios éticos consagrados no mundo empresarial, decorrentes do estímulo à livre concorrência comercial.

(C) a maneira como as empresas de tecnologia lidam com a prevenção contra ataques dos cibercriminosos é uma estratégia muito bem-sucedida.

(D) o uso das tecnologias digitais de informação e das respectivas ferramentas dinamiza os processos de comunicação entre os usuários de serviços das empresas de tecnologia.

(E) os usuários de serviços de empresas de tecnologia são beneficiários diretos dos trabalhos desenvolvidos pelos caçadores de falhas contratados e premiados pelas empresas.

2. (EXAME 2012)

O anúncio feito pelo Centro Europeu para a Pesquisa Nuclear (CERN) de que havia encontrado sinais de uma partícula que pode ser o bóson de Higgs provocou furor no mundo científico. A busca pela partícula tem gerado descobertas importantes, mesmo antes da sua confirmação. Algumas tecnologias utilizadas na pesquisa poderão fazer parte de nosso cotidiano em pouco tempo, a exemplo dos cristais usados nos detectores do acelerador de partículas *large hadron colider* (LHC), que serão utilizados em materiais de diagnóstico médico ou adaptados para a terapia contra o câncer. "Há um círculo vicioso na ciência quando se faz pesquisa", explicou o diretor do CERN. "Estamos em busca da ciência pura, sem saber a que servirá. Mas temos certeza de que tudo o que desenvolvemos para lidar com problemas inéditos será útil para algum setor."

CHADE, J. Pressão e disputa na busca do bóson.
O Estado de S. Paulo, p. A22, 08/07/2012 (adaptado).

Considerando o caso relatado no texto, avalie as seguintes asserções e a relação proposta entre elas.

I. É necessário que a sociedade incentive e financie estudos nas áreas de ciências básicas, mesmo que não haja perspectiva de aplicação imediata.

PORQUE

II. O desenvolvimento da ciência pura para a busca de soluções de seus próprios problemas pode gerar resultados de grande aplicabilidade em diversas áreas do conhecimento.

A respeito dessas asserções, assinale a opção correta.

(A) As asserções I e II são proposições verdadeiras, e a II é uma justificativa da I.
(B) As asserções I e II são proposições verdadeiras, mas a II não é uma justificativa da I.
(C) A asserção I é uma proposição verdadeira, e a II é uma proposição falsa.
(D) A asserção I é uma proposição falsa, e a II é uma proposição verdadeira.
(E) As asserções I e II são proposições falsas.

3. (EXAME 2004)

Os países em desenvolvimento fazem grandes esforços para promover a inclusão digital, ou seja, o acesso, por parte de seus cidadãos, às tecnologias da era da informação. Um dos indicadores empregados é o número de hosts, ou seja, número de computadores que estão conectados à Internet. A tabela e o gráfico abaixo mostram a evolução do número de *hosts* nos três países que lideram o setor na América Latina.

Numero de *hosts*

	2000	2001	2002	2003	2004
Brasil	446444	876596	1644575	2237527	3163349
México	404873	559165	918288	1107795	1333406
Argentina	142470	270275	465359	495920	742358

Fonte: Internet Systems Consortium, 2004

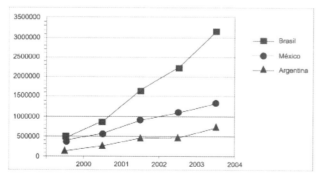

Fonte: Internet Systems Consortium, 2004

Dos três países, os que apresentaram, respectivamente, o maior e o menor crescimento percentual no número de *hosts* no período 2000-2004 foram:

(A) Brasil e México.
(B) Brasil e Argentina.
(C) Argentina e México.
(D) Argentina e Brasil.
(E) México e Argentina.

4. (EXAME 2004) DISCURSIVA

A Reprodução Clonal do Ser Humano

A reprodução clonal do ser humano acha-se no rol das coisas preocupantes da ciência juntamente com o controle do comportamento, a engenharia genética, o transplante de cabeças, a poesia de computador e o crescimento irrestrito das flores plásticas.

A reprodução clonal é a mais espantosa das perspectivas, pois acarreta a eliminação do sexo, trazendo como compensação a eliminação metafórica da morte. Quase não é consolo saber que a nossa reprodução clonal, idêntica a nós, continua a viver, principalmente quando essa vida incluirá, mais cedo ou mais tarde, o afastamento provável do eu real, então idoso. É difícil imaginar algo parecido à afeição ou ao respeito filial por um único e solteiro núcleo; mais difícil ainda é considerar o nosso novo eu autogerado como algo que não seja senão um total e desolado órfão. E isso para não mencionar o complexo relacionamento interpessoal inerente à autoeducação desde a infância, ao ensino da linguagem, ao estabelecimento da disciplina e das maneiras etc. Como se sentiria você caso se tornasse, por procuração, um incorrigível delinquente juvenil na idade de 55 anos?

As questões públicas são óbvias. Quem será selecionado e de acordo com que qualificações? Como enfrentar os riscos da tecnologia erroneamente usada, tais como uma reprodução clonal autodeterminada pelos ricos e poderosos, mas socialmente indesejáveis, ou a reprodução feita pelo Governo de massas dóceis e idiotas para realizarem o trabalho do mundo? Qual será, sobre os não reproduzidos clonalmente, o efeito de toda essa mesmice humana? Afinal, nós nos habituamos, no decorrer de milênios, ao permanente estímulo da singularidade; cada um de nós é totalmente diverso, em sentido fundamental, de todos os bilhões. A individualidade é um fato essencial da vida. A ideia da ausência de um eu humano, a mesmice, é aterrorizante quando a gente se põe a pensar no assunto.

(...)

Para fazer tudo bem direitinho, com esperanças de terminar com genuína duplicata de uma só pessoa, não há outra escolha. É preciso clonar o mundo inteiro, nada menos.

THOMAS, Lewis. **A medusa e a lesma.**
Rio de Janeiro: Nova Fronteira, 1980. p.59.

Em no máximo dez linhas, expresse a sua opinião em relação a uma – e somente uma – das questões propostas no terceiro parágrafo do texto.

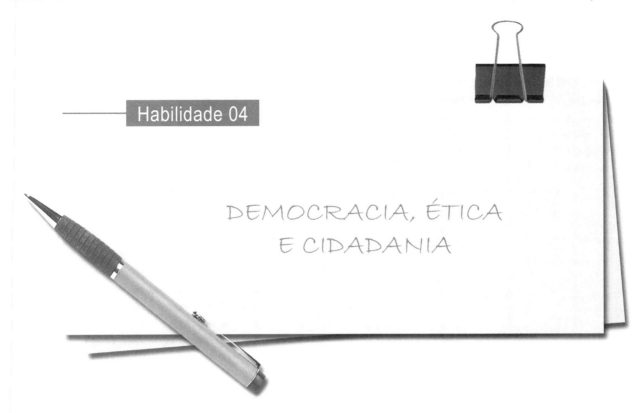

Habilidade 04
DEMOCRACIA, ÉTICA E CIDADANIA

1. (EXAME 2013)

Texto I

Muito me surpreendeu o artigo publicado na edição de 14 de outubro, de autoria de um estudante de Jornalismo, que compara a legislação antifumo ao nazismo, considerando-a um ataque à privacidade humana.

Ao contrário do que afirma o artigo, os fumantes têm, sim, sua privacidade preservada. (...) Para isso, só precisam respeitar o mesmo direito à privacidade dos não fumantes, não impondo a eles que respirem as mesmas substâncias que optam por inalar e que, em alguns casos, saem da ponta do cigarro em concentrações ainda maiores.

FITERMAN, J. Disponível em: <http://www.clicrbs.com.br>.
Acesso em: 24 jul. 2013 (adaptado).

Texto II

Seguindo o mau exemplo de São Paulo e Rio de Janeiro, o estado do Paraná, ao que tudo indica, também adotará a famigerada lei antifumo, que, entre outras coisas, proíbe a existência de fumódromos nos espaços coletivos e estabelece punições ao proprietário que não coibir o fumo em seu estabelecimento. É preciso, pois, perguntar: tem o Estado o direito de decidir a política tabagista que o dono de um bar, por exemplo, deve adotar? Com base em que princípio pode uma tal interferência ser justificada?

A lei somente se justificaria caso seu escopo se restringisse a locais cuja propriedade é estatal, como as repartições públicas. Não se pode confundir um recinto coletivo com um espaço estatal. Um recinto coletivo, como um bar, continua sendo uma propriedade privada. A lei representa uma clara agressão ao direito à propriedade.

PAVÃO, A. Disponível em: <http://agguinaldopavao.blogspot.com.br>.
Acesso em: 24 jul. 2013 (adaptado).

Os textos I e II discutem a legitimidade da lei antifumo no Brasil, sob pontos de vista diferentes.

A comparação entre os textos permite concluir que, nos textos I e II, a questão é tratada, respectivamente, dos pontos de vista

(A) ético e legal.
(B) jurídico e moral.
(C) moral e econômico.
(D) econômico e jurídico.
(E) histórico e educacional.

2. (EXAME 2012)

É ou não ético roubar um remédio cujo preço é inacessível, a fim de salvar alguém, que, sem ele, morreria? Seria um erro pensar que, desde sempre, os homens têm as mesmas respostas para questões desse tipo. Com o passar do tempo, as sociedades mudam e também mudam os homens que as compõem. Na Grécia Antiga, por exemplo, a existência de escravos era perfeitamente legítima: as pessoas não eram consideradas iguais entre si, e o fato de umas não terem liberdade era considerado normal. Hoje em dia, ainda que nem sempre respeitados, os Direitos Humanos impedem que alguém ouse defender, explicitamente, a escravidão como algo legítimo.

MINISTÉRIO DA EDUCAÇÃO. Secretaria de Educação Fundamental.
Ética. Brasília, 2012. Disponível em: <portal.mec.gov.br>.
Acesso em: 16 jul. 2012 (adaptado).

Com relação a ética e cidadania, avalie as afirmações seguintes.

I. Toda pessoa tem direito ao respeito de seus semelhantes, a uma vida digna, a oportunidades de realizar seus projetos, mesmo que esteja cumprindo pena de privação de liberdade, por ter cometido delito criminal, com trâmite transitado e julgado.

II. Sem o estabelecimento de regras de conduta, não se constrói uma sociedade democrática, pluralista por definição, e não se conta com referenciais para se instaurar a cidadania como valor.

III. Segundo o princípio da dignidade humana, que é contrário ao preconceito, toda e qualquer pessoa é digna e merecedora de respeito, não importando, portanto, sexo, idade, cultura, raça, religião, classe social, grau de instrução e orientação sexual.

É correto o que se afirma em

(A) I, apenas.
(B) III, apenas.
(C) I e II, apenas.
(D) II e III, apenas.
(E) I, II e III.

3. (EXAME 2011)

Com o advento da República, a discussão sobre a questão educacional torna-se pauta significativa nas esferas dos Poderes Executivo e Legislativo, tanto no âmbito Federal quanto no Estadual. Já na Primeira República, a expansão da demanda social se propaga com o movimento da escolar-novista; no período getulista, encontram-se as reformas de Francisco Campos e Gustavo Capanema; no momento de crítica e balanço do pós-1946, ocorre a promulgação da primeira Lei de Diretrizes e Bases da Educação Nacional, em 1961. É somente com a Constituição de 1988, no entanto, que os brasileiros têm assegurada a educação de forma universal, como um direito de todos, tendo em vista o pleno desenvolvimento da pessoa no que se refere a sua preparação para o exercício da cidadania e sua qualificação para o trabalho. O artigo 208 do texto constitucional prevê como dever do Estado a oferta da educação tanto a crianças como àqueles que não tiveram acesso ao ensino em idade própria à escolarização cabida.

Nesse contexto, avalie as seguintes asserções e a relação proposta entre elas.

A relação entre educação e cidadania se estabelece na busca da universalização da educação como uma das condições necessárias para a consolidação da democracia no Brasil.

PORQUE

Por meio da atuação de seus representantes nos Poderes Executivos e Legislativo, no decorrer do século XX, passou a ser garantido no Brasil o direito de acesso à educação, inclusive aos jovens e adultos que já estavam fora da idade escolar.

A respeito dessas asserções, assinale a opção correta.

(A) As duas são proposições verdadeiras, e a segunda é uma justificativa correta da primeira.
(B) As duas são proposições verdadeiras, mas a segunda não é uma justificativa correta da primeira.
(C) A primeira é uma proposição verdadeira, e a segunda, falsa.
(D) A primeira é uma proposição falsa, e a segunda, verdadeira.
(E) Tanto a primeira quanto a segunda asserções são proposições falsas.

4. (EXAME 2010)

A charge acima representa um grupo de cidadãos pensando e agindo de modo diferenciado, frente a uma decisão cujo caminho exige um percurso ético. Considerando a imagem e as ideias que ela transmite, avalie as afirmativas que se seguem.

I. A ética não se impõe imperativamente nem universalmente a cada cidadão; cada um terá que escolher por si mesmo os seus valores e ideias, isto é, praticar a autoética.

II. A ética política supõe o sujeito responsável por suas ações e pelo seu modo de agir na sociedade.

III. A ética pode se reduzir ao político, do mesmo modo que o político pode se reduzir à ética, em um processo a serviço do sujeito responsável.

IV. A ética prescinde de condições históricas e sociais, pois é no homem que se situa a decisão ética, quando ele escolhe os seus valores e as suas finalidades.

V. A ética se dá de fora para dentro, como compreensão do mundo, na perspectiva do fortalecimento dos valores pessoais.

É correto apenas o que se afirma em

(A) I e II.
(B) I e V.
(C) II e IV.
(D) III e IV.
(E) III e V.

5. (EXAME 2006)

A formação da consciência ética, baseada na promoção dos valores éticos, envolve a identificação de alguns conceitos como: "consciência moral", "senso moral", "juízo de fato" e "juízo de valor".

A esse respeito, leia os quadros a seguir.

Quadro I - Situação

Helena está na fila de um banco, quando, de repente, um indivíduo, atrás na fila, se sente mal. Devido à experiência com seu marido cardíaco, tem a impressão de que o homem está tendo um enfarto. Em sua bolsa há uma cartela com medicamento que poderia evitar o perigo de acontecer o pior.

Helena pensa: "Não sou médica – devo ou não devo medicar o doente? Caso não seja problema cardíaco – o que acho difícil –, ele poderia piorar? Piorando, alguém poderá dizer que foi por minha causa – uma curiosa que tem a pretensão de agir como médica. Dou ou não dou o remédio? O que fazer?"

Quadro II - Afirmativas

1 - O "senso moral" relaciona-se à maneira como avaliamos nossa situação e a de nossos semelhantes, nosso comportamento, a conduta e a ação de outras pessoas segundo ideias como as de justiça e injustiça, certo e errado.

2 - A "consciência moral" refere-se a avaliações de conduta que nos levam a tomar decisões por nós mesmos, a agir em conformidade com elas e a responder por elas perante os outros.

Qual afirmativa e respectiva razão fazem uma associação mais adequada com a situação apresentada?

(A) Afirmativa 1- porque o "senso moral" se manifesta como consequência da "consciência moral", que revela sentimentos associados às situações da vida.
(B) Afirmativa 1- porque o "senso moral" pressupõe um "juízo de fato", que é um ato normativo enunciador de normas segundo critérios de correto e incorreto.
(C) Afirmativa 1- porque o "senso moral" revela a indignação diante de fatos que julgamos ter feito errado provocando sofrimento alheio.
(D) Afirmativa 2- porque a "consciência moral" se manifesta na capacidade de deliberar diante de alternativas possíveis que são avaliadas segundo valores éticos.
(E) Afirmativa 2- porque a "consciência moral" indica um "juízo de valor" que define o que as coisas são, como são e por que são.

6. (EXAME 2005)

(La Vanguardia, 04 dez. 2004)

O referendo popular é uma prática democrática que vem sendo exercida em alguns países, como exemplificado, na charge, pelo caso espanhol, por ocasião da votação sobre a aprovação ou não da Constituição Europeia. Na charge, pergunta-se com destaque: "Você aprova o tratado da Constituição Europeia?", sendo apresentadas várias opções, além de haver a possibilidade de dupla marcação.

A **crítica** contida na charge indica que a prática do referendo deve

(A) ser recomendada nas situações em que o plebiscito já tenha ocorrido.
(B) apresentar uma vasta gama de opções para garantir seu caráter democrático.
(C) ser precedida de um amplo debate prévio para o esclarecimento da população.
(D) significar um tipo de consulta que possa inviabilizar os rumos políticos de uma nação.
(E) ser entendida como uma estratégia dos governos para manter o exercício da soberania.

7. (EXAME 2005)

Está em discussão, na sociedade brasileira, a possibilidade de uma reforma política e eleitoral. Fala-se, entre outras propostas, em financiamento público de campanhas, fidelidade partidária, lista eleitoral fechada e voto distrital. Os dispositivos ligados à obrigatoriedade de os candidatos fazerem declaração pública de bens e prestarem contas dos gastos devem ser aperfeiçoados, os órgãos públicos de fiscalização e controle podem ser equipados e reforçados.

Com base no exposto, mudanças na legislação eleitoral poderão representar, como principal aspecto, um reforço da

(A) política, porque garantirão a seleção de políticos experientes e idôneos.
(B) economia, porque incentivarão gastos das empresas públicas e privadas.
(C) moralidade, porque inviabilizarão candidaturas despreparadas intelectualmente.
(D) ética, porque facilitarão o combate à corrupção e o estímulo à transparência.
(E) cidadania, porque permitirão a ampliação do número de cidadãos com direito ao voto.

8. (EXAME 2004)

Millôr e a ética do nosso tempo

A charge de Millôr aponta para

(A) a fragilidade dos princípios morais.
(B) a defesa das convicções políticas.
(C) a persuasão como estratégia de convencimento.
(D) o predomínio do econômico sobre o ético.
(E) o desrespeito às relações profissionais.

9. (EXAME 2004)

TEXTO I

"O homem se tornou lobo para o homem, porque a meta do desenvolvimento industrial está concentrada num objeto e não no ser humano. A tecnologia e a própria ciência não respeitaram os valores éticos e, por isso, não tiveram respeito algum para o humanismo. Para a convivência. Para o sentido mesmo da existência.

Na própria política, o que contou no pós-guerra foi o êxito econômico e, muito pouco, a justiça social e o cultivo da verdadeira imagem do homem. Fomos vítimas da ganância e da máquina. Das cifras. E, assim, perdemos o sentido autêntico da confiança, da fé, do amor. As máquinas andaram por cima da plantinha sempre tenra da esperança. E foi o caos."

ARNS, Paulo Evaristo. **Em favor do homem.** Rio de Janeiro: Avenir, s/d. p.10.

TEXTO II

Millôr e a ética do nosso tempo

A charge de Millôr e o texto de Dom Paulo Evaristo Arns tratam, em comum,

(A) do total desrespeito às tradições religiosas e éticas.
(B) da defesa das convicções morais diante da corrupção.
(C) da ênfase no êxito econômico acima de qualquer coisa.
(D) da perda dos valores éticos nos tempos modernos.
(E) da perda da fé e da esperança num mundo globalizado.

10. (EXAME 2004)

"Crime contra Índio Pataxó comove o país

(...) Em mais um triste "Dia do Índio", Galdino saiu à noite com outros indígenas para uma confraternização na Funai. Ao voltar, perdeu-se nas ruas de Brasília (...). Cansado, sentou-se num banco de parada de ônibus e adormeceu. Às 5 horas da manhã, Galdino acordou ardendo numa grande labareda de fogo. Um grupo "insuspeito" de cinco jovens de classe média alta, entre eles um menor de idade, (...) parou o veículo na avenida W/2 Sul e, enquanto um manteve-se ao volante, os outros quatro dirigiram-se até a avenida W/3 Sul, local onde se encontrava a vítima. Logo após jogar combustível, atearam fogo no corpo. Foram flagrados por outros jovens corajosos, ocupantes de veículos que passavam no local e prestaram socorro à vítima. Os criminosos foram presos e conduzidos à 1ª Delegacia de Polícia do DF onde confessaram o ato monstruoso. Aí, a estupefação: 'os jovens queriam apenas se divertir' e 'pensavam tratar-se de um mendigo, não de um índio', o homem a quem incendiaram. Levado ainda consciente para o Hospital Regional da Asa Norte – HRAN, Galdino, com 95% do corpo com queimaduras de 3º grau, faleceu às 2 horas da madrugada de hoje."

Conselho Indigenista Missionário - Cimi, Brasília-DF, 21 abr. 1997.

A notícia sobre o crime contra o índio Galdino leva a reflexões a respeito dos diferentes aspectos da formação dos jovens.

Com relação às questões éticas, pode-se afirmar que elas devem:

(A) manifestar os ideais de diversas classes econômicas.
(B) seguir as atividades permitidas aos grupos sociais.
(C) fornecer soluções por meio de força e autoridade.
(D) expressar os interesses particulares da juventude.
(E) estabelecer os rumos norteadores de comportamento.

11. (EXAME 2010) DISCURSIVA

As seguintes acepções dos termos democracia e ética foram extraídas do Dicionário Houaiss da Língua Portuguesa.

democracia. POL. **1** governo do povo; governo em que o povo exerce a soberania **2** sistema político cujas ações atendem aos interesses populares **3** governo no qual o povo toma as decisões importantes a respeito das políticas públicas, não de forma ocasional ou circunstancial, mas segundo princípios permanentes de legalidade **4** sistema político comprometido com a igualdade ou com a distribuição equitativa de poder entre todos os cidadãos **5** governo que acata a vontade da maioria da população, embora respeitando os direitos e a livre expressão das minorias

ética. **1** parte da filosofia responsável pela investigação dos princípios que motivam, distorcem, disciplinam ou orientam o comportamento humano, refletindo esp. a respeito da essência das normas, valores, prescrições e exortações presentes em qualquer realidade social **2** p.ext. conjunto de regras e preceitos de ordem valorativa e moral de um indivíduo, de um grupo social ou de uma sociedade

Dicionário Houaiss da Língua Portuguesa.
Rio de Janeiro: Objetiva, 2001.

Considerando as acepções acima, elabore um texto dissertativo, com até 15 linhas, acerca do seguinte tema:

Comportamento ético nas sociedades democráticas.

Em seu texto, aborde os seguintes aspectos:

a) conceito de sociedade democrática; **(valor: 4,0 pontos)**
b) evidências de um comportamento não ético de um indivíduo; **(valor: 3,0 pontos)**
c) exemplo de um comportamento ético de um futuro profissional comprometido com a cidadania **(valor: 3,0 pontos)**

12. (EXAME 2008) DISCURSIVA

DIREITOS HUMANOS EM QUESTÃO

O caráter universalizante dos direitos do homem (...) não é da ordem do saber teórico, mas do operatório ou prático: eles são invocados para agir, desde o princípio, em qualquer situação dada.

François JULIEN, filósofo e sociólogo.

Neste ano, em que são comemorados os 60 anos da Declaração Universal dos Direitos Humanos, novas perspectivas e concepções incorporam-se à agenda pública brasileira. Uma das novas perspectivas em foco é a visão mais integrada dos direitos econômicos, sociais, civis, políticos e, mais recentemente, ambientais, ou seja, trata-se da integralidade ou indivisibilidade dos direitos humanos. Dentre as novas concepções de direitos, destacam-se:

- a habitação como **moradia digna** e não apenas como necessidade de abrigo e proteção;
- a segurança como **bem-estar** e não apenas como necessidade de vigilância e punição;
- o trabalho como **ação para a vida** e não apenas como necessidade de emprego e renda.

Tendo em vista o exposto acima, selecione **uma** das concepções destacadas e esclareça por que ela representa um avanço para o exercício pleno da cidadania, na perspectiva da integralidade dos direitos humanos.

Seu texto deve ter entre **8** e **10** linhas.

LE MONDE Diplomatique Brasil. Ano 2, n. 7, fev. 2008, p. 31.

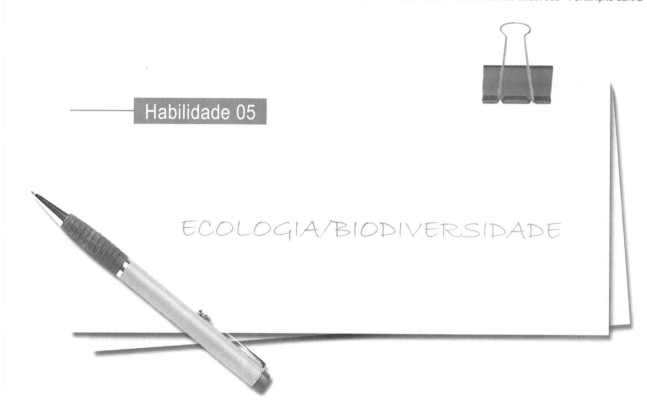

Habilidade 05

ECOLOGIA/BIODIVERSIDADE

1. (EXAME 2013)

A Política Nacional de Resíduos Sólidos (Lei n° 12.305, de 2 de agosto de 2010) define a logística reversa como o "instrumento caracterizado por um conjunto de ações, procedimentos e meios destinados a viabilizar a coleta e a restituição dos resíduos sólidos ao setor empresarial, para reaproveitamento, em seu ciclo ou em outros ciclos produtivos, ou outra destinação final ambientalmente adequada".

A Lei n° 12.305/2010 obriga fabricantes, importadores, distribuidores e comerciantes de agrotóxicos, pilhas, baterias, pneus, óleos lubrificantes, lâmpadas fluorescentes, produtos eletroeletrônicos, embalagens e componentes a estruturar e implementar sistemas de logística reversa, mediante retorno dos produtos após o uso pelo consumidor, de forma independente do serviço público de limpeza urbana e de manejo dos resíduos sólidos.

Considerando as informações acima, avalie as asserções a seguir e a relação proposta entre elas.

I. O retorno de embalagens e produtos pósconsumo a seus fabricantes e importadores objetiva responsabilizar e envolver, na gestão ambiental, aquele que projeta, fabrica ou comercializa determinado produto e lucra com ele.

PORQUE

II. Fabricantes e importadores responsabilizados, inclusive financeiramente, pelo gerenciamento no pós-consumo são estimulados a projetar, manufaturar e comercializar produtos e embalagens menos poluentes e danosos ao meio ambiente. Fabricantes são os que melhor conhecem o processo de manufatura, sendo, por isso, os mais indicados para gerenciar o reprocessamento e reaproveitamento de produtos e embalagens.

A respeito dessas asserções, assinale a opção correta.

(A) As asserções I e II são proposições verdadeiras, e a II é uma justificativa correta da I.
(B) As asserções I e II são proposições verdadeiras, mas a II não é uma justificativa correta da I.
(C) A asserção I é uma proposição verdadeira, e a II é uma proposição falsa.
(D) A asserção I é uma proposição falsa, e a II é uma proposição verdadeira.
(E) As asserções I e II são proposições falsas.

2. (EXAME 2012)

A floresta virgem é o produto de muitos milhões de anos que passaram desde a origem do nosso planeta. Se for abatida, pode crescer uma nova floresta, mas a continuidade é interrompida. A ruptura nos ciclos de vida natural de plantas e animais significa que a floresta nunca será aquilo que seria se as árvores não tivessem sido cortadas. A partir do momento em que a floresta é abatida ou inundada, a ligação com o passado perde-se para sempre. Trata-se de um custo que será suportado por todas as gerações que nos sucederem no planeta. É por isso que os ambientalistas têm razão quando se referem ao meio natural como um "legado mundial".

Mas, e as futuras gerações? Estarão elas preocupadas com essas questões amanhã? As crianças e os jovens, como indivíduos principais das futuras gerações, têm sido, cada vez mais, estimulados a apreciar ambientes fechados, onde podem relacionar-se com jogos de computadores, celulares e outros equipamentos interativos virtuais, desviando sua atenção de questões ambientais e do impacto disso em vidas no futuro, apesar dos esforços em contrário realizados por alguns setores. Observe-se que, se perguntarmos a uma criança ou a um jovem se eles desejam ficar dentro dos seus quartos, com computadores e jogos eletrônicos, ou passear em uma praça, não é improvável que escolham a primeira opção. Essas posições de jovens e crianças preocupam tanto quanto o descaso com o desmatamento de florestas hoje e seus efeitos amanhã.

SINGER, P. **Ética Prática**. 2. ed. Lisboa: Gradiva, 2002, p. 292 (adaptado).

É um título adequado ao texto apresentado acima:

(A) Computador: o legado mundial para as gerações futuras
(B) Uso de tecnologias pelos jovens: indiferença quanto à preservação das florestas
(C) Preferências atuais de lazer de jovens e crianças: preocupação dos ambientalistas
(D) Engajamento de crianças e jovens na preservação do legado natural: uma necessidade imediata
(E) Redução de investimentos no setor de comércio eletrônico: proteção das gerações futuras

3. (EXAME 2012)

O Cerrado, que ocupa mais de 20% do território nacional, é o segundo maior bioma brasileiro, menor apenas que a Amazônia. Representa um dos *hotspots* para a conservação da biodiversidade mundial e é considerado uma das mais importantes fronteiras agrícolas do planeta.

Considerando a conservação da biodiversidade e a expansão da fronteira agrícola no Cerrado, avalie as afirmações a seguir.

I. O Cerrado apresenta taxas mais baixas de desmatamento e percentuais mais altos de áreas protegidas que os demais biomas brasileiros.

II. O uso do fogo é, ainda hoje, uma das práticas de conservação do solo recomendáveis para controle de pragas e estímulo à rebrota de capim em áreas de pastagens naturais ou artificiais do Cerrado.

III. Exploração excessiva, redução progressiva do *habitat* e presença de espécies invasoras estão entre os fatores que mais provocam o aumento da probabilidade de extinção das populações naturais do Cerrado.

IV. Elevação da renda, diversificação das economias e o consequente aumento da oferta de produtos agrícolas e da melhoria social das comunidades envolvidas estão entre os benefícios associados à expansão da agricultura no Cerrado.

É correto apenas o que se afirma em

(A) I.
(B) II.
(C) I e III.
(D) II e IV
(E) III e IV.

4. (EXAME 2011)

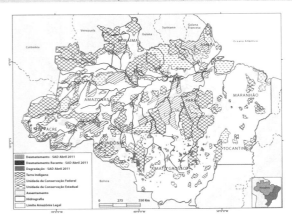

Desmatamento na Amazônia Legal. Disponível em: <www.imazon.org.br/mapas/desmatamento-mensal-2011>. Acesso em: 20 ago. 2011.

O ritmo de desmatamento na Amazônia Legal diminuiu no mês de junho de 2011, segundo levantamento feito pela organização ambiental brasileira Imazon (Instituto do Homem e Meio Ambiente da Amazônia). O relatório elaborado pela ONG, a partir de imagens de satélite, apontou desmatamento de 99 km² no bioma em junho de 2011, uma redução de 42% no comparativo com junho de 2010. No acumulado entre agosto de 2010 e junho de 2011, o desmatamento foi de 1 534 km2, aumento de 15% em relação a agosto de 2009 e junho de 2010. O estado de Mato Grosso foi responsável por derrubar 38% desse total e é líder no *ranking* do desmatamento, seguido do Pará (25%) e de Rondônia (21%).

Disponível em: <http://www.imazon.org.br/imprensa/imazon-na-midia>. Acesso em: 20 ago. 2011 (com adaptações).

De acordo com as informações do mapa e do texto,

(A) foram desmatados 1 534 km2 na Amazônia Legal nos últimos dois anos.
(B) não houve aumento do desmatamento no último ano na Amazônia Legal.
(C) três estados brasileiros responderam por 84% do desmatamento na Amazônia Legal entre agosto de 2010 e junho de 2011.
(D) o estado do Amapá apresenta alta taxa de desmatamento em comparação aos demais estados da Amazônia Legal.
(E) o desmatamento na Amazônia Legal, em junho de 2010, foi de 140 km2, comparando-se o índice de junho de 2011 ao índice de junho de 2010.

5. (EXAME 2010)

De agosto de 2008 a *janeiro* de 2009, o desmatamento na Amazônia Legal concentrou-se em regiões específicas. Do ponto de vista fundiário, a maior parte do desmatamento (cerca de 80%) aconteceu em áreas privadas ou em diversos estágios de posse. O restante do desmatamento ocorreu em assentamentos promovidos pelo INCRA, conforme a política de Reforma Agrária (8%), unidades de conservação (5%) e em terras indígenas (7%).

Disponível em: <WWW.imazon.org.br>. Acesso em: 26 ago. 2010. (com adaptações).

Infere-se do texto que, sob o ponto de vista fundiário, o problema do desmatamento na Amazônia Legal está centrado

(A) nos grupos engajados na política de proteção ambiental, pois eles não aprofundaram o debate acerca da questão fundiária.

(B) nos povos indígenas, pois eles desmataram a área que ocupavam mais do que a comunidade dos assentados pelo INCRA.

(C) nos posseiros irregulares e proprietários regularizados, que desmataram mais, pois muitos ainda não estão integrados aos planos de manejo sustentável da terra.

(D) nas unidades de conservação, que costumam burlar leis fundiárias; nelas, o desmatamento foi maior que o realizado pelos assentados pelo INCRA.

(E) nos assentamentos regulamentados pelo INCRA, nos quais o desmatamento foi maior que o realizado pelos donos de áreas privadas da Amazônia Legal.

6. (EXAME 2008)

Quando o homem não trata bem a natureza, a natureza não trata bem o homem.

Essa afirmativa reitera a necessária interação das diferentes espécies, representadas na imagem a seguir.

Disponível em: <http://curiosidades.spaceblog.com.br>. Acesso em: 10 out. 2008.

Depreende-se dessa imagem a

(A) atuação do homem na clonagem de animais pré-históricos.

(B) exclusão do homem na ameaça efetiva à sobrevivência do planeta.

(C) ingerência do homem na reprodução de espécies em cativeiro.

(D) mutação das espécies pela ação predatória do homem.

(E) responsabilidade do homem na manutenção da biodiversidade.

7. (EXAME 2007)

Revista **Isto É Independente**. São Paulo: Ed. Três [s.d.]

O alerta que a gravura acima pretende transmitir refere-se a uma situação que

(A) atinge circunstancialmente os habitantes da área rural do País.

(B) atinge, por sua gravidade, principalmente as crianças da área rural.

(C) preocupa no presente, com graves consequências para o futuro.

(D) preocupa no presente, sem possibilidade de ter consequências no futuro.

(E) preocupa, por sua gravidade, especialmente os que têm filhos.

8. (EXAME 2007)

Leia o esquema abaixo.

1. Coleta de plantas nativas, animais silvestres, micro-organismos e fungos da floresta Amazônica.
2. Saída da mercadoria do país, por portos e aeroportos, camuflada na bagagem de pessoas que se disfarçam de turistas, pesquisadores ou religiosos.
3. Venda dos produtos para laboratórios ou colecionadores que patenteiam as substâncias provenientes das plantas e dos animais.
4. Ausência de patente sobre esses recursos, o que deixa as comunidades indígenas e as populações tradicionais sem os benefícios dos royalties.
5. Prejuízo para o Brasil!

Com base na análise das informações acima, uma campanha publicitária contra a prática do conjunto de ações apresentadas no esquema poderia utilizar a seguinte chamada:

(A) Indústria farmacêutica internacional, fora!

(B) Mais respeito às comunidades indígenas!

(C) Pagamento de *royalties* é suficiente!

(D) Diga não à biopirataria, já!

(E) Biodiversidade, um mau negócio?

9. (EXAME 2007) DISCURSIVA

Leia, com atenção, os textos a seguir.

JB Ecológico. Nov. 2005

Revista Veja. 12 out. 2005.

"Amo as árvores, as pedras, os passarinhos. Acho medonho que a gente esteja contribuindo para destruir essas coisas."

"Quando uma árvore é cortada, ela renasce em outro lugar. Quando eu morrer, quero ir para esse lugar, onde as árvores vivem em paz."

Antônio Carlos Jobim. **JB Ecológico**.
Ano 4, n° 41, jun. 2005, p.65.

Desmatamento cai e tem baixa recorde

O governo brasileiro estima que cerca de 9.600 km² da floresta amazônica desapareceram entre agosto de 2006 e agosto de 2007, uma área equivalente a cerca de 6,5 cidades de São Paulo.

Se confirmada a estimativa, a partir de análise de imagens no ano que vem, será o menor desmatamento registrado em um ano desde o início do monitoramento, em 1998, representando uma redução de cerca de 30% no índice registrado entre 2005 e 2006. (...)

Com a redução do desmatamento entre 2004 e 2006, "o Brasil deixou de emitir 410 milhões de toneladas de CO_2 (gás do efeito estufa). Também evitou o corte de 600 milhões de árvores e a morte de 20 mil aves e 700 mil primatas. Essa emissão representa quase 15% da redução firmada pelos países desenvolvidos para o período 2008-2012, no Protocolo de Kyoto." (...)

"O Brasil é um dos poucos países do mundo que tem a oportunidade de implementar um plano que protege a biodiversidade e, ao mesmo tempo, reduz muito rapidamente seu processo de aquecimento global."

SELIGMAN, Felipe. **Folha de S. Paulo**.
Editoria de Ciência, 11 ago. 2007 (Adaptado).

Soja ameaça a tendência de queda, diz ONG

Mesmo se dizendo otimista com a queda no desmatamento, Paulo Moutinho, do IPAM (Instituto de Pesquisa Ambiental da Amazônia), afirma que é preciso esperar a consolidação dessa tendência em 2008 para a "comemoração definitiva".

"Que caiu, caiu. Mas, com a recuperação nítida do preço das commodities, como a soja, é preciso ver se essa queda acentuada vai continuar", disse o pesquisador à Folha.

"O momento é de aprofundar o combate ao desmatamento", disse Paulo Adário, coordenador de campanha do Greenpeace.

Só a queda dos preços e a ação da União não explicam o bom resultado atual, diz Moutinho.

"Estados como Mato Grosso e Amazonas estão fazendo esforços particulares. E parece que a ficha dos produtores caiu. O desmatamento, no médio prazo, acaba encarecendo os produtos deles."

GERAQUE, Eduardo. **Folha de S. Paulo**.
Editoria de Ciência. 11 ago. 2007 (Adaptado)

A partir da leitura dos textos motivadores, redija uma proposta, fundamentada em dois argumentos, sobre o seguinte tema:

Em defesa do meio ambiente

Procure utilizar os conhecimentos adquiridos, ao longo de sua formação, sobre o tema proposto.

Observações

- Seu texto deve ser dissertativo-argumentativo (não deve, portanto, ser escrito em forma de poema ou de narração).
- A sua proposta deve estar apoiada em, pelo menos, dois argumentos.
- O texto deve ter entre 8 e 12 linhas.
- O texto deve ser redigido na modalidade escrita padrão da Língua Portuguesa.
- Os textos motivadores não devem ser copiados.

10. (EXAME 2005) DISCURSIVA

Vilarejos que afundam devido ao derretimento da camada congelada do subsolo, uma explosão na quantidade de insetos, números recorde de incêndios florestais e cada vez menos gelo - esses são alguns dos sinais mais óbvios e assustadores de que o Alasca está ficando mais quente devido às mudanças climáticas, disseram cientistas.

As temperaturas atmosféricas no Estado norte-americano aumentaram entre 2°C e 3°C nas últimas cinco décadas, segundo a Avaliação do Impacto do Clima no Ártico, um estudo amplo realizado por pesquisadores de oito países.

(**Folha de S. Paulo**, 28 set. 2005)

O aquecimento global é um fenômeno cada vez mais evidente devido a inúmeros acontecimentos como os descritos no texto e que têm afetado toda a humanidade.

Apresente duas sugestões de providências a serem tomadas pelos governos que tenham como objetivo minimizar o processo de aquecimento global.

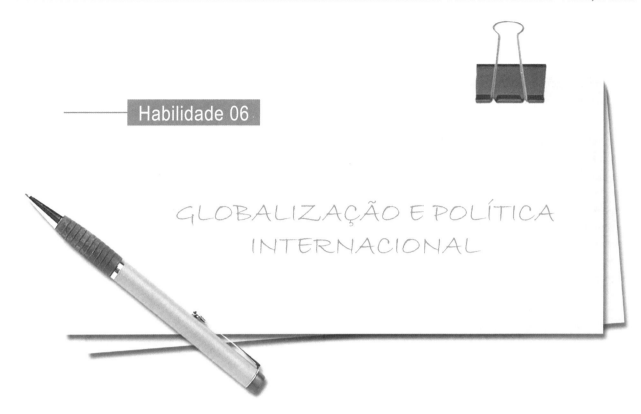

Habilidade 06

GLOBALIZAÇÃO E POLÍTICA INTERNACIONAL

1. (EXAME 2013)

De um ponto de vista econômico, a globalização é a forma como os mercados de diferentes países interagem e aproximam pessoas e mercadorias. A superação de fronteiras gerou uma expansão capitalista que tornou possível realizar transações financeiras e expandir os negócios para mercados distantes e emergentes. O complexo fenômeno da globalização resulta da consolidação do capitalismo, dos grandes avanços tecnológicos e da necessidade de expansão do fluxo comercial mundial. As inovações nas áreas das telecomunicações e da informática (especialmente com a Internet) foram determinantes para a construção de um mundo globalizado.

Disponível em: <www.significados.com.br>. Acesso em: 2 jul. 2013 (adaptado).

Sobre globalização, avalie as afirmações a seguir.

I. É um fenômeno gerado pelo capitalismo, que impede a formação de mercados dinâmicos nos países emergentes.
II. É um conjunto de transformações na ordem política e econômica mundial que aprofunda a integração econômica, social, cultural e política.
III. Atinge as relações e condições de trabalho decorrentes da mobilidade física das empresas.

É correto o que se afirma em

(A) I, apenas.
(B) II, apenas.
(C) I e III, apenas.
(D) II e III, apenas.
(E) I, II e III.

2. (EXAME 2012)

A globalização é o estágio supremo da internacionalização. O processo de intercâmbio entre países, que marcou o desenvolvimento do capitalismo desde o período mercantil dos séculos 17 e 18, expande-se com a industrialização, ganha novas bases com a grande indústria nos fins do século 19 e, agora, adquire mais intensidade, mais amplitude e novas feições. O mundo inteiro torna-se envolvido em todo tipo de troca: técnica, comercial, financeira e cultural. A produção e a informação globalizadas permitem a emergência de lucro em escala mundial, buscado pelas firmas globais, que constituem o verdadeiro motor da atividade econômica.

SANTOS, M. **O país distorcido**. São Paulo: Publifolha, 2002 (adaptado).

No estágio atual do processo de globalização, pautado na integração dos mercados e na competitividade em escala mundial, as crises econômicas deixaram de ser problemas locais e passaram a afligir praticamente todo o mundo. A crise recente, iniciada em 2008, é um dos exemplos mais significativos da conexão e interligação entre os países, suas economias, políticas e cidadãos.

Considerando esse contexto, avalie as seguintes asserções e a relação proposta entre elas.

I. O processo de desregulação dos mercados financeiros norte-americano e europeu levou à formação de uma bolha de empréstimos especulativos e imobiliários, a qual, ao estourar em 2008, acarretou um efeito dominó de quebras nos mercados.

PORQUE

II. As políticas neoliberais marcam o enfraquecimento e a dissolução do poder dos Estados nacionais, bem como asseguram poder aos aglomerados financeiros que não atuam nos limites geográficos dos países de origem.

A respeito dessas asserções, assinale a opção correta.

(A) As asserções I e II são proposições verdadeiras, e a II é uma justificativa da I.

(B) As asserções I e II são proposições verdadeiras, mas a II não é uma justificativa da I.

(C) A asserção I é uma proposição verdadeira, e a II é uma proposição falsa.

(D) A asserção I é uma proposição falsa, e a II é uma proposição verdadeira.

(E) As asserções I e II são proposições falsas.

3. (EXAME 2009)

Leia o trecho:

O movimento antiglobalização apresenta-se, na virada deste novo milênio, como uma das principais novidades na arena política e no cenário da sociedade civil, dada a sua forma de articulação/atuação em redes com extensão global. Ele tem elaborado uma nova gramática no repertório das demandas e dos conflitos sociais, trazendo novamente as lutas sociais para o palco da cena pública, e a política para a dimensão, tanto na forma de operar, nas ruas, como no conteúdo do debate que trouxe à tona: o modo de vida capitalista ocidental moderno e seus efeitos destrutivos sobre a natureza (humana, animal e vegetal).

GOHN, 2003.

É INCORRETO afirmar que o movimento antiglobalização referido nesse trecho

(A) cria uma rede de resistência, expressa em atos de desobediência civil e propostas alternativas à forma atual da globalização, considerada como o principal fator da exclusão social existente.

(B) defende um outro tipo de globalização, baseado na solidariedade e no respeito às culturas, voltado para um novo tipo de modelo civilizatório, com desenvolvimento econômico, mas também com justiça e igualdade social.

(C) é composto por atores sociais tradicionais, veteranos nas lutas políticas, acostumados com o repertório de protestos políticos, envolvendo, especialmente, os trabalhadores sindicalizados e suas respectivas centrais sindicais.

(D) recusa as imposições de um mercado global, uno, voraz, além de contestar os valores impulsionadores da sociedade capitalista, alicerçada no lucro e no consumo de mercadorias supérfluas.

(E) utiliza-se de mídias, tradicionais e novas, de modo relevante para suas ações com o propósito de dar visibilidade e legitimidade mundiais ao divulgar a variedade de movimentos de sua agenda.

4. (EXAME 2005)

As ações terroristas cada vez mais se propagam pelo mundo, havendo ataques em várias cidades, em todos os continentes. Nesse contexto, analise a seguinte notícia:

No dia 10 de março de 2005, o Presidente de Governo da Espanha José Luis Rodriguez Zapatero em conferência sobre o terrorismo, ocorrida em Madri para lembrar os atentados do dia 11 de março de 2004, "assinalou que os espanhóis encheram as ruas em sinal de dor e solidariedade e dois dias depois encheram as urnas, mostrando assim o único caminho para derrotar o terrorismo: a democracia. Também proclamou que não existe álibi para o assassinato indiscriminado. Zapatero afirmou que não há política, nem ideologia, resistência ou luta no terror, só há o vazio da futilidade, a infâmia e a barbárie. Também defendeu a comunidade islâmica, lembrando que não se deve vincular esse fenômeno com nenhuma civilização, cultura ou religião. Por esse motivo apostou na criação pelas Nações Unidas de uma aliança de civilizações para que não se continue ignorando a pobreza extrema, a exclusão social ou os Estados falidos, que constituem, segundo ele, um terreno fértil para o terrorismo".

(MANCEBO, Isabel. **Madri fecha conferência sobre terrorismo e relembra os mortos de 11-M**. (Adaptado). Disponível em: http://www2.rnw.nl/rnw/pt/atualidade/europa/at050311_onzedemarco?Acesso em Set. 2005)

A principal razão, indicada pelo governante espanhol, para que haja tais iniciativas do terror está explicitada na seguinte afirmação:

(A) O desejo de vingança desencadeia atos de barbárie dos terroristas.

(B) A democracia permite que as organizações terroristas se desenvolvam.

(C) A desigualdade social existente em alguns países alimenta o terrorismo.

(D) O choque de civilizações aprofunda os abismos culturais entre os países.

(E) A intolerância gera medo e insegurança criando condições para o terrorismo.

5. (EXAME 2004)

"Os determinantes da globalização podem ser agrupados em três conjuntos de fatores: tecnológicos, institucionais e sistêmicos."

GONÇALVES, Reinaldo. **Globalização e Desnacionalização.** São Paulo: Paz e Terra, 1999.

"A ortodoxia neoliberal não se verifica apenas no campo econômico. Infelizmente, no campo social, tanto no âmbito das ideias como no terreno das políticas, o neoliberalismo fez estragos (...)".

SOARES, Laura T. **O Desastre Social.** Rio de Janeiro: Record, 2003.

"Junto com a globalização do grande capital, ocorre a fragmentação do mundo do trabalho, a exclusão de grupos humanos, o abandono de continentes e regiões, a concentração da riqueza em certas empresas e países, a fragilização da maioria dos Estados, e assim por diante (...). O primeiro passo para que o Brasil possa enfrentar esta situação é parar de mistificá-la."

BENJAMIM, Cesar & outros. **A Opção Brasileira.** Rio de Janeiro: Contraponto, 1998.

Diante do conteúdo dos textos apresentados anteriormente, algumas questões podem ser levantadas.

1. A que está relacionado o conjunto de fatores de "ordem tecnológica"?

2. Considerando que globalização e opção política neoliberal caminharam lado a lado nos últimos tempos, o que defendem os críticos do neoliberalismo?

3. O que seria necessário fazer para o Brasil enfrentar a situação da globalização no sentido de "parar de mistificá-la"?

A alternativa que responde corretamente às três questões, em ordem, é:

(A) revolução da informática / reforma do Estado moderno com nacionalização de indústrias de bens de consumo / assumir que está em curso um mercado de trabalho globalmente unificado.

(B) revolução nas telecomunicações / concentração de investimentos no setor público com eliminação gradativa de subsídios nos setores da indústria básica / implementar políticas de desenvolvimento a médio e longo prazos que estimulem a competitividade das atividades negociáveis no mercado global.

(C) revolução tecnocientífica / reforço de políticas sociais com presença do Estado em setores produtivos estratégicos / garantir níveis de bem-estar das pessoas considerando que uma parcela de atividades econômicas e de recursos é inegociável no mercado internacional.

(D) revolução da biotecnologia / fortalecimento da base produtiva com subsídios à pesquisa tecnocientífica nas transnacionais / considerar que o aumento das barreiras ao deslocamento de pessoas, o mundo do trabalho e a questão social estão circunscritos aos espaços regionais.

(E) Terceira Revolução Industrial / auxílio do FMI com impulso para atração de investimentos estrangeiros / compreender que o desempenho de empresas brasileiras que não operam no mercado internacional não é decisivo para definir o grau de utilização do potencial produtivo, o volume de produção a ser alcançado, o nível de emprego e a oferta de produtos essenciais.

Habilidade 07

POLÍTICAS PÚBLICAS: EDUCAÇÃO, HABITAÇÃO, SANEAMENTO, SAÚDE, TRANSPORTE, SEGURANÇA, DEFESA, DESENVOLVIMENTO SUSTENTÁVEL

1. (EXAME 2013)

Uma sociedade sustentável é aquela em que o desenvolvimento está integrado à natureza, com respeito à diversidade biológica e sociocultural, exercício responsável e consequente da cidadania, com a distribuição equitativa das riquezas e em condições dignas de desenvolvimento.

Em linhas gerais, o projeto de uma sociedade sustentável aponta para uma justiça com equidade, distribuição das riquezas, eliminando-se as desigualdades sociais; para o fim da exploração dos seres humanos; para a eliminação das discriminações de gênero, raça, geração ou de qualquer outra; para garantir a todos e a todas os direitos à vida e à felicidade, à saúde, à educação, à moradia, à cultura, ao emprego e a envelhecer com dignidade; para o fim da exclusão social; para a democracia plena.

TAVARES, E. M. F. Disponível em: <http://www2.ifrn.edu.br>.
Acesso em: 25 jul. 2013 (adaptado).

Nesse contexto, avalie as asserções a seguir e a relação proposta entre elas.

I. Os princípios que fundamentam uma sociedade sustentável exigem a adoção de políticas públicas que entram em choque com velhos pressupostos capitalistas.

PORQUE

II. O crescimento econômico e a industrialização, na visão tradicional, são entendidos como sinônimos de desenvolvimento, desconsiderando-se o caráter finito dos recursos naturais e privilegiando-se a exploração da força de trabalho na acumulação de capital.

A respeito dessas asserções, assinale a opção correta.

(A) As asserções I e II são proposições verdadeiras, e a II é uma justificativa correta da I.
(B) As asserções I e II são proposições verdadeiras, mas a II não é uma justificativa correta da I.
(C) A asserção I é uma proposição verdadeira, e a II é uma proposição falsa.
(D) A asserção I é uma proposição falsa, e a II é uma proposição verdadeira.
(E) As asserções I e II são proposições falsas.

2. (EXAME 2011)

A definição de desenvolvimento sustentável mais usualmente utilizada é a que procura atender às necessidades atuais sem comprometer a capacidade das gerações futuras. O mundo assiste a um questionamento crescente de paradigmas estabelecidos na economia e também na cultura política. A crise ambiental no planeta, quando traduzida na mudança climática, é uma ameaça real ao pleno desenvolvimento das potencialidades dos países.

O Brasil está em uma posição privilegiada para enfrentar os enormes desafios que se acumulam. Abriga elementos fundamentais para o desenvolvimento: parte significativa da biodiversidade e da água doce existentes no planeta; grande extensão de terras cultiváveis; diversidade étnica e cultural e rica variedade de reservas naturais.

O campo do desenvolvimento sustentável pode ser conceitualmente dividido em três componentes: sustentabilidade ambiental, sustentabilidade econômica e sustentabilidade sociopolítica.

Nesse contexto, o desenvolvimento sustentável pressupõe

(A) a preservação do equilíbrio global e do valor das reservas de capital natural, o que não justifica a desaceleração do desenvolvimento econômico e político de uma sociedade.
(B) a redefinição de critérios e instrumentos de avaliação de custo-benefício que reflitam os efeitos socioeconômicos e os valores reais do consumo e da preservação.
(C) o reconhecimento de que, apesar de os recursos naturais serem ilimitados, deve ser traçado um novo modelo de desenvolvimento econômico para a humanidade.
(D) a redução do consumo das reservas naturais com a consequente estagnação do desenvolvimento econômico e tecnológico.
(E) a distribuição homogênea das reservas naturais entre as nações e as regiões em nível global e regional.

3. (EXAME 2011)

Exclusão digital é um conceito que diz respeito às extensas camadas sociais que ficaram à margem do fenômeno da sociedade da informação e da extensão das redes digitais. O problema da exclusão digital se apresenta como um dos maiores desafios dos dias de hoje, com implicações diretas e indiretas sobre os mais variados aspectos da sociedade contemporânea.

Nessa nova sociedade, o conhecimento é essencial para aumentar a produtividade e a competição global. É fundamental para a invenção, para a inovação e para a geração de riqueza. As tecnologias de informação e comunicação (TICs) proveem uma fundação para a construção e aplicação do conhecimento nos setores públicos e privados. É nesse contexto que se aplica o termo exclusão digital, referente à falta de acesso às vantagens e aos benefícios trazidos por essas novas tecnologias, por motivos sociais, econômicos, políticos ou culturais.

Considerando as ideias do texto acima, avalie as afirmações a seguir.

I. Um mapeamento da exclusão digital no Brasil permite aos gestores de políticas públicas escolherem o público-alvo de possíveis ações de inclusão digital.
II. O uso das TICs pode cumprir um papel social, ao prover informações àqueles que tiveram esse direito negado ou negligenciado e, portanto, permitir maiores graus de mobilidade social e econômica.
III. O direito à informação diferencia-se dos direitos sociais, uma vez que esses estão focados nas relações entre os indivíduos e, aqueles, na relação entre o indivíduo e o conhecimento.
IV. O maior problema de acesso digital no Brasil está na deficitária tecnologia existente em território nacional, muito aquém da disponível na maior parte dos países do primeiro mundo.

É correto apenas o que se afirma em

(A) I e II.
(B) II e IV.
(C) III e IV.
(D) I, II e III.
(E) I, III e IV.

4. (EXAME 2009)

Leia os gráficos:

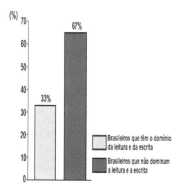

Gráfico I:
Domínio da leitura e escrita pelos brasileiros (em %)

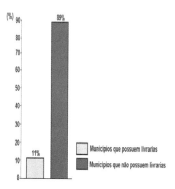

Gráfico II:
Municípios brasileiros que possuem livrarias (em %)

Indicador Nacional de Alfabetismo Funcional - INAF, 2005.

Relacione esses gráficos às seguintes informações:

O Ministério da Cultura divulgou, em 2008, que o Brasil não só produz mais da metade dos livros do continente americano, como também tem parque gráfico atualizado, excelente nível de produção editorial e grande quantidade de papel. Estima-se que 73% dos livros do país estejam nas mãos de 16% da população.

Para melhorar essa situação, é necessário que o Brasil adote políticas públicas capazes de conduzir o país à formação de uma sociedade leitora.

Qual das seguintes ações NÃO contribui para a formação de uma sociedade leitora?

(A) Desaceleração da distribuição de livros didáticos para os estudantes das escolas públicas, pelo MEC, porque isso enriquece editoras e livreiros.
(B) Exigência de acervo mínimo de livros, impressos e eletrônicos, com gêneros diversificados, para as bibliotecas escolares e comunitárias.

(C) Programas de formação continuada de professores, capacitando-os para criar um vínculo significativo entre o estudante e o texto.
(D) Programas, de iniciativa pública e privada, garantindo que os livros migrem das estantes para as mãos dos leitores.
(E) Uso da literatura como estratégia de motivação dos estudantes, contribuindo para uma leitura mais prazerosa.

5. (EXAME 2009)

O Ministério do Meio Ambiente, em junho de 2009, lançou campanha para o consumo consciente de sacolas plásticas, que já atingem, aproximadamente, o número alarmante de 12 bilhões por ano no Brasil.

Veja o *slogan* dessa campanha:

O possível êxito dessa campanha ocorrerá porque

I. se cumpriu a meta de emissão zero de gás carbônico estabelecida pelo Programa das Nações Unidas para o Meio Ambiente, revertendo o atual quadro de elevação das médias térmicas globais.
II. deixaram de ser empregados, na confecção de sacolas plásticas, materiais oxibiodegradáveis e os chamados bioplásticos que, sob certas condições de luz e de calor, se fragmentam.
III. foram adotadas, por parcela da sociedade brasileira, ações comprometidas com mudanças em seu modo de produção e de consumo, atendendo aos objetivos preconizados pela sustentabilidade.
IV. houve redução tanto no quantitativo de sacolas plásticas descartadas indiscriminadamente no ambiente, como também no tempo de decomposição de resíduos acumulados em lixões e aterros sanitários.

Estão CORRETAS somente as afirmativas

(A) I e II.
(B) I e III.
(C) II e III.
(D) II e IV.
(E) III e IV.

6. (EXAME 2009)

O Brasil tem assistido a um debate que coloca, frente a frente, como polos opostos, o desenvolvimento econômico e a conservação ambiental. Algumas iniciativas merecem considerações, porque podem agravar ou desencadear problemas ambientais de diferentes ordens de grandeza.

Entre essas iniciativas e suas consequências, é INCORRETO afirmar que

(A) a construção de obras previstas pelo PAC (Programa de Aceleração do Crescimento) tem levado à redução dos prazos necessários aos estudos de impacto ambiental, o que pode interferir na sustentabilidade do projeto.
(B) a construção de grandes centrais hidrelétricas nas bacias do Sudeste e do Sul gera mais impactos ambientais do que nos grandes rios da Amazônia, nos quais o volume de água, o relevo e a baixa densidade demográfica reduzem os custos da obra e o passivo ambiental.
(C) a exploração do petróleo encontrado na plataforma submarina pelo Brasil terá, ao lado dos impactos positivos na economia e na política, consequências ambientais negativas, se persistir o modelo atual de consumo de combustíveis fósseis.
(D) a preocupação mais voltada para a floresta e os povos amazônicos coloca em alerta os ambientalistas, ao deixar em segundo plano as ameaças aos demais biomas.
(E) os incentivos ao consumo, sobretudo aquele relacionado ao mercado automobilístico, para que o Brasil pudesse se livrar com mais rapidez da crise econômica, agravarão a poluição do ar e o intenso fluxo de veículos nas grandes cidades.

7. (EXAME 2007)

Desnutrição entre crianças quilombolas

"Cerca de três mil meninos e meninas com até 5 anos de idade, que vivem em 60 comunidades quilombolas em 22 Estados brasileiros, foram pesados e medidos. O objetivo era conhecer a situação nutricional dessas crianças.(...)

De acordo com o estudo, 11,6% dos meninos e meninas que vivem nessas comunidades estão mais baixos do que deveriam, considerando-se a sua idade, índice que mede a desnutrição. No Brasil, estima-se uma população de 2 milhões de quilombolas.

A escolaridade materna influencia diretamente o índice de desnutrição. Segundo a pesquisa, 8,8% dos filhos de mães com mais de quatro anos de estudo estão desnutridos. Esse indicador sobe para 13,7% entre as crianças de mães com escolaridade menor que quatro anos.

A condição econômica também é determinante. Entre as crianças que vivem em famílias da classe E (57,5% das avaliadas), a desnutrição chega a 15,6%; e cai para 5,6% no grupo que vive na classe D, na qual estão 33,4% do total das pesquisadas.

Os resultados serão incorporados à política de nutrição do País. O Ministério de Desenvolvimento Social prevê ainda um estudo semelhante para as crianças indígenas."

BAVARESCO, Rafael. UNICEF/BRZ. **Boletim**, ano 3, n. 8, jun. 2007.

O boletim da UNICEF mostra a relação da desnutrição com o nível de escolaridade materna e a condição econômica da família. Para resolver essa grave questão de subnutrição infantil, algumas iniciativas são propostas:

I. distribuição de cestas básicas para as famílias com crianças em risco;
II. programas de educação que atendam a crianças e também a jovens e adultos;
III. hortas comunitárias, que ofereçam não só alimentação de qualidade, mas também renda para as famílias.

Das iniciativas propostas, pode-se afirmar que

(A) somente I é solução dos problemas a médio e longo prazo.
(B) somente II é solução dos problemas a curto prazo.
(C) somente III é solução dos problemas a curto prazo.
(D) I e II são soluções dos problemas a curto prazo.
(E) II e III são soluções dos problemas a médio e longo prazo.

8. (EXAME 2006)
INDICADORES DE FRACASSO ESCOLAR NO BRASIL

ATÉ OS ANOS 90	DADOS DE 2002
Mais da metade (52%) dos que iniciavam não conseguiam concluir o Ensino Fundamental na idade correta.	Já está em 60% a taxa dos que concluem o Ensino Fundamental na idade certa.
Quando conseguiam, o tempo médio era de 12 anos.	Tempo médio atual é de 9,7 anos.
Por isso não iam para o Ensino Médio, iam direto para o mercado de trabalho.	Ensino Médio - 1 milhão de novos alunos por ano e idade média de ingresso caiu de 17 para 15, indicador indireto de que os concluintes do Fundamental estão indo para o Médio.
A escolaridade média da força de trabalho era de 5,3 anos.	A escolaridade média da força de trabalho subiu para 6,4 anos.
No Ensino Médio, o atendimento à população na série correta (35%) era metade do observado em países de desenvolvimento semelhante, como Argentina, Chile e México.	No Ensino Médio, o atendimento à população na série correta é de 45%.

Disponível em <http://revistaescola.abril.com.br/edicoes/0173/aberto/fala_exclusivo.pdf>.

Observando os dados fornecidos no quadro, percebe-se

(A) um avanço nos índices gerais da educação no País, graças ao investimento aplicado nas escolas.
(B) um crescimento do Ensino Médio, com índices superiores aos de países com desenvolvimento semelhante.
(C) um aumento da evasão escolar, devido à necessidade de inserção profissional no mercado de trabalho.
(D) um incremento do tempo médio de formação, sustentado pelo índice de aprovação no Ensino Fundamental.
(E) uma melhoria na qualificação da força de trabalho, incentivada pelo aumento da escolaridade média.

9. (EXAME 2005)

(Laerte. O condomínio)

(Laerte. O condomínio)
(Disponível em: http://www2.uol.com.br/laerte/tiras/index-condominio.html)

As duas charges de Laerte são críticas a dois problemas atuais da sociedade brasileira, que podem ser identificados pela crise

(A) na saúde e na segurança pública.
(B) na assistência social e na habitação.
(C) na educação básica e na comunicação.
(D) na previdência social e pelo desemprego.
(E) nos hospitais e pelas epidemias urbanas.

10. (EXAME 2013) DISCURSIVA

A Organização Mundial de Saúde (OMS) menciona o saneamento básico precário como uma grave ameaça à saúde humana. Apesar de disseminada no mundo, a falta de saneamento básico ainda é muito associada à pobreza, afetando, principalmente, a população de baixa renda, que é mais vulnerável devido à subnutrição e, muitas vezes, à higiene precária. Doenças relacionadas a sistemas de água e esgoto inadequados e a deficiências na higiene causam a morte de milhões de pessoas todos os anos, com prevalência nos países de baixa renda (PIB *per capita* inferior a US$ 825,00).

Dados da OMS (2009) apontam que 88% das mortes por diarreia no mundo são causadas pela falta de saneamento básico. Dessas mortes, aproximadamente 84% são de crianças. Estima-se que 1,5 milhão de crianças morra a cada ano, sobretudo em países em desenvolvimento, em decorrência de doenças diarreicas.

No Brasil, as doenças de transmissão feco-oral, especialmente as diarreias, representam, em média, mais de 80% das doenças relacionadas ao saneamento ambiental inadequado (IBGE, 2012).

Disponível em: <http://www.tratabrasil.org.br>. Acesso em: 26 jul. 2013 (adaptado).

Com base nas informações e nos dados apresentados, redija um texto dissertativo acerca da abrangência, no Brasil, dos serviços de saneamento básico e seus impactos na saúde da população. Em seu texto, mencione as políticas públicas já implementadas e apresente uma proposta para a solução do problema apresentado no texto acima. (valor: 10,0 pontos)

11. (EXAME 2012) DISCURSIVA

As vendas de automóveis de passeio e de veículos comerciais leves alcançaram 340 706 unidades em junho de 2012, alta de 18,75%, em relação a junho de 2011, e de 24,18%, em relação a maio de 2012, segundo informou, nesta terça-feira, a Federação Nacional de Distribuição de Veículos Automotores (Fenabrave). Segundo a entidade, este é o melhor mês de junho da história do setor automobilístico.

Disponível em: <http://br.financas.yahoo.com>.
Acesso em: 3 jul. 2012 (adaptado).

Na capital paulista, o trânsito lento se estendeu por 295 km às 19h e superou a marca de 293 km, registrada no dia 10 de junho de 2009. Na cidade de São Paulo, registrou-se, na tarde desta sexta-feira, o maior congestionamento da história, segundo a Companhia de Engenharia de Tráfego (CET). Às 19 h, eram 295 km de trânsito lento nas vias monitoradas pela empresa. O índice superou o registrado no dia 10 de junho de 2009, quando a CET anotou, às 19 h, 293 km de congestionamento.

Disponível em: <http://noticias.terra.com.br>.
Acesso em: 03 jul. 2012 (adaptado).

O governo brasileiro, diante da crise econômica mundial, decidiu estimular a venda de automóveis e, para tal, reduziu o imposto sobre produtos industrializados (IPI). Há, no entanto, paralelamente a essa decisão, a preocupação constante com o desenvolvimento sustentável, por meio do qual se busca a promoção de crescimento econômico capaz de incorporar as dimensões socioambientais.

Considerando que os textos acima têm caráter unicamente motivador, redija um texto dissertativo sobre sistema de transporte urbano sustentável, contemplando os seguintes aspectos:

a) conceito de desenvolvimento sustentável; **(valor: 3,0 pontos)**
b) conflito entre o estímulo à compra de veículos automotores e a promoção da sustentabilidade; **(valor: 4,0 pontos)**
c) ações de fomento ao transporte urbano sustentável no Brasil. **(valor: 3,0 pontos)**

12. (EXAME 2011) DISCURSIVA

A Síntese de Indicadores Sociais (SIS 2010) utiliza-se da Pesquisa Nacional por Amostra de Domicílios (PNAD) para apresentar sucinta análise das condições de vida no Brasil. Quanto ao analfabetismo, a SIS 2010 mostra que os maiores índices se concentram na população idosa, em camadas de menores rendimentos e predominantemente na região Nordeste, conforme dados do texto a seguir.

A taxa de analfabetismo referente a pessoas de 15 anos ou mais de idade baixou de 13,3% em 1999 para 9,7% em 2009. Em números absolutos, o contingente era de 14,1 milhões de pessoas analfabetas. Dessas, 42,6% tinham mais de 60 anos, 52,2% residiam no Nordeste e 16,4% viviam com ½ salário-mínimo de renda familiar *per capita*. Os maiores decréscimos no analfabetismo por grupos etários entre 1999 a 2009 ocorreram na faixa dos 15 a 24 anos. Nesse grupo, as mulheres eram mais alfabetizadas, mas a população masculina apresentou queda um pouco mais acentuada dos índices de analfabetismo, que passou de 13,5% para 6,3%, contra 6,9% para 3,0% para as mulheres.

SIS 2010: Mulheres mais escolarizadas são mães mais tarde e têm menos filhos. Disponível em: <www.ibge.gov.br/home/presidencia/noticias>.
Acesso em: 25 ago. 2011 (adaptado).

População analfabeta com idade superior a 15 anos	
ano	porcentagem
2000	13,6
2001	12,4
2002	11,8
2003	11,6
2004	11,2
2005	10,7
2006	10,2
2007	9,9
2008	10,0
2009	9,7

Fonte: IBGE

Com base nos dados apresentados, redija um texto dissertativo acerca da importância de políticas e programas educacionais para a erradicação do analfabetismo e para a empregabilidade, considerando as disparidades sociais e as dificuldades de obtenção de emprego provocadas pelo analfabetismo. Em seu texto, apresente uma proposta para a superação do analfabetismo e para o aumento da empregabilidade.

13. (EXAME 2010) DISCURSIVA

Para a versão atual do Plano Nacional de Educação (PNE), em vigor desde 2001 e com encerramento previsto para 2010, a esmagadora maioria dos municípios e estados não aprovou uma legislação que garantisse recursos para cumprir suas metas. A seguir, apresentam-se alguns indicativos do PNE 2001.

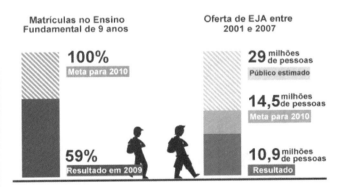

Entre 2001 e 2007, 10,9 milhões de pessoas fizeram parte de turmas de Educação de Jovens e Adultos (EJA). Parece muito, mas representa apenas um terço dos mais de 29 milhões de pessoas que não chegaram à 4ª série e seriam o público-alvo dessa faixa de ensino. A inclusão da EJA no Fundo de Manutenção e Desenvolvimento da Educação Básica e de Valorização dos Profissionais da Educação (FUNDEB) representou uma fonte de recursos para ampliar a oferta, mas não atacou a evasão, hoje em alarmantes 43%.

Disponível em: <http://revistaescola.abril.com.br/politicas-publicas>.
Acesso em: 31 ago. 2010 (com adaptações).

Com base nos dados do texto anterior e tendo em vista que novas diretrizes darão origem ao PNE de 2011 – documento que organiza prioridades e propõe metas a serem alcançadas nos dez anos seguintes –, redija um único texto argumentativo em, no máximo, 15 linhas, acerca da seguinte assertiva:

O desafio, hoje, não é só matricular, mas manter os alunos da Educação de Jovens e Adultos na escola, diminuindo a repetência e o abandono.

Em seu texto, contemple os seguintes aspectos:

a) a associação entre escola e trabalho na vida dos estudantes da EJA; (valor: 5,0 pontos)

b) uma proposta de ação que garanta a qualidade do ensino e da aprendizagem e diminua a repetência e a evasão. (valor: 5,0 pontos)

14. (EXAME 2009) DISCURSIVA

Leia o trecho:

> Quais as possibilidades, no Brasil atual, de a cidadania se enraizar nas práticas sociais? Essa é uma questão que supõe discutir as possibilidades, os impasses e os dilemas da construção da cidadania, tendo como foco a dinâmica da sociedade. Antes de mais nada, é preciso dizer que tomar a sociedade como foco de discussão significa um modo determinado de problematizar a questão dos direitos. Os direitos são aqui tomados como práticas, discursos e valores que afetam o modo como as desigualdades e diferenças são figuradas no cenário público, como interesses se expressam e os conflitos se realizam.
>
> TELLES, 2006. (Adaptado)

Na abordagem salientada nesse trecho, qual direito social você destacaria para diminuir as desigualdades de renda familiar no Brasil? Apresente dois argumentos que deem suporte à sua resposta.

15. (EXAME 2008) DISCURSIVA

Alunos dão nota 7,1 para ensino médio

Apesar das várias avaliações que mostram que o ensino médio está muito aquém do desejado, os alunos, ao analisarem a formação que receberam, têm outro diagnóstico. No questionário socioeconômico que responderam no Enem (Exame Nacional do Ensino Médio) do ano passado, eles deram para seus colégios nota média 7,1. Essa boa avaliação varia pouco conforme o desempenho do aluno. Entre os que foram mal no exame, a média é de 7,2; entre aqueles que foram bem, ela fica em 7,1.

GOIS, Antonio. Folha de S.Paulo, 11 jun. 2008 (Fragmento).

Entre os piores também em matemática e leitura

O Brasil teve o quarto pior desempenho, entre 57 países e territórios, no maior teste mundial de matemática, o Programa Internacional de Avaliação de Alunos (Pisa) de 2006. Os estudantes brasileiros de escolas públicas e particulares ficaram na 54ª posição, à frente apenas de Tunísia, Qatar e Quirguistão. Na prova de leitura, que mede a compreensão de textos, o país foi o oitavo pior, entre 56 nações.

Os resultados completos do Pisa 2006, que avalia jovens de 15 anos, foram anunciados ontem pela Organização para a Cooperação e o Desenvolvimento (OCDE), entidade que reúne países adeptos da economia de mercado, a maioria do mundo desenvolvido.

WEBER, Demétrio. **Jornal O Globo**, 5 dez. 2007, p. 14 (Fragmento).

Ensino fundamental atinge meta de 2009

O aumento das médias dos alunos, especialmente em matemática, e a diminuição da reprovação fizeram com que, de 2005 para 2007, o país melhorasse os indicadores de qualidade da educação. O avanço foi mais visível no ensino fundamental. No ensino médio, praticamente não houve melhoria. Numa escala de zero a dez, o ensino fundamental em seus anos iniciais (da primeira à quarta série) teve nota 4,2 em 2007. Em 2005, a nota fora 3,8. Nos anos finais (quinta a oitava), a alta foi de 3,5 para 3,8. No ensino médio, de 3,4 para 3,5. Embora tenha comemorado o aumento da nota, ela ainda foi considerada "pior do que regular" pelo ministro da Educação, Fernando Haddad.

GOIS, Antonio e PINHO, Angela. **Folha de S.Paulo**, 12 jun. 2008 (Fragmento).

A partir da leitura dos fragmentos motivadores reproduzidos, redija um texto dissertativo (fundamentado em pelo menos **dois** argumentos), sobre o seguinte tema:

A contradição entre os resultados de avaliações oficiais e a opinião emitida pelos professores, pais e alunos sobre a educação brasileira.

No desenvolvimento do tema proposto, utilize os conhecimentos adquiridos ao longo de sua formação.

Observações

- Seu texto deve ser de cunho dissertativo-argumentativo (não deve, portanto, ser escrito em forma de poema, de narração etc.).
- Seu ponto de vista deve estar apoiado em pelo menos **dois** argumentos.
- O texto deve ter entre **8** e **10** linhas.
- O texto deve ser redigido na modalidade padrão da Língua Portuguesa.
- Seu texto não deve conter fragmentos dos textos motivadores.

Habilidade 08

RELAÇÕES DE TRABALHO

1. (EXAME 2013)

Na tabela abaixo, é apresentada a distribuição do número de empregos formais registrados em uma cidade brasileira, consideradas as variáveis setores de atividade e gênero, de acordo com a Relação Anual de Informações Sociais (RAIS).

Número de empregos formais por total de atividades e gênero, de 2009 a 2011.

IBGE Setor	Número de empregos formais por total das atividades – 2009			Número de empregos formais por total das atividades – 2010			Número de empregos formais por total das atividades - 2011		
	Total	Masculino	Feminino	Total	Masculino	Feminino	Total	Masculino	Feminino
Total	106 347	78 980	27 367	115 775	85 043	30 732	132 709	93 710	38 999
1-Extrativa mineral	24 504	22 186	2 318	26 786	24 236	2 550	26 518	23 702	2 816
2-Indústria de transformação	12 629	10 429	2 200	14 254	12 031	2 223	14 696	12 407	2 289
3-Serviços industriais de utilidade pública	421	363	58	612	543	69	813	703	110
4-Construção civil	9 279	8 242	1 037	7 559	6 587	972	7 563	7 070	493
5-Comércio	12 881	7 869	5 012	14 440	8 847	5 593	15 436	9 516	5 920
6-Serviços	38 945	26 460	12 485	43 148	29 044	14 104	51 210	34 304	16 906
7-Administração Pública	7 217	2 996	4 221	8 527	3 343	5 184	16 017	5 599	10 418
8-Agropecuária, extração vegetal, caça e pesca.	471	435	36	449	412	37	456	409	47

Fonte: RAIS/MTE (adaptado)

Com base nas informações da tabela apresentada, avalie as afirmações a seguir.

I. O setor com o melhor desempenho em termos percentuais foi o da Administração Pública, com a geração de 7 490 postos de trabalho entre 2010 e 2011.
II. De uma forma geral, comparando-se os dados de gênero, as mulheres vêm ocupando mais postos de trabalho na Administração Pública e perdendo postos na Construção civil.
III. Entre 2010 e 2011, o aumento na distribuição dos postos de trabalho entre homens e mulheres foi mais equilibrado que o ocorrido entre 2009 e 2010.

IV. O setor com o pior desempenho total entre 2010 e 2011 foi o da Agropecuária, extração vegetal, caça e pesca, que apresentou aumento de somente 7 postos de trabalho.

É correto apenas o que se afirma em

(A) I e II.
(B) I e IV.
(C) III e IV.
(D) I, II e III.
(E) II, III e IV.

2. (EXAME 2012)

Taxa de rotatividade por setores de atividade econômica: 2007 – 2009

Setores	Taxa de rotatividade (%), excluídos transferências, aposentadorias, falecimentos e desligamentos voluntários		
	2007	2008	2009
Total	34,3	37,5	36,0
Extrativismo mineral	19,3	22,0	20,0
Indústria de transformação	34,5	38,6	36,8
Serviço industrial de utilidade pública	13,3	14,4	17,2
Construção civil	83,4	92,2	86,2
Comércio	40,3	42,5	41,6
Serviços	37,6	39,8	37,7
Administração pública direta e autárquica	8,4	11,4	10,6
Agricultura, silvicultura, criação de animais, extrativismo vegetal	79,9	78,6	74,4

Disponível em: <http://portal.mte.gov.br>.
Acesso em: 12 jul. 2012 (adaptado).

A tabela acima apresenta a taxa de rotatividade no mercado formal brasileiro, entre 2007 e 2009. Com relação a esse mercado, sabe-se que setores como o da construção civil e o da agricultura têm baixa participação no total de vínculos trabalhistas e que os setores de comércio e serviços concentram a maior parte das ofertas. A taxa média nacional é a taxa média de rotatividade brasileira no período, excluídos transferências, aposentadorias, falecimentos e desligamentos voluntários.

Com base nesses dados, avalie as afirmações seguintes.

I. A taxa média nacional é de, aproximadamente, 36%.
II. O setor de comércio e o de serviços, cujas taxas de rotatividade estão acima da taxa média nacional, têm ativa importância na taxa de rotatividade, em razão do volume de vínculos trabalhistas por eles estabelecidos.
III. As taxas anuais de rotatividade da indústria de transformação são superiores à taxa média nacional.
IV. A construção civil é o setor que apresenta a maior taxa de rotatividade no mercado formal brasileiro, no período considerado.

É correto apenas o que se afirma em

(A) I e II.
(B) I e III.
(C) III e IV.
(D) I, II e IV.
(E) II, III e IV.

3. (EXAME 2011)

A educação é o Xis da questão

Disponível em: <http://ead.uepb.edu.br/noticias,82>. Acesso em: 24 ago. 2011.

A expressão "o Xis da questão" usada no título do infográfico diz respeito

(A) à quantidade de anos de estudos necessários para garantir um emprego estável com salário digno.
(B) às oportunidades de melhoria salarial que surgem à medida que aumenta o nível de escolaridade dos indivíduos.
(C) à influência que o ensino de língua estrangeira nas escolas tem exercido na vida profissional dos indivíduos.
(D) aos questionamentos que são feitos acerca da quantidade mínima de anos de estudo que os indivíduos precisam para ter boa educação.
(E) à redução da taxa de desemprego em razão da política atual de controle da evasão escolar e de aprovação automática de ano de acordo com a idade.

4. (EXAME 2009)

Leia o gráfico, em que é mostrada a evolução do número de trabalhadores de 10 a 14 anos, em algumas regiões metropolitanas brasileiras, em dado período:

Fonte: IBGE

<http://www1.folha.uol.com.br/folha/cotidiano/ult95u85799.shtml>, acessado em 2 out. 2009. (Adaptado)

Leia a charge:

<www.charges.com.br>, acessado em 15 set. 2009.

Há relação entre o que é mostrado no gráfico e na charge?

(A) Não, pois a faixa etária acima dos 18 anos é aquela responsável pela disseminação da violência urbana nas grandes cidades brasileiras.
(B) Não, pois o crescimento do número de crianças e adolescentes que trabalham diminui o risco de sua exposição aos perigos da rua.
(C) Sim, pois ambos se associam ao mesmo contexto de problemas socioeconômicos e culturais vigentes no país.
(D) Sim, pois o crescimento do trabalho infantil no Brasil faz crescer o número de crianças envolvidas com o crime organizado.
(E) Ambos abordam temas diferentes e não é possível se estabelecer relação mesmo que indireta entre eles.

5. (EXAME 2006)

A tabela abaixo mostra como se distribui o tipo de ocupação dos jovens de 16 a 24 anos que trabalham em 5 Regiões Metropolitanas e no Distrito Federal.

Distribuição dos jovens ocupados, de 16 a 24 anos, segundo posição na ocupação
Regiões Metropolitanas e Distrito Federal - 2005 (em porcentagem)

Regiões Metropolitanas e Distrito Federal	Total	Assalariados				Autônomos			Empregado Doméstico	Outros
		Total	Setor privado		Setor público	Total	Trabalha para o público	Trabalha para empresas		
			Com carteira assinada	Sem carteira assinada						
Belo Horizonte	79,0	72,9	53,2	19,7	6,1	12,5	7,9	4,6	7,4	(1)
Distrito Federal	80,0	69,8	49,0	20,8	10,2	9,8	5,2	4,6	7,1	(1)
Porto Alegre	86,0	78,0	58,4	19,6	8,0	7,7	4,5	3,2	3,0	(1)
Recife	69,8	61,2	36,9	24,3	8,6	17,5	8,4	9,1	7,1	(1)
Salvador	71,6	64,5	39,8	24,7	7,1	18,6	14,3	4,3	7,2	(1)
São Paulo	80,4	76,9	49,3	27,6	3,5	11,3	4,0	7,4	5,3	(1)

(Fonte: Convênio DIEESE / Seade, MTE / FAT e convênios regionais.
PED - Pesquisa de Emprego e Desemprego Elaboração: DIEESE)

Nota: (1) A amostra não comporta a desagregação para esta categoria.

Das regiões estudadas, aquela que apresenta o maior percentual de jovens sem carteira assinada, dentre os jovens que são assalariados do setor privado, é

(A) Belo Horizonte.
(B) Distrito Federal.
(C) Recife.
(D) Salvador.
(E) São Paulo.

6. (EXAME 2005) DISCURSIVA

Nos dias atuais, as novas tecnologias se desenvolvem de forma acelerada e a Internet ganha papel importante na dinâmica do cotidiano das pessoas e da economia mundial. No entanto, as conquistas tecnológicas, ainda que representem avanços, promovem consequências ameaçadoras.

Leia os gráficos e a situação-problema expressa através de um diálogo entre uma mulher desempregada, à procura de uma vaga no mercado de trabalho, e um empregador.

Acesso à Internet

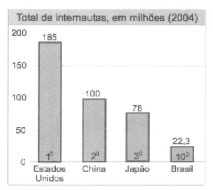

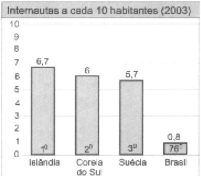

Situação-problema

• **mulher:**
– *Tenho 43 anos, não tenho curso superior completo, mas tenho certificado de conclusão de secretariado e de estenografia.*
• **empregador:**
– *Qual a abrangência de seu conhecimento sobre o uso de computadores? Quais as linguagens que você domina? Você sabe fazer uso da Internet?*
• **mulher:**
– *Não sei direito usar o computador. Sou de família pobre e, como preciso participar ativamente da despesa familiar, com dois filhos e uma mãe doente, não sobra dinheiro para comprar um.*
• **empregador:**
– *Muito bem, posso, quando houver uma vaga, oferecer um trabalho de recepcionista. Para trabalho imediato, posso oferecer uma vaga de copeira para servir cafezinho aos funcionários mais graduados.*

Apresente uma conclusão que pode ser extraída da análise

a) dos dois gráficos;
b) da situação-problema, em relação aos gráficos.

Habilidade 09

RESPONSABILIDADE SOCIAL: SETOR PÚBLICO, PRIVADO, TERCEIRO SETOR

1. (EXAME 2013)

A discussão nacional sobre a resolução das complexas questões sociais brasileiras e sobre o desenvolvimento em bases sustentáveis tem destacado a noção de corresponsabilidade e a de complementaridade entre as ações dos diversos setores e atores que atuam no campo social. A interação entre esses agentes propicia a troca de conhecimento das distintas experiências, proporciona mais racionalidade, qualidade e eficácia às ações desenvolvidas e evita superposições de recursos e competências.

De uma forma geral, esses desafios moldam hoje o quadro de atuação das organizações da sociedade civil do terceiro setor. No Brasil, o movimento relativo a mais exigências de desenvolvimento institucional dessas organizações, inclusive das fundações empresariais, é recente e foi intensificado a partir da década de 90.

BNDES. Terceiro Setor e Desenvolvimento Social. Relato Setorial n° 3 AS/GESET. Disponível em: <http://www.bndes.gov.br>. Acesso em: 02 ago. 2013 (adaptado).

De acordo com o texto, o terceiro setor

(A) é responsável pelas ações governamentais na área social e ambiental.

(B) promove o desenvolvimento social e contribui para aumentar o capital social.

(C) gerencia o desenvolvimento da esfera estatal, com especial ênfase na responsabilidade social.

(D) controla as demandas governamentais por serviços, de modo a garantir a participação do setor privado.

(E) é responsável pelo desenvolvimento social das empresas e pela dinamização do Mercado de trabalho.

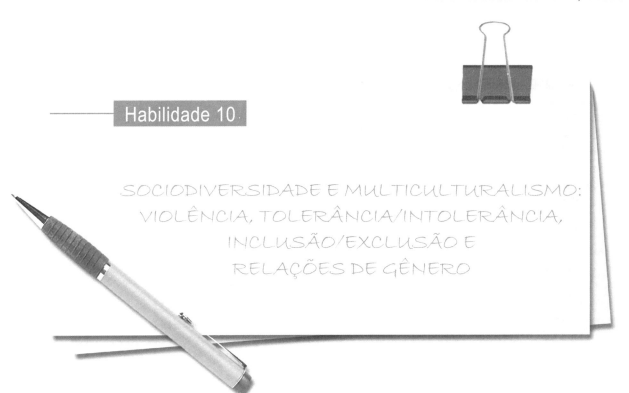

Habilidade 10

SOCIODIVERSIDADE E MULTICULTURALISMO: VIOLÊNCIA, TOLERÂNCIA/INTOLERÂNCIA, INCLUSÃO/EXCLUSÃO E RELAÇÕES DE GÊNERO

1. (EXAME 2010)

Levantamento feito pelo jornal Folha de S. Paulo e publicado em 11 de abril de 2009, com base em dados de 2008, revela que o índice de homicídios por 100 mil habitantes no Brasil varia de 10,6 a 66,2. O levantamento inclui dados de 23 estados e do Distrito Federal. De acordo com a Organização Mundial da Saúde (OMS), áreas com índices superiores a 10 assassinatos por 100 mil habitantes são consideradas zonas epidêmicas de homicídios.

HOMICÍDIOS NO PAÍS

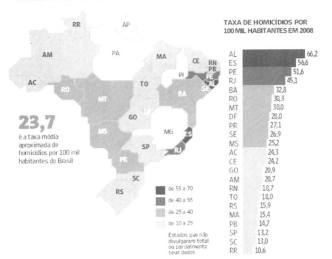

Análise da mortalidade por homicídios no Brasil. Disponível em: <http://www1.folha.uol.com.br/folha/cotidiano/ult95u549196.shtml>. Acesso em: 22 ago. 2010.

A partir das informações do texto e do gráfico acima, conclui-se que

(A) o número total de homicídios em 2008 no estado da Paraíba é inferior ao do estado de São Paulo.
(B) os estados que não divulgaram os seus dados de homicídios encontram-se na região Centro-Oeste.
(C) a média aritmética das taxas de homicídios por 100 mil habitantes da região Sul é superior à taxa média aproximada do Brasil.
(D) a taxa de homicídios por 100 mil habitantes do estado da Bahia, em 2008, supera a do Rio Grande do Norte em mais de 100%.
(E) Roraima é o estado com menor taxa de homicídios por 100 mil habitantes, não se caracterizando como zona epidêmica de homicídios.

2. (EXAME 2010)

Conquistar um diploma de curso superior não garante às mulheres a equiparação salarial com os homens, como mostra o estudo "Mulher no mercado de trabalho: perguntas e respostas", divulgado pelo Instituto Brasileiro de Geografia e Estatística (IBGE), nesta segunda-feira, quando se comemora o Dia Internacional da Mulher.

Segundo o trabalho, embasado na Pesquisa Mensal de Emprego de 2009, nos diversos grupamentos de atividade econômica, a escolaridade de nível superior não aproxima os rendimentos recebidos por homens e mulheres. Pelo contrário, a diferença acentua-se. No caso do comércio, por exemplo, a diferença de rendimento para profissionais com escolaridade de onze anos ou mais de estudo é de R$ 616,80 a mais para os homens. Quando a comparação é feita para o nível superior, a diferença é de R$ 1.653,70 para eles.

Disponível em: <http://oglobo.globo.com/economia/boachance/mat/2010/03/08>. Acesso em: 19 out. 2010 (com adaptações).

Considerando o tema abordado anteriormente, analise as afirmações seguintes.

I. Quanto maior o nível de análise dos indicadores de gêneros, maior será a possibilidade de identificação da realidade vivida pelas mulheres no mundo do trabalho e da busca por uma política igualitária capaz de superar os desafios das representações de gênero.

II. Conhecer direitos e deveres, no local de trabalho e na vida cotidiana, é suficiente para garantir a alteração dos padrões de inserção das mulheres no mercado de trabalho.

III. No Brasil, a desigualdade social das minorias étnicas, de gênero e de idade não está apenas circunscrita pelas relações econômicas, mas abrange fatores de caráter histórico-cultural.

IV. Desde a aprovação da Constituição de 1988, tem havido incremento dos movimentos gerados no âmbito da sociedade para diminuir ou minimizar a violência e o preconceito contra a mulher, a criança, o idoso e o negro.

É correto apenas o que se afirma em

(A) I e II.
(B) II e IV.
(C) III e IV.
(D) I, II e III.
(E) I, III e IV.

3. (EXAME 2008)

CIDADÃS DE SEGUNDA CLASSE?

As melhores leis a favor das mulheres de cada país-membro da União Europeia estão sendo reunidas por especialistas.

O objetivo é compor uma legislação continental capaz de contemplar temas que vão da contracepção à equidade salarial, da prostituição à aposentadoria. Contudo, uma legislação que assegure a inclusão social das cidadãs deve contemplar outros temas, além dos citados.

São dois os temas mais específicos para essa legislação:

(A) aborto e violência doméstica.
(B) cotas raciais e assédio moral.
(C) educação moral e trabalho.
(D) estupro e imigração clandestina.
(E) liberdade de expressão e divórcio.

4. (EXAME 2006)

Jornal do Brasil, 3 ago. 2005.

Tendo em vista a construção da ideia de nação no Brasil, o argumento da personagem expressa

(A) a afirmação da identidade regional.
(B) a fragilização do multiculturalismo global.
(C) o ressurgimento do fundamentalismo local.
(D) o esfacelamento da unidade do território nacional.
(E) o fortalecimento do separatismo estadual.

5. (EXAME 2005)

Leia trechos da carta-resposta de um cacique indígena à sugestão, feita pelo Governo do Estado da Virgínia (EUA), de que uma tribo de índios enviasse alguns jovens para estudar nas escolas dos brancos.

> "(...) Nós estamos convencidos, portanto, de que os senhores desejam o nosso bem e agradecemos de todo o coração. Mas aqueles que são sábios reconhecem que diferentes nações têm concepções diferentes das coisas e, sendo assim, os senhores não ficarão ofendidos ao saber que a vossa ideia de educação não é a mesma que a nossa. (...) Muitos dos nossos bravos guerreiros foram formados nas escolas do Norte e aprenderam toda a vossa ciência. Mas, quando eles voltaram para nós, eram maus corredores, ignorantes da vida da floresta e incapazes de suportar o frio e a fome. Não sabiam caçar o veado, matar o inimigo ou construir uma cabana e falavam nossa língua muito mal. Eles eram, portanto, inúteis. (...) Ficamos extremamente agradecidos pela vossa oferta e, embora não possamos aceitá-la, para mostrar a nossa gratidão concordamos que os nobres senhores de Virgínia nos enviem alguns de seus jovens, que lhes ensinaremos tudo que sabemos e faremos deles homens."

(BRANDÃO, Carlos Rodrigues. **O que é educação**. São Paulo: Brasiliense, 1984)

A relação entre os dois principais temas do texto da carta e a forma de abordagem da educação privilegiada pelo cacique está representada por:

(A) sabedoria e política / educação difusa.
(B) identidade e história / educação formal.
(C) ideologia e filosofia / educação superior.
(D) ciência e escolaridade / educação técnica.
(E) educação e cultura / educação assistemática.

6. (EXAME 2005)

Leia e relacione os textos a seguir

> O Governo Federal deve promover a inclusão digital, pois a falta de acesso às tecnologias digitais acaba por excluir socialmente o cidadão, em especial a juventude.

(Projeto Casa Brasil de inclusão digital começa em 2004.
In: MAZZA, Mariana. **JB online**.)

Comparando a proposta acima com a charge, pode-se concluir que

(A) o conhecimento da tecnologia digital está democratizado no Brasil.
(B) a preocupação social é preparar quadros para o domínio da informática.
(C) o apelo à inclusão digital atrai os jovens para o universo da computação.
(D) o acesso à tecnologia digital está perdido para as comunidades carentes.
(E) a dificuldade de acesso ao mundo digital torna o cidadão um excluído social.

7. (EXAME 2012) DISCURSIVA

A Organização Mundial da Saúde (OMS) define violência como o uso de força física ou poder, por ameaça ou na prática, contra si próprio, outra pessoa ou contra um grupo ou comunidade, que resulte ou possa resultar em sofrimento, morte, dano psicológico, desenvolvimento prejudicado ou privação. Essa definição agrega a intencionalidade à prática do ato violento propriamente dito, desconsiderando o efeito produzido.

DAHLBERG, L. L.; KRUG, E. G. Violência: um problema global de saúde pública. Disponível em: <http://www.scielo.br>. Acesso em: 18 jul. 2012 (adaptado).

CABRAL, I. Disponível em: <http://www.ivancabral.com>. Acesso em: 18 jul. 2012.

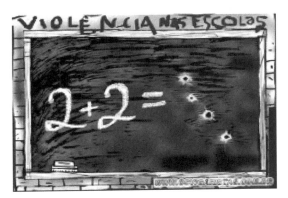

Disponível em: <http://www.pedagogiaaopedaletra.com.br>. Acesso em: 18 jul. 2012.

A partir da análise das charges acima e da definição de violência formulada pela OMS, redija um texto dissertativo a respeito da violência na atualidade. Em sua abordagem, deverão ser contemplados os seguintes aspectos:

a) tecnologia e violência; **(valor: 3,0 pontos)**
b) causas e consequências da violência na escola; **(valor: 3,0 pontos)**
c) proposta de solução para o problema da violência na escola. **(valor: 4,0 pontos)**

8. (EXAME 2006) DISCURSIVA

Leia com atenção os textos abaixo.

Duas das feridas do Brasil de hoje, sobretudo nos grandes centros urbanos, são a banalidade do crime e a violência praticada no trânsito. Ao se clamar por solução, surge a pergunta: de quem é a responsabilidade?

São cerca de 50 mil brasileiros assassinados a cada ano, número muito superior ao de civis mortos em países atravessados por guerras. Por que se mata tanto? Por que os governantes não se sensibilizam e só no discurso tratam a segurança como prioridade? Por que recorrer a chavões como endurecer as leis, quando já existe legislação contra a impunidade? Por que deixar tantos jovens morrerem, tantas mães chorarem a falta dos filhos?

(O Globo. Caderno Especial. 2 set. 2006.)

Diante de uma tragédia urbana, qualquer reação das pessoas diretamente envolvidas é permitida. Podem sofrer, revoltar-se, chorar, não fazer nada. Cabe a quem está de fora a atitude. Cabe à sociedade perceber que o drama que naquela hora é de três ou cinco famílias é, na verdade, de todos nós. E a nós não é reservado o direito da omissão. Não podemos seguir vendo a vida dos nossos jovens escorrer pelas mãos. Não podemos achar que evoluir é aceitar crianças de 11 anos consumindo bebidas alcoólicas e, mais tarde, juntando esse hábito ao de dirigir, sem a menor noção de responsabilidade. (...) Queremos diálogo com nossos meninos. Queremos campanhas que os alertem. Queremos leis que os protejam. Queremos mantê-los no mundo para o qual os trouxemos. Queremos – e precisamos – ficar vivos para que eles fiquem vivos.

(O Dia, Caderno Especial, Rio de Janeiro, 10 set. 2006.)

Com base nas ideias contidas nos textos acima, responda à seguinte pergunta, fundamentando o seu ponto de vista com argumentos.

> Como o Brasil pode enfrentar a violência social e a violência no trânsito?

Observações:

- Seu texto deve ser dissertativo-argumentativo (não deve, portanto, ser escrito em forma de poema ou de narração).
- O seu ponto de vista deve estar apoiado em argumentos.
- Seu texto deve ser redigido na modalidade escrita padrão da Língua Portuguesa.
- O texto deve ter entre 8 e 12 linhas.

9. (EXAME 2006) DISCURSIVA

Sobre a implantação de "políticas afirmativas" relacionadas à adoção de "sistemas de cotas" por meio de Projetos de Lei em tramitação no Congresso Nacional, leia os dois textos a seguir.

Texto I

"Representantes do Movimento Negro Socialista entregaram ontem no Congresso um manifesto contra a votação dos projetos que propõem o estabelecimento de cotas para negros em Universidades Federais e a criação do Estatuto de Igualdade Racial.

As duas propostas estão prontas para serem votadas na Câmara, mas o movimento quer que os projetos sejam retirados da pauta. (...) Entre os integrantes do movimento estava a professora titular de Antropologia da Universidade Federal do Rio de Janeiro, Yvonne Maggie. 'É preciso fazer o debate. Por isso ter vindo aqui já foi um avanço', disse."

(**Folha de S.Paulo** – Cotidiano, 30 jun. 2006 com adaptação.)

Texto II

"Desde a última quinta-feira, quando um grupo de intelectuais entregou ao Congresso Nacional um manifesto contrário à adoção de cotas raciais no Brasil, a polêmica foi reacesa. (...) O diretor executivo da Educação e Cidadania de Afrodescendentes e Carentes (Educafro), frei David Raimundo dos Santos, acredita que hoje o quadro do país é injusto com os negros e defende a adoção do sistema de cotas."

(**Agência Estado-Brasil**, 03 jul. 2006.)

Ampliando ainda mais o debate sobre todas essas políticas afirmativas, há também os que adotam a posição de que o critério para cotas nas Universidades Públicas não deva ser restritivo, mas que considere também a condição social dos candidatos ao ingresso.

Analisando a polêmica sobre o sistema de cotas "raciais", identifique, no atual debate social,

a) um argumento coerente utilizado por aqueles que o criticam;

b) um argumento coerente utilizado por aqueles que o defendem.

Habilidade 11

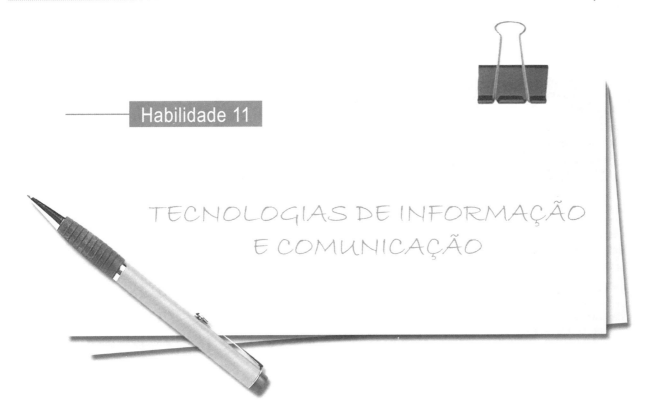

TECNOLOGIAS DE INFORMAÇÃO E COMUNICAÇÃO

1. (EXAME 2011)

A cibercultura pode ser vista como herdeira legítima (embora distante) do projeto progressista dos filósofos do século XVII. De fato, ela valoriza a participação das pessoas em comunidades de debate e argumentação. Na linha reta das morais da igualdade, ela incentiva uma forma de reciprocidade essencial nas relações humanas. Desenvolveu-se a partir de uma prática assídua de trocas de informações e conhecimentos, coisa que os filósofos do Iluminismo viam como principal motor do progresso. (...) A cibercultura não seria pós-moderna, mas estaria inserida perfeitamente na continuidade dos ideais revolucionários e republicanos de liberdade, igualdade e fraternidade. A diferença é apenas que, na cibercultura, esses "valores" se encarnam em dispositivos técnicos concretos. Na era das mídias eletrônicas, a igualdade se concretiza na possibilidade de cada um transmitir a todos; a liberdade toma forma nos *softwares* de codificação e no acesso a múltiplas comunidades virtuais, atravessando fronteiras, enquanto a fraternidade, finalmente, se traduz em interconexão mundial.

LEVY, P. **Revolução virtual**. Folha de S. Paulo. Caderno Mais, 16 ago. 1998, p.3 (adaptado).

O desenvolvimento de redes de relacionamento por meio de computadores e a expansão da Internet abriram novas perspectivas para a cultura, a comunicação e a educação.

De acordo com as ideias do texto acima, a cibercultura

(A) representa uma modalidade de cultura pós-moderna de liberdade de comunicação e ação.

(B) constituiu negação dos valores progressistas defendidos pelos filósofos do Iluminismo.

(C) banalizou a ciência ao disseminar o conhecimento nas redes sociais.

(D) valorizou o isolamento dos indivíduos pela produção de *softwares* de codificação.

(E) incorpora valores do Iluminismo ao favorecer o compartilhamento de informações e conhecimentos.

2. (EXAME 2007)

Os países em desenvolvimento fazem grandes esforços para promover a inclusão digital, ou seja, o acesso, por parte de seus cidadãos, às tecnologias da era da informação. Um dos indicadores empregados é o número de *hosts*, isto é, o número de computadores que estão conectados à Internet. A tabela e o gráfico abaixo mostram a evolução do número de *hosts* nos três países que lideram o setor na América do Sul.

	2003	2004	2005	2006	2007
Brasil	2.237.527	3.163.349	3.934.577	5.094.730	7.422.440
Argentina	495.920	742.358	1.050.639	1.464.719	1.837.050
Colômbia	55.626	115.158	324.889	440.585	721.114

Fonte: IBGE (**Network Wizards**, 2007)

Dos três países, os que apresentaram, respectivamente, o maior e o menor crescimento percentual no número de *hosts*, no período 2003–2007, foram

(A) Brasil e Colômbia.
(B) Brasil e Argentina.
(C) Argentina e Brasil.
(D) Colômbia e Brasil.
(E) Colômbia e Argentina.

3. (EXAME 2013) – DISCURSIVA

O debate sobre a segurança da informação e os limites de atuação de governos de determinados países tomou conta da imprensa recentemente, após a publicidade dada ao episódio denominado espionagem americana. O trecho a seguir relata parte do ocorrido.

(...) documentos vazados pelo ex-técnico da Agência Central de Inteligência (CIA), Edward Snowden, indicam que *e-mails* e telefonemas de brasileiros foram monitorados e uma base de espionagem teria sido montada em Brasília pelos norte-americanos.

O Estado de São Paulo. Disponível em: <http://www.estadao.com.br/>.
Acesso em: 30 jul. 2013 (adaptado).

Considerando que os textos e as imagens acima têm caráter unicamente motivador, redija um texto dissertativo a respeito do seguinte tema: Segurança e invasão de privacidade na atualidade. (valor: 10,0 pontos)

4. (EXAME 2007) DISCURSIVA

Sobre o papel desempenhado pela mídia nas sociedades de regime democrático, há várias tendências de avaliação com posições distintas. Vejamos duas delas:

Posição I: A mídia é encarada como um mecanismo em que grupos ou classes dominantes são capazes de difundir ideias que promovem seus próprios interesses e que servem, assim, para manter o *status quo*. Desta forma, os contornos ideológicos da ordem hegemônica são fixados, e se reduzem os espaços de circulação de ideias alternativas e contestadoras.

Posição II: A mídia vem cumprindo seu papel de guardiã da ética, protetora do decoro e do Estado de Direito. Assim, os órgãos midiáticos vêm prestando um grande serviço às sociedades, com neutralidade ideológica, com fidelidade à verdade factual, com espírito crítico e com fiscalização do poder onde quer que ele se manifeste.

Leia o texto a seguir, sobre o papel da mídia nas sociedades democráticas da atualidade – exemplo do jornalismo.

> "Quando os jornalistas são questionados, eles respondem de fato: 'nenhuma pressão é feita sobre mim, escrevo o que quero'. E isso é verdade. Apenas deveríamos acrescentar que, se eles assumissem posições contrárias às normas dominantes, não escreveriam mais seus editoriais. Não se trata de uma regra absoluta, é claro. Eu mesmo sou publicado na mídia norte-americana. Os Estados Unidos não são um país totalitário. (...) Com certo exagero, nos países totalitários, o Estado decide a linha a ser seguida e todos devem-se conformar. As sociedades democráticas funcionam de outra forma: a linha jamais é anunciada como tal; ela é subliminar. Realizamos, de certa forma, uma 'lavagem cerebral em liberdade'. Na grande mídia, mesmo os debates mais apaixonados se situam na esfera dos parâmetros implicitamente consentidos – o que mantém na marginalidade muitos pontos de vista contrários."

Revista Le Monde Diplomatique Brasil,
ago. 2007 - texto de entrevista com Noam Chomsky.

Sobre o papel desempenhado pela mídia na atualidade, faça, em no máximo, 6 linhas, o que se pede:

a) escolha entre as posições I e II a que apresenta o ponto de vista mais próximo do pensamento de Noam Chomsky e explique a relação entre o texto e a posição escolhida;

b) apresente uma argumentação coerente para defender seu posicionamento pessoal quanto ao fato de a mídia ser ou não livre.

Habilidade 12

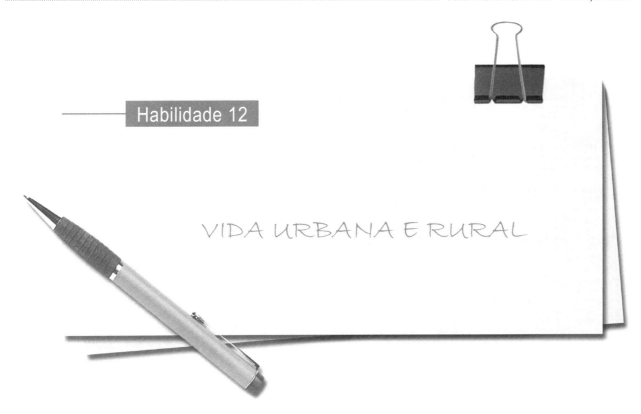

VIDA URBANA E RURAL

1. (EXAME 2009)

A urbanização no Brasil registrou marco histórico na década de 1970, quando o número de pessoas que viviam nas cidades ultrapassou o número daquelas que viviam no campo. No início deste século, em 2000, segundo dados do IBGE, mais de 80% da população brasileira já era urbana.

Considerando essas informações, estabeleça a relação entre as charges:

PORQUE

BARALDI, Márcio. <http://www.marciobaraldi.com.br/baraldi2/component/joomgallery/?func=detail&id=178>. (Acessado em 5 out. 2009)

Com base nas informações dadas e na relação proposta entre essas charges, é CORRETO afirmar que

(A) a primeira charge é falsa, e a segunda é verdadeira.
(B) a primeira charge é verdadeira, e a segunda é falsa.
(C) as duas charges são falsas.
(D) as duas charges são verdadeiras, e a segunda explica a primeira.
(E) as duas charges são verdadeiras, mas a segunda não explica a primeira.

2. (EXAME 2008)

CENTROS URBANOS MEMBROS DO GRUPO "ENERGIA-CIDADES"

LE MONDE Diplomatique Brasil. **Atlas do Meio Ambiente**, 2008. p. 82.

No mapa, registra-se uma prática exemplar para que as cidades se tornem sustentáveis de fato, favorecendo as trocas horizontais, ou seja, associando e conectando territórios entre si, evitando desperdícios no uso de energia.

Essa prática exemplar apoia-se, fundamentalmente, na

(A) centralização de decisões políticas.

(B) atuação estratégica em rede.

(C) fragmentação de iniciativas institucionais.

(D) hierarquização de autonomias locais.

(E) unificação regional de impostos.

Habilidade 13

MAPAS GEOPOLÍTICOS E SOCIOECONÔMICOS

1. (EXAME 2010)

O mapa abaixo representa as áreas populacionais sem acesso ao saneamento básico.

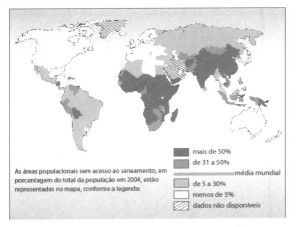

Considerando o mapa apresentado, analise as afirmações que se seguem.

I. A globalização é fenômeno que ocorre de maneira desigual entre os países, e o progresso social independe dos avanços econômicos.
II. Existe relação direta entre o crescimento da ocupação humana e o maior acesso ao saneamento básico.
III. Brasil, Rússia, Índia e China, países pertencentes ao bloco dos emergentes, possuem percentual da população com acesso ao saneamento básico abaixo da média mundial.
IV. O maior acesso ao saneamento básico ocorre, em geral, em países desenvolvidos.
V. Para se analisar o índice de desenvolvimento humano (IDH) de um país, deve-se diagnosticar suas condições básicas de infraestrutura, seu PIB per capita, a saúde e a educação.

É correto apenas o que se afirma em

(A) I e II.
(B) I e III.
(C) II e V.
(D) III e IV.
(E) IV e V.

2. (EXAME 2009)

Leia o planisfério, em que é mostrada uma imagem noturna da superfície terrestre, obtida a partir de imagens de satélite:

http://antwrp.gsfc.nasa.gov/apod/image/0011/earthlights_dmsp_big.jpg
(Acessado em 21 set. 2009).

Com base na leitura desse planisfério, é CORRETO afirmar que as regiões continentais em que se verifica luminosidade noturna mais intensa

(A) abrigam os espaços de economia mais dinâmica do mundo contemporâneo, onde se localizam os principais centros de decisão que comandam a atual ordem mundial.
(B) expressam a divisão do Planeta em dois hemisférios – o Leste e o Oeste – que, apesar de integrados à economia-mundo, revelam indicadores sociais discrepantes.
(C) comprovam que o Planeta pode abrigar o dobro de seu atual contingente populacional, desde que mantido o padrão de consumo praticado pela sociedade contemporânea.
(D) registram fluxos reduzidos de informação, de pessoas, de mercadorias e de capitais, tendo em vista a saturação de suas redes de circulação, alcançada no início do século XXI.
(E) substituíram suas tradicionais fontes de energia não renováveis, historicamente empregadas na geração de eletricidade, por alternativas limpas e não poluentes.

3. (EXAME 2005) DISCURSIVA

(JB ECOLÓGICO. **JB**, Ano 4, n. 41, junho 2005, p. 21.)

> Agora é vero. Deu na imprensa internacional, com base científica e fotos de satélite: a continuar o ritmo atual da devastação e a incompetência política secular do Governo e do povo brasileiro em contê-la, a Amazônia desaparecerá em menos de 200 anos. A última grande floresta tropical e refrigerador natural do único mundo onde vivemos irá virar deserto.
>
> Internacionalização já! Ou não seremos mais nada. Nem brasileiros, nem terráqueos. Apenas uma lembrança vaga e infeliz de vida breve, vida louca, daqui a dois séculos.
>
> A quem possa interessar e ouvir, assinam essa declaração: todos os rios, os céus, as plantas, os animais, e os povos índios, caboclos e universais da Floresta Amazônica. Dia cinco de junho de 2005.
>
> Dia Mundial do Meio Ambiente e Dia Mundial da Esperança. A última.

(CONCOLOR, Felis. Amazônia? Internacionalização já! In: **JB ecológico**. Ano 4, n. 41, jun. 2005, p. 14-15. fragmento)

> A tese da internacionalização, ainda que circunstancialmente possa até ser mencionada por pessoas preocupadas com a região, longe está de ser solução para qualquer dos nossos problemas. Assim, escolher a Amazônia para demonstrar preocupação com o futuro da humanidade é louvável se assumido também, com todas as suas consequências, que o inaceitável processo de destruição das nossas florestas é o mesmo que produz e reproduz diariamente a pobreza e a desigualdade por todo o mundo.
>
> Se assim não for, e a prevalecer mera motivação "da propriedade", então seria justificável também propor devaneios como a internacionalização do Museu do Louvre ou, quem sabe, dos poços de petróleo ou ainda, e neste caso não totalmente desprovido de razão, do sistema financeiro mundial.

(JATENE, Simão. Preconceito e pretensão. In: **JB ecológico**. Ano 4, n. 42, jul. 2005, p. 46-47. fragmento)

A partir das ideias presentes nos textos acima, expresse a sua opinião, fundamentada em dois argumentos sobre **a melhor maneira de se preservar a maior floresta equatorial do planeta.** (máximo de 10 linhas)

Habilidade 14

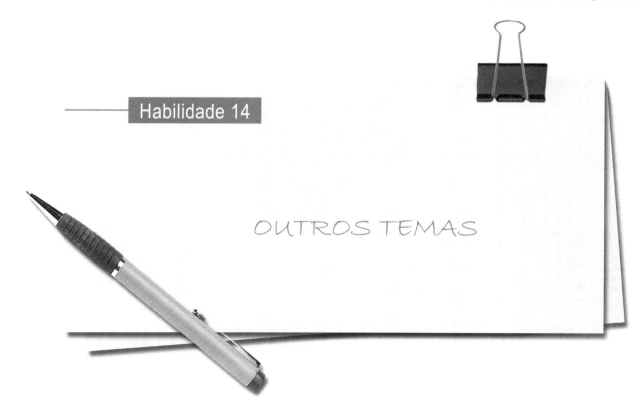

OUTROS TEMAS

1. (EXAME 2012)

Legisladores do mundo se comprometem a alcançar os objetivos da Rio+20

Reunidos na cidade do Rio de Janeiro, 300 parlamentares de 85 países se comprometeram a ajudar seus governantes a alcançar os objetivos estabelecidos nas conferências Rio+20 e Rio 92, assim como a utilizar a legislação para promover um crescimento mais verde e socialmente inclusivo para todos.

Após três dias de encontros na Cúpula Mundial de Legisladores, promovida pela GLOBE International — uma rede internacional de parlamentares que discute ações legislativas em relação ao meio ambiente —, os participantes assinaram um protocolo que tem como objetivo sanar as falhas no processo da Rio 92.

Em discurso durante a sessão de encerramento do evento, o vice-presidente do Banco Mundial para a América Latina e o Caribe afirmou: "Esta Cúpula de Legisladores mostrou claramente que, apesar dos acordos globais serem úteis, não precisamos esperar. Podemos agir e avançar agora, porque as escolhas feitas hoje nas áreas de infraestrutura, energia e tecnologia determinarão o futuro".

Disponível em: <www.worldbank.org/pt/news/2012/06/20>. Acesso em: 22 jul. 2012 (adaptado).

O compromisso assumido pelos legisladores, explicitado no texto acima, é condizente com o fato de que

(A) os acordos internacionais relativos ao meio ambiente são autônomos, não exigindo de seus signatários a adoção de medidas internas de implementação para que sejam revestidos de exigibilidade pela comunidade internacional.

(B) a mera assinatura de chefes de Estado em acordos internacionais não garante a implementação interna dos termos de tais acordos, sendo imprescindível, para isso, a efetiva participação do Poder Legislativo de cada país.

(C) as metas estabelecidas na Conferência Rio 92 foram cumpridas devido à propositura de novas leis internas, incremento de verbas orçamentárias destinadas ao meio ambiente e monitoramento da implementação da agenda do Rio pelos respectivos governos signatários.

(D) a atuação dos parlamentos dos países signatários de acordos internacionais restringe-se aos mandatos de seus respectivos governos, não havendo relação de causalidade entre o compromisso de participação legislativa e o alcance dos objetivos definidos em tais convenções.

(E) a Lei de Mudança Climática aprovada recentemente no México não impacta o alcance de resultados dos compromissos assumidos por aquele país de reduzir as emissões de gases do efeito estufa, de evitar o desmatamento e de se adaptar aos impactos das mudanças climáticas.

2. (EXAME 2012)

Segundo a pesquisa Retratos da Leitura no Brasil, realizada pelo Instituto Pró-Livro, a média anual brasileira de livros lidos por habitante era, em 2011, de 4,0. Em 2007, esse mesmo parâmetro correspondia a 4,7 livros por habitante/ano.

Proporção de leitores por região
2007 - 2011

Região Norte	2007	2011
% do total de leitores brasileiros	8	8
Proporção regional (%)	55	47 ↓
Milhões de leitores	7,5	6,6

Região Centro-Oeste	2007	2011
% do total de leitores brasileiros	7	8
Proporção regional (%)	59	53 ↓
Milhões de leitores	7,1	6,8

Região Sul	2007	2011
% do total de leitores brasileiros	14	13
Proporção regional (%)	53	43 ↓
Milhões de leitores	13,2	11,3

Total Brasil		
Brasil	2007	2011
Proporção (%)	55	50 ↓
Milhões de leitores	95,6	88,2

Região Nordeste	2007	2011
% do total de leitores brasileiros	25	29
Proporção regional (%)	50	51
Milhões de leitores	24,4	25,4

Região Sudeste	2007	2011
% do total de leitores brasileiros	45	43
Proporção regional (%)	59	50 ↓
Milhões de leitores	43,4	38,0

Instituto Pró-Livro. Disponível em: <http://www.prolivro.org.br>.
Acesso em: 3 jul. 2012 (adaptado).

De acordo com as informações apresentadas acima, verifica-se que

(A) metade da população brasileira é constituída de leitores que tendem a ler mais livros a cada ano.

(B) o Nordeste é a região do Brasil em que há a maior proporção de leitores em relação à sua população.

(C) o número de leitores, em cada região brasileira, corresponde a mais da metade da população da região.

(D) o Sudeste apresenta o maior número de leitores do país, mesmo tendo diminuído esse número em 2011.

(E) a leitura está disseminada em um universo cada vez menor de brasileiros, independentemente da região do país.

3. (EXAME 2011)

Em reportagem, Owen Jones, autor do livro **Chavs: a difamação da classe trabalhadora**, publicado no Reino Unido, comenta as recentes manifestações de rua em Londres e em outras principais cidades inglesas.

Jones prefere chamar atenção para as camadas sociais mais desfavorecidas do país, que desde o início dos distúrbios, ficaram conhecidas no mundo todo pelo apelido chavs, usado pelos britânicos para escarnecer dos hábitos de consumo da classe trabalhadora. Jones denuncia um sistemático abandono governamental dessa parcela da população: "Os políticos insistem em culpar os indivíduos pela desigualdade", diz. (...) "você não vai ver alguém assumir ser um chav, pois se trata de um insulto criado como forma de generalizar o comportamento das classes mais baixas. Meu medo não é o preconceito e, sim, a cortina de fumaça que ele oferece. Os distúrbios estão servindo como o argumento ideal para que se faça valer a ideologia de que os problemas sociais são resultados de defeitos individuais, não de falhas maiores. Trata-se de uma filosofia que tomou conta da sociedade britânica com a chegada de Margaret Thatcher ao poder, em 1979, e que basicamente funciona assim: você é culpado pela falta de oportunidades. (...) Os políticos insistem em culpar os indivíduos pela desigualdade".

Suplemento Prosa & Verso, **O Globo**, Rio de Janeiro, 20 ago. 2011, p. 6 (adaptado).

Considerando as ideias do texto, avalie as afirmações a seguir.

I. Chavs é um apelido que exalta hábitos de consumo de parcela da população britânica.

II. Os distúrbios ocorridos na Inglaterra serviram para atribuir deslizes de comportamento individual como causas de problemas sociais.

III. Indivíduos da classe trabalhadora britânica são responsabilizados pela falta de oportunidades decorrente da ausência de políticas públicas.

IV. As manifestações de rua na Inglaterra reivindicavam formas de inclusão nos padrões de consumo vigente.

É correto apenas o que se afirma em

(A) I e II.
(B) I e IV.
(C) II e III.
(D) I, III e IV.
(E) II, III e IV.

4. (EXAME 2008)

A exposição aos raios ultravioleta tipo B (UVB) causa queimaduras na pele, que podem ocasionar lesões graves ao longo do tempo. Por essa razão, recomenda-se a utilização de filtros solares, que deixam passar apenas uma certa fração desses raios, indicada pelo Fator de Proteção Solar (FPS).

Por exemplo, um protetor com FPS igual a 10 deixa passar apenas 1/10 (ou seja, retém 90%) dos raios UVB. Um protetor que retenha 95% dos raios UVB possui um FPS igual a

(A) 95
(B) 90
(C) 50
(D) 20
(E) 5

5. (EXAME 2008)

[Gráfico: Curva de Lorenz - Porcentagem Acumulada da Renda vs eixo de 0 a 100]

Disponível em: http://www.ipea.gov.br/sites/000/2/livros/desigualdaderendanobrasil/cap_04_avaliandoasignificancia.pdf

Apesar do progresso verificado nos últimos anos, o Brasil continua sendo um país em que há uma grande desigualdade de renda entre os cidadãos. Uma forma de se constatar este fato é por meio da Curva de Lorenz, que fornece, para cada valor de x entre 0 e 100, o percentual da renda total do País auferido pelos x% de brasileiros de menor renda. Por exemplo, na Curva de Lorenz para 2004, apresentada ao lado, constata-se que a renda total dos 60% de menor renda representou apenas 20% da renda total.

De acordo com o mesmo gráfico, o percentual da renda total correspondente aos 20% de **maior** renda foi, aproximadamente, igual a

(A) 20%
(B) 40%
(C) 50%
(D) 60%
(E) 80%

6. (EXAME 2007)

Os ingredientes principais dos fertilizantes agrícolas são nitrogênio, fósforo e potássio (os dois últimos sob a forma dos óxidos P2O5 e K2O, respectivamente). As percentagens das três substâncias estão geralmente presentes nos rótulos dos fertilizantes, sempre na ordem acima. Assim, um fertilizante que tem em seu rótulo a indicação 10-20-20 possui, em sua composição, 10% de nitrogênio, 20% de óxido de fósforo e 20% de óxido de potássio. Misturando-se 50 kg de um fertilizante 10-20-10 com 50 kg de um fertilizante 20-10-10, obtém-se um fertilizante cuja composição é

(A) 7,5-7,5-5.
(B) 10-10-10.
(C) 15-15-10.
(D) 20-20-15.
(E) 30-30-20.

7. (EXAME 2007)

Vamos supor que você recebeu de um amigo de infância e seu colega de escola um pedido, por escrito, vazado nos seguintes termos:

> "Venho mui respeitosamente solicitar-lhe o empréstimo do seu livro de Redação para Concurso, para fins de consulta escolar."

Essa solicitação em tudo se assemelha à atitude de uma pessoa que

(A) comparece a um evento solene vestindo *smoking* completo e cartola.
(B) vai a um piquenique engravatado, vestindo terno completo, calçando sapatos de verniz.
(C) vai a uma cerimônia de posse usando um terno completo e calçando botas.
(D) frequenta um estádio de futebol usando sandálias de couro e bermudas de algodão.
(E) veste terno completo e usa gravata para proferir um conferência internacional.

8. (EXAME 2006)

A legislação de trânsito brasileira considera que o condutor de um veículo está dirigindo alcoolizado quando o teor alcoólico de seu sangue excede 0,6 gramas de álcool por litro de sangue. O gráfico abaixo mostra o processo de absorção e eliminação do álcool quando um indivíduo bebe, em um curto espaço de tempo, de 1 a 4 latas de cerveja.

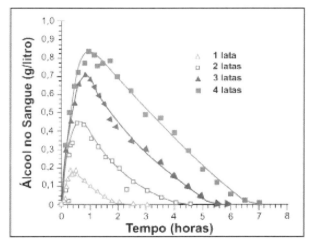

(Fonte: **National Health Institute**, Estados Unidos)

Considere as afirmativas a seguir.

I. O álcool é absorvido pelo organismo muito mais lentamente do que é eliminado.
II. Uma pessoa que vá dirigir imediatamente após a ingestão da bebida pode consumir, no máximo, duas latas de cerveja.
III. Se uma pessoa toma rapidamente quatro latas de cerveja, o álcool contido na bebida só é completamente eliminado após se passarem cerca de 7 horas da ingestão.

Está(ão) correta(s) a(s) afirmativa(s)

(A) II, apenas.
(B) I e II, apenas.
(C) I e III, apenas.
(D) II e III, apenas.
(E) I, II e III.

9. (EXAME 2004)

Muitos países enfrentam sérios problemas com seu elevado crescimento populacional.

Em alguns destes países, foi proposta (e por vezes colocada em efeito) a proibição de as famílias terem mais de um filho.

Algumas vezes, no entanto, esta política teve consequências trágicas (por exemplo, em alguns países houve registros de famílias de camponeses abandonarem suas filhas recém-nascidas para terem uma outra chance de ter um filho do sexo masculino). Por essa razão, outras leis menos restritivas foram consideradas. Uma delas foi: as famílias teriam o direito a um segundo (e último) filho, caso o primeiro fosse do sexo feminino.

Suponha que esta última regra fosse seguida por todas as famílias de um certo país (isto é, sempre que o primeiro filho fosse do sexo feminino, fariam uma segunda e última tentativa para ter um menino). Suponha ainda que, em cada nascimento, sejam iguais as chances de nascer menino ou menina.

Examinando os registros de nascimento, após alguns anos de a política ter sido colocada em prática, seria esperado que:

(A) o número de nascimentos de meninos fosse aproximadamente o dobro do de meninas.

(B) em média, cada família tivesse 1,25 filhos.

(C) aproximadamente 25% das famílias não tivessem filhos do sexo masculino.

(D) aproximadamente 50% dos meninos fossem filhos únicos.

(E) aproximadamente 50% das famílias tivessem um filho de cada sexo.

10. (EXAME 2011) DISCURSIVA

A Educação a Distância (EaD) é a modalidade de ensino que permite que a comunicação e a construção do conhecimento entre os usuários envolvidos possam acontecer em locais e tempos distintos. São necessárias tecnologias cada vez mais sofisticadas para essa modalidade de ensino não presencial, com vistas à crescente necessidade de uma pedagogia que se desenvolva por meio de novas relações de ensino-aprendizagem.

O Censo da Educação Superior de 2009, realizado pelo MEC/INEP, aponta para o aumento expressivo do número de matrículas nessa modalidade. Entre 2004 e 2009, a participação da EaD na Educação Superior passou de 1,4% para 14,1%, totalizando 838 mil matrículas, das quais 50% em cursos de licenciatura. Levantamentos apontam ainda que 37% dos estudantes de EaD estão na pós-graduação e que 42% estão fora do seu estado de origem.

Considerando as informações acima, enumere três vantagens de um curso a distância, justificando brevemente cada uma delas.

11. (EXAME 2004) DISCURSIVA

Leia o e-mail de Elisa enviado para sua prima que mora na Itália e observe o gráfico.

Vivi durante anos alimentando os sonhos sobre o que faria após minha aposentadoria que deveria acontecer ainda este ano.

Um deles era aceitar o convite de passar uns meses aí com vocês, visto que os custos da viagem ficariam amenizados com a hospedagem oferecida e poderíamos aproveitar para conviver por um período mais longo.

Carla, imagine que completei os trinta anos de trabalho e não posso me aposentar porque não tenho a idade mínima para a aposentadoria. Desta forma, teremos, infelizmente, que adiar a ideia de nos encontrar no próximo ano.

Um grande abraço, Elisa.

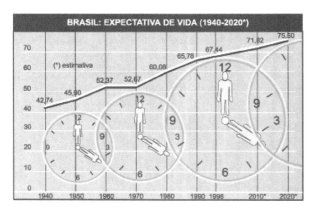

Fonte: **Brasil em números 1999**. Rio de Janeiro. IBGE, 2000.

Ainda que mudanças na dinâmica demográfica não expliquem todos os problemas dos sistemas de previdência social, apresente:

a) uma explicação sobre a relação existente entre o envelhecimento populacional de um país e a questão da previdência social;

b) uma situação, além da elevação da expectativa de vida, que possivelmente contribuiu para as mudanças nas regras de aposentadoria do Brasil nos últimos anos.

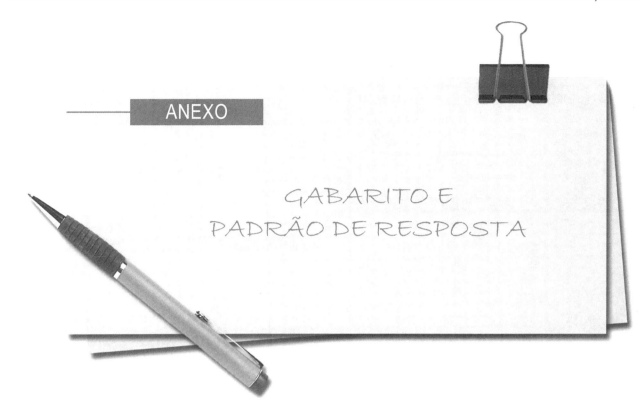

HABILIDADE 01 – CULTURA E ARTE		
1. C	6. C	11. B
2. D	7. D	12. E
3. C	8. C	13. C
4. D	9. A	14. B
5. B	10. E	15. B

HABILIDADE 02 – AVANÇOS TECNOLÓGICOS	
1. B	2. E

HABILIDADE 03 – CIÊNCIA, TECNOLOGIA E SOCIEDADE		
1. E	2. A	3. A

QUESTÃO DISCURSIVA

4. ANÁLISE OFICIAL – PADRÃO DE RESPOSTA

O estudante poderá focalizar uma das seguintes questões:
- qualificação para o processo de seleção clonal;
- autodeterminação pelos ricos e poderosos da reprodução de indivíduos socialmente indesejáveis;
- riscos de tecnologia, erroneamente usada pelo Governo, de massas dóceis e idiotas para realizar trabalhos do mundo;
- efeito de toda a mesmice humana sobre os não reproduzidos clonalmente;
- estímulo à singularidade que acompanha o homem há milênios;
- individualidade como fato essencial da vida;
- aterrorizante ausência de um eu-humano, a mesmice.

Na análise das respostas, serão considerados os seguintes aspectos:
- adequação ao tema
- coerência
- coesão textual
- correção gramatical do texto

HABILIDADE 04 – DEMOCRACIA, ÉTICA E CIDADANIA		
1. A	5. D	8. A
2. E	6. C	9. D
3. A	7. D	10. E
4. A		

QUESTÕES DISCURSIVAS

11. ANÁLISE OFICIAL – PADRÃO DE RESPOSTA

O aluno deverá explicitar as características de uma sociedade democrática: representatividade do povo no poder, regulação por meio de leis, igualdade de direitos e de deveres. (Valor: 4,0 pontos)

O aluno deverá caracterizar comportamento não ético como aquele que fere a igualdade de direitos e de deveres, buscando apenas o benefício pessoal em detrimento dos objetivos da sociedade como um todo. (Valor: 3,0 pontos)

O aluno deverá ilustrar sua argumentação com dois exemplos de comportamentos éticos. (Valor: 3,0 pontos)

12. ANÁLISE OFICIAL – PADRÃO DE RESPOSTA

A concepção que foi destacada nos três itens corresponde à ultrapassagem da mera noção de necessidade humana básica para aquela de direito humano, como um princípio de ação, na medida em que não se trata de reconhecer apenas uma carência a ser suprida, mas a possibilidade de exigência da dignidade e qualidade de vida, através da efetivação do direito (à habitação/à segurança/ao trabalho). Assim, o trabalho como ação qualificada está em correspondência com a possibilidade de uma moradia adequada, dentro de uma ambiência de bem-estar cidadão, numa perspectiva integrada, isto é, remetendo-se esses direitos uns aos outros.

HABILIDADE 05 – ECOLOGIA/BIODIVERSIDADE

1. A   4. C   7. C
2. D   5. C   8. D
3. E   6. E

QUESTÕES DISCURSIVAS

9. ANÁLISE OFICIAL – PADRÃO DE RESPOSTA

O estudante deverá apresentar uma proposta de defesa do meio ambiente, fundamentada em dois argumentos. O texto, desenvolvido entre oito e doze linhas, deve ser redigido na modalidade escrita padrão da Língua Portuguesa. Conteúdo informativo dos textos:

1) Desmatamento cai e tem baixa recorde Análise de imagens vem comprovando a redução do desmatamento no Brasil. Com isso, o país protege a sua biodiversidade, adequando-se às metas do Protocolo de Kyoto.

2) Soja ameaça a tendência de queda, diz ONG A confirmação da tendência de queda no desmatamento depende dos dados referentes a 2008. A elevação do preço da soja no mercado internacional pode comprometer a consolidação da tendência de queda do desmatamento. Os produtores de soja compreendem que a redução do desmatamento pode levar à valorização do seu produto.

Possibilidades de encaminhamento do tema:

1) Medidas governamentais para a redução do desmatamento.

2) Contribuição do Brasil em defesa da biodiversidade.

3) Cumprimento das metas do Protocolo que Kyoto.

4) Tomada de consciência da necessidade de preservação do meio ambiente.

5) Implementação de ações individuais e coletivas visando à salvação do meio ambiente.

6) Participação da sociedade em movimentos ecológicos.

7) Estimulo à educação ambiental promovida pela sociedade civil e pelos governos.

8) Elaboração de programas em defesa do meio ambiente veiculados pela mídia.

9) Preservação do meio ambiente compatível com o progresso econômico e social.

10) Necessidade de conscientização dos grandes produtores rurais de que a preservação do meio ambiente favorece o agronegócio.

10. ANÁLISE OFICIAL – PADRÃO DE RESPOSTA

Uma sugestão que pode ser feita é a repressão ao desmatamento, especialmente àquele feito através das queimadas, garantindo que as florestas mantenham ou ampliem suas dimensões atuais para restabelecer a emissão de oxigênio na atmosfera e garantir o equilíbrio do regime de chuvas.

A outra é o controle da emissão de gases poluentes de automóveis e indústrias, especialmente os de origem fóssil, com o objetivo de minimizar o efeito estufa, um dos fatores que contribuem para o aquecimento global.

HABILIDADE 06 – GLOBALIZAÇÃO E POLÍTICA INTERNACIONAL

1. D   3. C   5. C
2. C   4. C

HABILIDADE 07 – POLÍTICAS PÚBLICAS: EDUCAÇÃO, HABITAÇÃO, SANEAMENTO, SAÚDE, TRANSPORTE, SEGURANÇA, DEFESA, DESENVOLVIMENTO SUSTENTÁVEL

1. A   4. A   7. E
2. B   5. E   8. E
3. A   6. B   9. A

QUESTÕES DISCURSIVAS

10. ANÁLISE OFICIAL – PADRÃO DE RESPOSTA

Em termos de atendimento à proposta, espera-se que o estudante estabeleça relação entre a qualidade do serviço de esgotamento sanitário e de tratamento da água para o agravamento do número de casos de internação e morte por diarreia entre a população brasileira: geralmente, quanto maior a abrangência dos serviços, menor a ocorrência de internações por essa moléstia e menor os gastos com os tratamentos de saúde.

Espera-se, também, que o estudante mencione pelo menos duas políticas públicas implementadas para buscar resolver o problema e que proponha uma ação visando contribuir para a sua solução.

11. ANÁLISE OFICIAL – PADRÃO DE RESPOSTA

O estudante deve redigir texto dissertativo, abordando os seguintes tópicos:

a) A ideia de que desenvolvimento sustentável pode ser entendido como proposta ou processo que atende às necessidades das gerações presentes sem comprometer capacidade similar das gerações futuras.

b) A redução do IPI para a compra de automóveis incentiva a utilização de veículos movidos a combustíveis fósseis num cenário de baixa mobilidade urbana nas cidades brasileiras. Mais automóveis nas cidades gera mobilidade deficitária e mais consumo de combustíveis fósseis, pois os motores ficam mais tempo acionados. O aumento da queima de combustíveis nestes motores gera maiores quantidades de emissões de gases poluentes, como os gases de efeito estufa, o monóxido de carbono, os óxidos de enxofre e os particulados. Como consequência, o ar atmosférico das cidades se torna mais poluído.

c) São ações de fomento:

Concessão de subsídios governamentais ao transporte coletivo em detrimento do transporte particular, como exemplo a redução de IPI para a fabricação de equipamentos de transporte coletivo como ônibus, vagões de metrôs, tróubus e barcas públicas.

Concessão de subsídios governamentais para a manufatura e venda de veículos de transporte movidos a combustíveis limpos ou mais sustentáveis, como os veículos a energia solar, gás natural, energia elétrica, hidrogênio, biodiesel, dentre outros.

Incentivo ao uso de bicicletas e da caminhada, como a construção de ciclovias e de passeios seguros, amplos e agradáveis.

12. ANÁLISE OFICIAL – PADRÃO DE RESPOSTA

O estudante deve abordar em seu texto:

- identificação e análise das desigualdades sociais acentuadas pelo analfabetismo, demonstrando capacidade de examinar e interpretar criticamente o quadro atual da educação com ênfase no analfabetismo;
- abordagem do analfabetismo numa perspectiva crítica, participativa, apontando agentes sociais e alternativas que viabilizem a realização de esforços para sua superação, estabelecendo relação entre o analfabetismo e a dificuldade para a obtenção de emprego;
- indicação de avanços e deficiências de políticas e de programas de erradicação do analfabetismo, assinalando iniciativas realizadas ao longo do período tratado e seus resultados, expressando que estas ações, embora importantes para a eliminação do analfabetismo, ainda se mostram insuficientes.

13. ANÁLISE OFICIAL – PADRÃO DE RESPOSTA

Espera-se que a resposta a essa questão seja um único texto, contendo os aspectos solicitados.

O estudante deverá comentar o texto-base, que mostra os números da evasão escolar na EJA.

Ele deverá considerar, em seu texto, a responsabilidade dos governos em relação à educação de jovens e adultos, que precisam conciliar o estudo e o trabalho em seu dia a dia.

Por fim, espera-se que o texto apresente alguma sugestão de ação para garantir a qualidade do ensino e a aprendizagem desses alunos, mantendo-os na escola e diminuindo, portanto, o índice de evasão nesse nível de ensino.

14. ANÁLISE OFICIAL – PADRÃO DE RESPOSTA

O estudante poderá propor:

- **Acesso à educação pública, gratuita e de qualidade**, o que favorece ao cidadão ocupar postos de trabalho que exigem maior qualificação e, consequentemente, maior remuneração;
- **Permanência do estudante na escola, em todos os níveis escolares – da educação infantil a educação superior** – o que possibilita o cidadão se qualificar profissionalmente e ter acesso a melhores condições de trabalho e remuneração e, consequentemente, de vida;
- **Condições dignas de trabalho, com remuneração que garanta qualidade de vida do indivíduo**, fruto de reivindicação daquele que tem condições de trabalhar com qualidade, como consequência de seu preparo cultural e profissional;
- **Assistência à saúde, em seu contexto mais amplo**, o que favorece uma renda familiar não comprometida com a suspensão de enfermidades e, até mesmo, caracterizada pela redução de gastos com portadores de necessidades especiais;
- **Ser proprietário do imóvel em que se reside**, o que se reduz os gastos com aluguel e promove o equilíbrio financeiro familiar.

15. ANÁLISE OFICIAL – PADRÃO DE RESPOSTA

Com base nos dados veiculados pelos textos motivadores versando sobre o fraco desempenho dos alunos nas avaliações internacionais (PISA) e a opinião favorável dos professores quanto à sua preparação para o desempenho docente, dos pais em relação ao que auferem das escolas onde seus filhos estudam e dos próprios discentes que consideram o ensino recebido como de boa qualidade, espera-se que seja apontada a contradição existente entre esses pontos de vista e os dados oficiais.

Assim, o estudante deve produzir um texto dissertativo, fundamentado em argumentos (texto opinativo), no padrão escrito formal da Língua Portuguesa, sobre a contradição aludida (opinião dos pais, professores e alunos *vs* dados oficiais) e as suas causas.

HABILIDADE 08 – RELAÇÕES DE TRABALHO

1. D **3.** B **5.** C
2. D **4.** C

QUESTÃO DISCURSIVA

6. ANÁLISE OFICIAL – PADRÃO DE RESPOSTA

a) Poderá ser apresentada uma das conclusões:

- O Brasil, que é uma das nações mais populosas do mundo, tem um número absoluto de internautas alto, correspondendo a 22,3 milhões em 2004, o que coloca o país na 10ª posição no *ranking* mundial. Porém, isso representa uma pequena parcela da população, pois, para cada 10 habitantes, em 2003, havia menos de 1 internauta.
- O Brasil reflete um panorama global de desigualdade no acesso às novas tecnologias de informática, como o uso da internet, o que caracteriza um índice considerável de exclusão digital: em números absolutos somos o 10º país com maior quantidade de internautas, mas em números relativos o quadro muda, visto que mais de 80% dos brasileiros ainda não têm acesso à Internet.
- leitura comparativa dos países que aparecem no gráfico, levando em conta os valores absolutos e relativo/tamanho da população.

b) Poderá ser apresentada uma das conclusões:

- Com a introdução das novas tecnologias de informática, o desemprego estrutural é uma realidade no Brasil e no mundo, reduzindo os postos de trabalho e de tarefas no mundo do trabalho e exigindo pessoas preparadas para o uso dessas novas tecnologias.

COLETÂNEA DE QUESTÕES – FORMAÇÃO GERAL

- A pequena oferta de trabalho pelo desemprego estrutural gera o deslocamento de pessoas com bom nível de educação formal, mas sem preparo para o uso das novas tecnologias de informática, para atividades que exigem baixa qualificação profissional.

- No mundo atual, a camada mais pobre da população precisa, além de outros fatores, se preocupar com mais um obstáculo para ter uma vida digna: a exclusão digital. Não possuir acesso à rede mundial na área de informática significa mais dificuldade para conseguir emprego e perda em aspectos primordiais da cidadania. Assim, dominar recursos básicos de informática torna-se exigência para quem quer ingressar no mercado de trabalho. Na atualidade, além da exigência de qualificação para o uso das novas tecnologias de informática, a discriminação da mulher no mercado de trabalho, com o aumento do desemprego estrutural, é facilitada, colocando-a numa situação subalterna, mesmo quando ela tem bom nível de educação formal.

HABILIDADE 09 – RESPONSABILIDADE SOCIAL: SETOR PÚBLICO, PRIVADO, TERCEIRO SETOR

1. B

HABILIDADE 10 – SOCIODIVERSIDADE E MULTICULTURALISMO: VIOLÊNCIA, TOLERÂNCIA/ INTOLERÂNCIA, INCLUSÃO/EXCLUSÃO E RELAÇÕES DE GÊNERO

1. A	3. A	5. E
2. E	4. A	6. E

QUESTÃO DISCURSIVAS

7. **ANÁLISE OFICIAL – PADRÃO DE RESPOSTA**

O estudante deverá redigir texto dissertativo, abordando os seguintes aspectos:

a) Comentários gerais a respeito da violência na atualidade, considerando o papel de tecnologias no estímulo ou combate à violência.

b) Aspectos relacionados à educação escolar e a violência, apontando suas causas e consequências.

c) Ações/soluções para a violência na escola. Exemplos: atualização dos profissionais da educação, conscientização da comunidade escolar sobre o assunto, desenvolvimento de políticas públicas ligadas ao combate à violência.

8. **ANÁLISE OFICIAL – PADRÃO DE RESPOSTA**

O aluno deverá apresentar proposta de como o País poderá enfrentar a violência social e a violência no trânsito, sobretudo nos grandes centros urbanos, responsáveis pela morte de milhares de jovens. O texto, desenvolvido entre oito e doze linhas, deve estar fundamentado em argumentos e ser redigido na modalidade escrita padrão da Língua Portuguesa.

Conteúdo informativo dos dois textos:

Texto 1 "Por quê?: O número de brasileiros, sobretudo de jovens, assassinados anualmente é superior ao de vários países em guerra, pouco sendo feito, na prática, para impedir essa tragédia.

Texto 2 "Fique vivo: O que a sociedade pode fazer para evitar que jovens morram de acidentes de trânsito? Ela deve oferecer leis que os protejam, campanhas que os alertem através do diálogo para criar noção de responsabilidade.

Para o desenvolvimento do tema, poderão ser consideradas as abordagens a seguir.

1) A **violência social,** responsável pela morte de muitos jovens, é fruto de vários fatores: a miséria, o desnível econômico numa sociedade de consumo, a baixa escolaridade, a desorganização familiar, a ausência do poder público em comunidades que carecem de projetos que valorizem a cidadania através de atividades esportivas, culturais e educativas.

Aspectos que podem ser focalizados no encaminhamento do tema:

- investimento na educação de tempo integral em que à atividade educativa se agregue a esportiva/cultural;

- acesso dos jovens das periferias das grandes cidades ao mercado de trabalho através de projetos de redução do desnível socioeconômico;

- combate à violência e repressão ao crime organizado com investimento financeiro na formação, no salário e no aparelhamento das polícias;

- rigor no cumprimento da legislação contra o crime com o controle externo do Judiciário.

2) A **violência no trânsito,** responsável pela morte de muitos jovens, é, em grande parte, consequência tanto do consumo excessivo do álcool quanto da alta velocidade. A glamorização de bebidas alcoólicas e de carros velozes tem levado adolescentes a dirigirem embriagados e em excesso de velocidade. A legislação vigente deve ser revista para que as penas sejam mais rigorosas. Além disso, é necessário promover campanhas educativas, melhorar a fiscalização do trânsito, e conscientizar a todos da tragédia que é a morte dos jovens que transformam a bebida e o automóvel em armas contra a própria vida.

Aspectos que podem ser focalizados no encaminhamento do tema:

- proibiçã o de propaganda de bebida alcoólica nos veículos de comunicação;

- obrigatoriedade de os fabricantes de veículos divulgarem os perigos da alta velocidade nos carros mais potentes;

- inserção, nos critérios para tirar carteira de motorista, de leitura de material educativo sobre as graves consequências de dirigir alcoolizado;

- campanhas conjuntas dos governos e da sociedade civil que alertem os jovens para dirigir com responsabilidade;

- legislação mais rigorosa sobre os crimes de dirigir embriagado e em alta velocidade.

9. **ANÁLISE OFICIAL – PADRÃO DE RESPOSTA**

Tema – Políticas Públicas / Políticas Afirmativas / Sistema de Cotas "raciais

a) O aluno deverá apresentar, num texto coerente e coeso, a essência de um dos argumentos a seguir contra o sistema de cotas.

- Diversos dispositivos dos projetos (Lei de cotas e Estatuto da Igualdade Racial) ferem o princípio constitucional da igualdade política e jurídica, visto que todos são iguais perante a lei. Para se tratar desigualmente os desiguais, é preciso um fundamento razoável e um fim legítimo e não um fundamento que envolve a diferença baseada, somente, na cor da pele.

- Implantar uma classificação racial oficial dos cidadãos brasileiros, estabelecer cotas raciais no serviço público e criar privilégios nas relações comerciais entre poder público e empresas privadas que utilizem cotas raciais na contratação de funcionários é um equívoco. Sendo aprovado tal estatuto, o País passará a definir os direitos das pessoas com base na tonalidade da pele e a História já condenou veementemente essas tentativas.

- Políticas dirigidas a grupos "raciais estanques em nome da justiça social não eliminam o racismo e podem produzir efeito contrário; dando-se respaldo legal ao conceito de "raça, no sentido proposto, é possível o acirramento da intolerância.

- A adoção de identidades étnicas e culturais não deve ser imposta pelo Estado. A autorização da inclusão de dados referentes ao quesito raça/cor em instrumentos de coleta de dados em fichas de instituições de ensino e nas de atendimento em hospitais, por exemplo, pode gerar ainda mais preconceito.

- O sistema de cotas valorizaria excessivamente a raça, e o que existe, na verdade, é a raça humana. Além disso, há dificuldade para definir quem é negro porque no País domina a miscigenação.

- O acesso à Universidade deve basear-se em um único critério: o de mérito. Não sendo assim, a qualidade acadêmica pode ficar ameaçada por alunos despreparados. Nesse sentido, a principal luta é a de reivindicar propostas que incluam maiores investimentos na educação básica.

- O acesso à Universidade Pública que não esteja unicamente vinculado ao mérito acadêmico pode provocar a falência do ensino público e gratuito, favorecendo as faculdades da rede privada de ensino superior.

b) O aluno deverá apresentar, num texto coerente e coeso, a essência de um dos argumentos a seguir a favor do sistema de cotas.

- É preciso avaliar sobre que "igualdade se está tratando quando se diz que ela está ameaçada com os projetos em questão. Há necessidade de diferenciar a igualdade formal (do ordenamento jurídico e da estrutura estatal) da igualdade material (igualdade de fato na vida econômica). Ao longo da História, manteve-se a centralização política e a exclusão de grande parte da população brasileira na maioria dos direitos, perpetuando-se o mando sobre uma enorme massa de população.

É preciso, então, fazer uma reparação.

- Não se pode ocultar a diversidade e as especificidades sociopolíticas e culturais do povo brasileiro.

- O princípio da igualdade assume hoje um significado complexo que deve envolver o princípio da igualdade na lei, perante a lei e em suas dimensões formais e materiais. A cota não tira direitos, mas rediscute a distribuição dos bens escassos da nação até que a distribuição igualitária dos serviços públicos seja alcançada.

- Não se pode negar a dimensão racial como uma categoria de análise das relações sociais brasileiras. A acusação de que a defesa do sistema de cotas promove a criação de grupos sociais estanques não procede; é injusta e equivocada. Admitir as diferenças não significa utilizá-las para inferiorizar um povo, uma pessoa pertencente a um determinado grupo social.

- A utilização das expressões "raça e "racismo pelos que defendem o sistema de cotas está relacionada ao entendimento informal, e nunca como purismo biológico; trata-se de um conceito político aplicado ao processo social construído sobre diferenças humanas, portanto, um construto em que grupos sociais se identificam e são identificados.

- Na luta por ações afirmativas e pelo Estatuto da Igualdade Racial se defende muito mais do que o aumento de vagas para o trabalho e o ensino; defende-se um projeto político contra a opressão e a favor do respeito às diferenças.

- Dizer que é difícil definir quem é negro é uma hipocrisia, pois não faltam agentes sociais versados em identificar negros e discriminá-los.

- As Universidades Públicas no Brasil sempre operaram num velado sistema de cotas para brancos afortunados, visto que a metodologia dos vestibulares acaba por beneficiar os alunos egressos das escolas particulares e dos cursinhos caros.

- Pesquisas revelam que, para as Universidades que já adotaram o sistema de cotas, não há diferenças de rendimento entre alunos cotistas e não cotistas; os números revelam, inclusive, que no quesito frequência os cotistas estão em vantagem (são mais assíduos).

HABILIDADE 11 – TECNOLOGIAS DE INFORMAÇÃO E COMUNICAÇÃO

1. E
2. D

QUESTÕES DISCURSIVAS

3. ANÁLISE OFICIAL – PADRÃO DE RESPOSTA

O estudante deve elaborar um texto dissertativo, coerentemente estruturado, que evidencie a capacidade de tratar os seguintes tópicos:

- O papel da tecnologia digital. Esse papel deverá ser abordado considerando pelo menos um dos seguintes aspectos:
  - A potencialização e/ou a facilitação das atuais ações de espionagem;
  - A execução e/ou a sofisticação de crimes contra a privacidade; o A proteção – em termos de sigilo/invisibilidade – dos agentes dessas ações.
- A garantia dos direitos do cidadão e do Estado. Essa garantia deverá ser abordada considerando pelo menos um dos seguintes aspectos:
  - As possíveis violações e/ou decorrentes reparações do direito à privacidade;
  - O descumprimento e/ou rompimento de acordos internacionais.
- O problema da segurança. Esse problema deverá ser abordado considerando pelo menos uma das escalas de ação:
  - A do indivíduo (cidadão);
  - A do Estado (segurança/soberania nacional);
  - A das organizações (empresas e/ou instituições nacionais ou internacionais).

4. ANÁLISE OFICIAL – PADRÃO DE RESPOSTA

a) Posição I

Explicação – O estudante deverá, no seu texto (com o máximo de 6 linhas, de forma coerente, com boa organização textual e com pertinência ao tema e coesão), elaborar uma explicação envolvendo, do ponto de vista do conteúdo, a relação entre os elementos da coluna da esquerda (posição I) com os elementos da coluna da direita (texto de Noam Chomsky).

b) Resposta mais livre do estudante com a elaboração de um texto (com o máximo de 6 linhas, de forma coerente, com boa organização textual e com pertinência ao tema) que expresse seu posicionamento quanto ao fato de a mídia ser ou não livre e que apresente argumentos para caracterizar a dependência ou a independência da produção midiática.

HABILIDADE 12 – VIDA URBANA E RURAL

1. E
2. B

HABILIDADE 13 – MAPAS GEOPOLÍTICOS E SOCIOECONÔMICOS

1. E
2. A

QUESTÃO DISCURSIVA

3. ANÁLISE OFICIAL – PADRÃO DE RESPOSTA

O candidato deverá, em no máximo 10 linhas, apresentar uma proposta de preservação da Floresta Amazônica, fundamentada em dois argumentos coerentes com a proposta e coerentes entre si, no padrão formal culto da língua.

O aluno poderá utilizar os textos apresentados, articulando-os para elaborar sua resposta, ou utilizá-los como estímulo para responder à questão.

No desenvolvimento do tema o candidato deverá fornecer uma proposta que garanta, pelo menos uma das três possibilidades: a proteção, ou a recuperação, ou a sustentabilidade da Floresta Amazônica.

Algumas possibilidades de encaminhamento do tema:

1) Articulação entre o aspecto ecológico e econômico da preservação da Amazônia.

2) A Amazônia é uma das nossas principais riquezas naturais. Os países ricos acabaram com as suas florestas e agora querem preservar a nossa a qualquer custo. Internacionalizar a Floresta Amazônica é romper com a soberania nacional, uma vez que ela é parte integrante do território brasileiro.

3) A Floresta Amazônica é tão importante para o Brasil quanto para o mundo e, como o nosso país não tem conseguido preservá-la, a internacionalização tornou-se uma necessidade.

4) Para preservar a floresta amazônica deve-se adotar uma política de autossustentabilidade que valorize, ao mesmo tempo a produção para a sobrevivência e a geração de riquezas sem destruir as árvores.

5) Na política de valorização da Amazônia, deve-se reflorestar o que tiver sido destruído, sobretudo a vegetação dos mananciais hídricos.

6) Criar condições para que a população da floresta possa sobreviver dignamente com os recursos oferecidos pela região.

7) Propor políticas ambientais, numa parceria público-privada, para aproveitar o potencial da região.

8) Despertar a consciência ecológica na população local, para ela aprender a defender o seu próprio patrimônio/desenvolver o turismo ecológico.

9) Promover, em todo o País, campanhas em defesa da Floresta Amazônica.

10) Criar incentivos financeiros para aqueles que cumprirem a legislação ambiental.

HABILIDADE 14 – OUTROS TEMAS

1. B	**4.** D	**7.** B
2. D	**5.** D	**8.** D
3. E	**6.** C	**9.** C

QUESTÕES DISCURSIVAS

10. ANÁLISE OFICIAL – PADRÃO DE RESPOSTA

O estudante deve ser capaz de apontar algumas vantagens dentre as seguintes, quanto à modalidade EaD:

(i) flexibilidade de horário e de local, pois o aluno estabelece o seu ritmo de estudo;

(ii) valor do curso, em geral, é mais baixo que do ensino presencial;

(iii) capilaridade ou possibilidade de acesso em locais não atendidos pelo ensino presencial;

(iv) democratização de acesso à educação, pois atende a um público maior e mais variado que os cursos presenciais; além de contribuir para o desenvolvimento local e regional;

(v) troca de experiência e conhecimento entre os participantes, sobretudo quando dificilmente de forma presencial isso seria possível (exemplo, de pontos geográficos longínquos);

(vi) incentivo à educação permanente em virtude da significativa diversidade de cursos e de níveis de ensino;

(vii) inclusão digital, permitindo a familiarização com as mais diversas tecnologias;

(viii) aperfeiçoamento/formação pessoal e profissional de pessoas que, por distintos motivos, não poderiam frequentar as escolas regulares;

(ix) formação/qualificação/habilitação de professores, suprindo demandas em vastas áreas do país;

(x) inclusão de pessoas com comprometimento motor reduzindo os deslocamentos diários.

11. ANÁLISE OFICIAL – PADRÃO DE RESPOSTA

a) O envelhecimento da população, resultado de um processo de aumento da participação dos idosos no conjunto total da população, se, por um lado, é um dado positivo porque expressa o aumento da expectativa de vida das pessoas, por outro, implica um ônus maior para os sistemas previdenciários e de saúde, pois os governos têm que pagar por mais tempo os benefícios/direitos de aposentadoria e arcar com assistência médica e hospitalar de um número maior de idosos (a elevação da expectativa de vida do brasileiro prolonga o tempo de recebimento dos benefícios da aposentadoria). Isso implica a necessidade de medidas eficazes por parte da previdência social que possam garantir aposentadoria e assistência médica satisfatória.

b) Pode ser apresentada uma das seguintes situações:

- a redução das taxas de fecundidade deverá provocar, a médio e longo prazos, a diminuição de contribuintes ao sistema previdenciário;

- ao contrário dos países desenvolvidos que primeiro acumularam riquezas e depois envelheceram, o Brasil entra num processo de envelhecimento da população com questões econômicas e sociais não resolvidas;

- grande parcela de trabalhadores no Brasil não é contribuinte do sistema previdenciário;

- o sistema previdenciário, ao longo do tempo, permitiu a coexistência de milhares de aposentadorias extremamente elevadas ao lado de milhões de aposentadorias miseráveis;

- fraudes no sistema previdenciário, inclusive com formação de quadrilhas;

- o alargamento de benefícios a outras camadas da população que não pagaram a previdência pelo tempo regular;

- a opção política neoliberal, com a proposta de redução do papel do Estado, estimulou a previdência privada;

- a metodologia que anteriormente era adotada no cálculo da previdência social.

Capítulo III

Questões de Componente Específico de Desenvolvimento de Sistemas

1) Conteúdos e Habilidades objetos de perguntas nas questões de Componente Específico.

As questões de Componente Específico são criadas de acordo com o curso de graduação do estudante.

Essas questões, que representam ¾ (três quartos) da prova e são em número de 30, podem trazer, em Desenvolvimento de Sistemas, dentre outros, os seguintes **Conteúdos**:

I. Processos de Negócio:

a) visão geral sobre as áreas de negócio;

b) noções sobre modelagem de processos de negócio.

II. Gerência de Projetos

a) Planejamento e acompanhamento de projeto de *software*.

III. Processo de *Software*:

a) modelos de ciclo de vida;

b) visão geral de modelos de melhoria de processo de *software*;

c) metodologias de desenvolvimento de *software*;

d) ferramentas, técnicas e ambientes de desenvolvimento.

IV. Engenharia de Requisitos:

a) técnicas para elicitação de requisitos;

b) identificação de requisitos funcionais e não funcionais;

c) especificação de requisitos funcionais utilizando casos de uso;

d) técnicas para validação e gerenciamento de requisitos.

V. Análise e Projeto de Sistemas Orientados a Objetos:

a) conceitos sobre orientação a objetos;

b) modelagem conceitual com UML (Linguagem de Modelagem Unificada);

c) projeto orientado a objetos com UML;

d) projeto de interface;

e) arquitetura de *software* e padrões de projeto.

VI. Banco de Dados:

a) conceitos básicos de banco de dados;

b) modelagem e projeto de banco de dados relacional;

c) visão geral sobre arquitetura de SGBDs (Sistemas Gerenciadores de Banco de Dados);

d) linguagem SQL para definição (DDL) e manipulação de dados (DML);

e) noções de gerenciamento de transações, controle de concorrência, recuperação, segurança, integridade e distribuição.

VII. Algoritmos e Programação:

a) lógica de programação;

b) estruturas de dados;

c) programação orientada a objetos.

VIII. Verificação e Validação de *Software*:

a) plano e casos de teste;

b) técnicas de teste;

c) tipos de teste;

d) revisões técnicas formais.

IX. Manutenção de *Software*:

a) conceitos de manutenção de *software*;

b) tipos de manutenção.

X. Gerência de Configuração:

a) planejamento da gerência de configuração;

b) controle de versão e geração de linhas de base;

c) controle de mudanças.

XI. Conceitos básicos de Redes de Computadores e Segurança da Informação

XII. Conceitos básicos de Sistemas Operacionais

XIII. Conceitos básicos de Arquitetura de Computadores

XIV. Matemática:

a) lógica matemática;

b) teoria dos conjuntos;

c) estatística aplicada.

XV. Legislação para Informática

XVI. Empreendedorismo

XVII. Aspectos gerais sobre ética e responsabilidade sócio -ambiental na área da Tecnologia da Informação.

O objetivo aqui é avaliar junto ao estudante a compreensão dos conteúdos programáticos mínimos a serem vistos no curso de graduação, de forma avançada. Também é avaliado o nível de atualização com relação à realidade brasileira e mundial e às questões jurídicas de maior relevância.

Avalia-se aqui também *competências* e *habilidades*. A ideia é verificar se o estudante desenvolveu as principais **Habilidades** para o profissional de Desenvolvimento de Sistemas, que são as seguintes:

I. identificar, analisar e modelar processos de negócio;

II. planejar, executar e acompanhar um projeto de desenvolvimento de *software*;

III. definir, implementar e customizar processos de *software*;

IV. elicitar, especificar e gerenciar requisitos de *software*;

V. projetar soluções computacionais adequadas à especificação do sistema ;

VI. implementar, selecionar ou customizar artefatos de *software* adequados à solução projetada;

VII. codificar as soluções de forma organizada, eficaz e legível, utilizando raciocínio lógico e empregando boas práticas de programação;

VIII. planejar, executar e acompanhar atividades de garantia de qualidade de *software*;

IX. gerenciar configurações do projeto de *software*;

X. implantar e manter sistemas computacionais de informação;

XI. avaliar, selecionar e utilizar metodologias, ferramentas e tecnologias adequadas ao contexto do projeto;

XII. elaborar e manter a documentação pertinente a cada etapa do ciclo de vida do sistema;

XIII. conhecer e utilizar adequadamente recursos de sistemas operacionais e redes de computadores;

XIV. conhecer os conceitos básicos de arquitetura de computadores;

XV. aplicar princípios básicos de matemática e estatística na solução de problemas;

XVI. conhecer a legislação vigente pertinente à área;

XVII. ser empreendedor e ter capacidade de alavancar a geração de oportunidades de negócio na área;

XVIII. atuar com ética e responsabilidade social e ambiental.

Com relação às questões de Componente Específico optamos por classificá-las pelos Conteúdos enunciados no início deste item.

2) Questões de Componente Específico classificadas por Conteúdos.

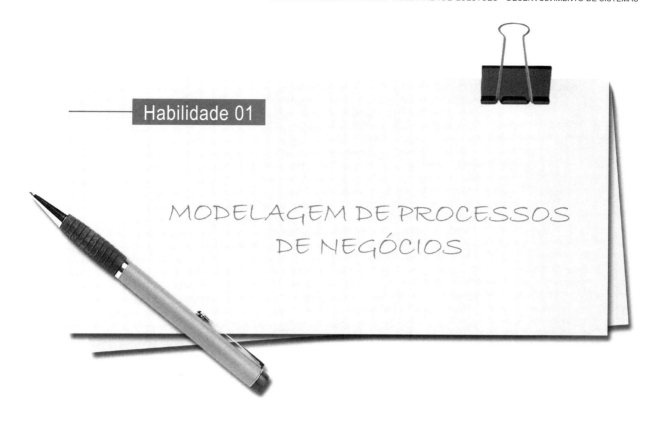

Habilidade 01

MODELAGEM DE PROCESSOS DE NEGÓCIOS

1. (ENADE – 2011)

A linguagem gráfica EPC/ARIS é utilizada para modelar processos de negócios. Para isso, utiliza diversos recursos para descrever, representar ou indicar, por exemplo, atividades, funções, processos e fluxos. Nesse contexto, avalie as afirmações a seguir.

I. A ligação entre dois processos é indicada por um conector.
II. A descrição de um processo deve iniciar e terminar em um evento.
III. As funções, ou atividades, são representadas por um retângulo com bordas arredondadas.

É correto apenas o que se afirma em

(A) I.
(B) II.
(C) III.
(D) I e II.
(E) II e III.

2. (ENADE – 2011)

Os processos de negócio aumentam o entendimento do "o que precisa ser feito" e do "como precisa ser feito" dentro de uma organização.

(BALDAM, R. 2009, ed.2 , p. 25)

Sabendo disso, a fase da gestão de processos de negócio que evita a estagnação dos processos organizacionais é

(A) a fase de gerenciamento.
(B) a fase de planejamento .
(C) a fase de monitoração.
(D) a fase de modelagem.
(E) a fase de otimização.

Habilidade 02

GERÊNCIA DE PROJETOS E PROCESSOS DE DESENVOLVIMENTO DE SOFTWARE

1. (ENADE – 2011)

Várias técnicas relacionadas à programação extrema (XP) são diretamente ligadas ao código, incluindo a refatoração, programação em pares e integração contínua. A programação em pares é a prática preferida dos desenvolvedores XP trabalhando em pares em um computador.

SCOTT, K. **O Processo Unificado Explicado**. Porto Alegre: Artmed, 2002. BECK, K. **Programação Extrema (XP) Explicada**. Porto Alegre: Artmed, 2000.

A programação em pares auxilia no desenvolvimento de código de melhor qualidade quando os pares

(A) elaboram e utilizam padrões de codificação conjuntamente, os quais, quando utilizados corretamente e apropriadamente, reduzem problemas individuais.

(B) estão acostumados ao desenvolvimento e à propriedade coletiva, limitando-se a fazer pequenas mudanças na ocorrência de erros em tempo de execução.

(C) minimizam os riscos de insucesso no projeto através da utilização de ferramentas para a geração automática de testes funcionais e protótipos de interface.

(D) escrevem testes em separado e discutem os resultados posteriormente, o que dá a eles a chance de se sintonizarem antes de começarem a implementação.

(E) trabalham em projetos complexos onde a codificação seja desenvolvida de forma conjunta, minimizando erros e agregando valor onde quer que o sistema necessite.

2. (ENADE – 2011)

Eclipse, *Netbeans*, *Jdeveloper* são exemplos de ambientes integrados de desenvolvimento, chamados de IDE, que têm por objetivo facilitar o desenvolvimento de *softwares*, provendo maior produtividade e gerenciamento de projetos. A especificação *JavaBeans* foi criada para ser um padrão de desenvolvimento de componentes que possam ser facilmente usados por outros desenvolvedores em diferentes IDE.

Com relação ao tema, analise as asserções a seguir.

Seja para o *Netbeans* ou para o *Eclipse*, é possível adquirir componentes de terceiros que facilitem a implementação do seu projeto

PORQUE

como o código desses componentes está em linguagem intermediária, ou seja, independente da arquitetura de um computador real, só é necessário que a máquina virtual esteja instalada no computador onde o aplicativo será executado e a máquina virtual será a responsável pela interpretação do código para a linguagem de máquina do computador em execução.

Acerca dessas asserções, assinale a alternativa correta.

(A) As duas asserções são proposições verdadeiras, e a segunda é uma justificativa correta da primeira.

(B) As duas asserções são proposições verdadeiras, mas a segunda não é uma justificativa correta da primeira.

(C) A primeira asserção é uma proposição verdadeira, e a segunda, uma proposição falsa.

(D) A primeira asserção é uma proposição falsa, e a segunda, uma proposição verdadeira.

(E) Tanto a primeira quanto a segunda asserções são proposições falsas.

3. (ENADE – 2011)

No que diz respeito aos *baselines* (linhas base) da gerência de configuração, avalie as seguintes afirmações.

I. As *baselines* representam conjuntos de itens de configuração formalmente aprovados que servem de base para as etapas seguintes de desenvolvimento.

II. As *baselines* são definidas e podem ocorrer ao final de cada uma das fases do processo de desenvolvimento de *software*, ou de algum outro modo definido pela gerência.

III. Um item de configuração de *software* "*baselined*" pode ser alterado a qualquer momento durante o desenvolvimento de *software* independentemente de um procedimento formal.

IV. Ao término de uma etapa do desenvolvimento, e após sua aceitação formal, a *baseline* na qual a etapa se baseou pode ser descartada pois já se encontra representada nos artefatos gerados.

V. Uma das funções da tarefa "Identificação da Configuração", envolve a definição de uma nomenclatura que possibilite a identificação inequívoca dos itens de configuração, *baselines* e *releases*.

É correto apenas o que se afirma em

(A) III e V.
(B) III e IV.
(C) I, II e III.
(D) I, II e IV.
(E) I, II e V.

4. (ENADE – 2011)

Um engenheiro de *software* planejou o desenvolvimento de um novo projeto, com prazo máximo de 220 dias, em seis fases: comunicação, planejamento, modelagem, construção, documentação e implantação. As fases seriam realizadas na sequência em que foram listadas. Exceção foi feita para as fases de construção e a documentação, que poderiam ocorrer em paralelo. Entretanto, a fase de implantação só poderia ocorrer se tanto construção quanto documentação estivessem encerradas.

A tabela a seguir apresenta a duração de cada fase do plano de desenvolvimento proposto.

Tabela - Fases e respectivas dependências e durações

#	Fase	Dependência	Duração (dias)
1	Comunicação	-	15
2	Planejamento	1	30
3	Modelagem	2	45
4	Construção	3	100
5	Documentação	3	40
6	Implantação	4,5	30

Considerando o uso do Método do Caminho Crítico, e que o projeto tem prazo máximo de 220 dias, com início no dia 1, avalie as seguintes afirmações.

I. A data mínima para o início da fase de implantação é o dia 191.

II. O projeto possui um caminho crítico, que é 1-2-3-5-6.

III. A folga livre da atividade documentação é de 60 dias.

É correto apenas o que se afirma em:

(A) I.
(B) I e II.
(C) I e III.
(D) II e III.
(E) I, II e III.

5. (ENADE – 2011)

Modelos de ciclo de vida de processo de *software* são descrições abstratas do processo de desenvolvimento, mostrando as principais atividades e informações usadas na produção e manutenção de *software*, bem como a ordem em que as atividades devem ser executadas.

Com relação aos modelos de ciclo de vida de processo de *software*, analise as seguintes asserções.

O modelo de desenvolvimento em cascata acrescenta aspectos gerenciais (planejamento, controle e tomada de decisão) ao processo de desenvolvimento de *software*

PORQUE

considera que o processo é composto por várias etapas que são executadas de forma sistemática e sequencial.

Acerca dessas asserções, assinale a opção correta.

(A) As duas asserções são proposições verdadeiras, e a segunda é uma justificativa correta da primeira.

(B) As duas asserções são proposições verdadeiras, mas a segunda não é uma justificativa correta da primeira.

(C) A primeira asserção é uma proposição verdadeira, e a segunda, uma proposição falsa.

(D) A primeira asserção é uma proposição falsa, e a segunda, uma proposição verdadeira.

(E) Tanto a primeira quanto a segunda asserções são proposições falsas.

6. (ENADE – 2008)

O *rational unified process* (RUP) é um processo de engenharia de *software* cujo objetivo é assegurar a produção de *software* de alta qualidade, satisfazendo as necessidades dos usuários no prazo e nos custos previstos. O RUP contém uma estrutura que pode ser adaptada e estendida, pois é formado por duas estruturas principais, denominadas dimensões, que representam os aspectos dinâmicos e estáticos do processo. O aspecto dinâmico é expresso em ciclos, fases, iterações e marcos. O estático, por sua vez, contém as disciplinas, os fluxos, os artefatos e os trabalhadores. Com base na iteração do RUP, julgue as asserções a seguir.

A cada iteração das fases do RUP, geram-se ou não artefatos de *software*

PORQUE

os artefatos produzidos dependem da ênfase que é dada a cada disciplina.

Assinale a opção correta.

(A) As duas asserções são proposições verdadeiras, e a segunda é uma justificativa correta da primeira.

(B) As duas asserções são proposições verdadeiras, mas a segunda não é justificativa correta da primeira.

(C) A primeira asserção é uma proposição verdadeira, e a segunda, uma proposição falsa.

(D) A primeira asserção é uma proposição falsa, e a segunda, uma proposição verdadeira.

(E) Tanto a primeira quanto a segunda são proposições falsas.

7. (ENADE – 2008)

Após atuar como programador em uma empresa de desenvolvimento de *software* por aproximadamente 10 anos, um funcionário que se destacou por nunca atrasar um cronograma foi nomeado gerente de projetos. Ao assumir o primeiro projeto, o funcionário foi informado que sua principal responsabilidade era a realização da entrega conforme o cronograma estabelecido no contrato. Para o gerenciamento de tempo, o gerente de projetos irá utilizar o PMBOK.

Considerando essa situação, é correto afirmar que o gerente de projetos deverá coordenar processos de

(A) planejamento, garantia e controle da qualidade.

(B) definição e sequenciamento de atividades, estimativa de recursos e duração da atividade, desenvolvimento e controle do cronograma.

(C) planejamento, definição, verificação e controle do escopo.

(D) estimativa de custos, realização do orçamento e controle de custos.

(E) planejamento de compra e contratações, seleção de fornecedores e encerramento do contrato.

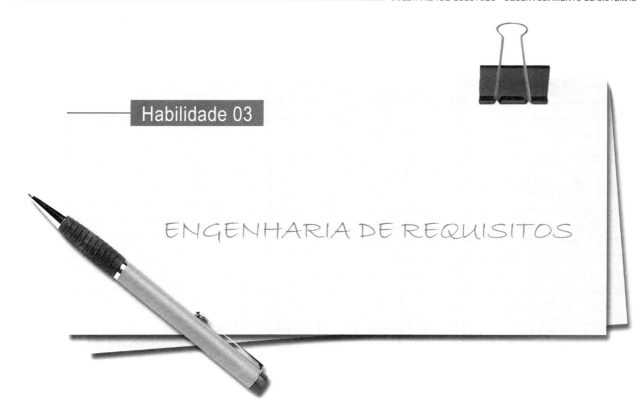

Habilidade 03

ENGENHARIA DE REQUISITOS

1. (ENADE – 2011)

O levantamento de requisitos é uma etapa fundamental do projeto de sistemas. Dependendo da situação encontrada, uma ou mais técnicas podem ser utilizadas para a elicitação dos requisitos. A respeito dessas técnicas, analise as afirmações a seguir.

I. *Workshop* de requisitos consiste na realização de reuniões estruturadas e delimitadas entre os analistas de requisitos do projeto e representantes do cliente.
II. Cenário consiste na observação das ações do funcionário na realização de uma determinada tarefa, para verificar os passos necessários para sua conclusão.
III. As entrevistas são realizadas com os *stakeholders* e podem ser abertas ou fechadas.
IV. A prototipagem é uma versão inicial do sistema, baseado em requisitos levantados em outros sistemas da organização.

É correto apenas o que se afirma em

(A) I e II.
(B) I e III.
(C) II e IV.
(D) I, III e IV.
(E) II, III e IV.

2. (ENADE – 2011)

O conjunto de casos de uso representa as possíveis interações que serão representadas nos requisitos do sistema. A figura a seguir desenvolve um exemplo de biblioteca e mostra outros casos de uso (*use-cases*) nesse ambiente.

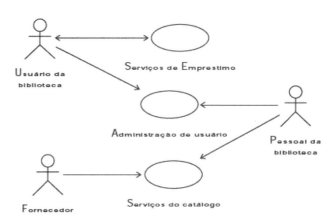

SOMMERVILLE, I. **Engenharia de** *software*. 6. ed. São Paulo: Makron Books, 2003, p. 113.

Com relação ao tema, analise as asserções a seguir.

A figura também ilustra os pontos essenciais da notação de casos de uso. Os agentes no processo são representados por bonecos e cada tipo de interação é representada por uma elipse com um nome

PORQUE

a UML é um padrão para a modelagem orientada a objetos e, assim, os casos de uso e a obtenção de requisitos com base em casos de uso são cada vez mais utilizados para obter requisitos.

Acerca dessas asserções, assinale a opção correta.

(A) As duas asserções são proposições verdadeiras, e a segunda é uma justificativa correta da primeira.

(B) As duas asserções são proposições verdadeiras, mas a segunda não é uma justificativa correta da primeira.

(C) A primeira asserção é uma proposição verdadeira, e a segunda, uma proposição falsa.

(D) A primeira asserção é uma proposição falsa, e a segunda, uma proposição verdadeira.

(E) Tanto a primeira quanto a segunda asserções são proposições falsas.

3. (ENADE – 2011)

Os mapas de navegação enfocam como as pessoas se movimentam por um *site* ou aplicação. Cada página do *site* ou local da aplicação é representado com uma caixa ou cabeçalho e todas as páginas que puderem ser acessadas a partir dela devem usá-la como referência.

Uma técnica bastante utilizada é colocar todos os fluxos possíveis no mapa de navegação, já que isso destacará seções onde há necessidade de uma revisão no projeto da interface.

BENYON, D. **Interação humano-computador**. 2.ed. São Paulo: Pearson Prentice Hall, 2011.

Com relação ao tema, analise as asserções a seguir. Os mapas de navegação são redesenhados muitas vezes no decorrer do ciclo de vida do projeto

PORQUE

a interface deve ser projetada para atender pessoas (capacidades e limitações motoras, neurológicas, cognitivas, etc.), atividades que as pessoas querem realizar (questões temporais, com ou sem cooperação, se são críticas em termos de segurança ,etc.), contextos nos quais a interação acontece (ambiente físico, contexto social ou organizacional, etc.), e ater-se às tecnologias empregadas (*hardware*, plataformas, normas, linguagens de programação, políticas de acesso em ambientes de trabalho e residencial, etc.). As combinações desses elementos são muito diferentes, por exemplo, em um quiosque público, em um sistema de agenda compartilhada, em uma cabine de avião ou em um telefone celular.

Acerca dessas asserções, assinale a opção correta.

(A) As duas asserções são proposições verdadeiras, e a segunda é uma justificativa correta da primeira.

(B) As duas asserções são proposições verdadeiras, mas a segunda não é uma justificativa correta da primeira.

(C) A primeira asserção é uma proposição verdadeira, e a segunda, uma proposição falsa.

(D) A primeira asserção é uma proposição falsa, e a segunda, uma proposição verdadeira.

(E) Tanto a primeira quanto a segunda asserções são proposições falsas.

4. (ENADE – 2008)

Os alunos de uma disciplina deveriam escolher um sistema de média complexidade, contendo no mínimo 100 funcionalidades, para ser modelado em UML e codificado em uma linguagem orientada a objetos. Um dos grupos de alunos estabeleceu a seguinte estratégia para identificação e seleção do sistema.

I. Cada integrante do grupo deveria criar um *nickname* (apelido) em um *software* de *chat*.

II. O grupo deveria se reunir em um horário predeterminado.

III. Durante o *chat*, os seguintes procedimentos deveriam ser realizados:

- cada integrante deveria sugerir um ou mais sistemas e justificar sua escolha, e não poderia criticar as ideias dos outros;

- à medida que as ideias fossem digitadas, o líder deveria copiá-las para um editor de texto e controlar o tempo de sugestão;

- quando o limite de tempo fosse atingido, o líder disponibilizaria todas as sugestões para serem analisadas pelo grupo;

- as 5 melhores ideias seriam selecionadas e colocadas em votação para a escolha da melhor ideia, segundo critérios predefinidos.

Nessa situação, a estratégia utilizada pelo grupo de alunos é uma adaptação da técnica de levantamento e elicitação de requisitos denominada

(A) *joint application design*.

(B) PIECES (*perfomance* informação/dados economia controle eficiência e serviços).

(C) *facilitaded application specification techniques*.

(D) entrevista.

(E) *brainstorming*.

5. (ENADE – 2008)

Uma indústria de alimentos compra sementes de vários fornecedores. No recebimento das cargas, as sementes passam por uma operação de classificação por cor, em uma esteira adquirida do fabricante MAQ, equipada com sensores e *software* de processamento de imagens. Na etapa seguinte do processo, as sementes são separadas em lotes, pelo critério de tamanho, e são, então, empacotadas. A separação dos lotes é realizada por um mecanismo robótico, controlado por computador e que, pelo fato de sofrer contínuo desgaste, necessita ser substituído a cada 1.000 horas de uso. Durante a última troca, em razão da indisponibilidade do equipamento produzido pela empresa MAQ, a indústria instalou, com sucesso, um equipamento robótico similar.

Considerando o processo descrito, julgue os itens a seguir, relacionados aos fatores de qualidade.

I. As operações de classificação e separação de sementes se inter-relacionam e não podem falhar, pois essa falha acarretaria prejuízos. O atributo de qualidade correspondente a essas operações, e que deve ser observado pelo *software*, é a interoperabilidade.

II. Caso o responsável pela instalação do sistema robotizado não tenha encontrado dificuldade em fazê-lo comunicar-se com o equipamento de outra marca, é correto concluir que o sistema que controla o robô é portável.

III. A maneira como ocorre a interação com o sistema computacional sugere que alguns requisitos, como ergonomia, sejam observados na interface. Por isso, é correto concluir que o *software* utilizado pela indústria contempla o fator denominado usabilidade.

Assinale a opção correta.

(A) Apenas um item está certo.

(B) Apenas os itens I e II estão certos.

(C) Apenas os itens I e III estão certos.

(D) Apenas os itens II e III estão certos.

(E) Todos os itens estão certos.

6. (ENADE – 2008)

```
1 funcao busca(V[0..9] : inteiro, K : inteiro): inteiro
2 variaveis

3    C, F, K, M : inteiro
4 inicio
5    F <- 9
6    [_____]
7    enquanto((V[M] <> K) ou (F > C))
8       [_____]
9       se(K < V[M]) entao
10         F <- M - 1;
11      senao
12         [_____]
13   fim enquanto
14   se(V[M] <> K) entao
15      retorne(0)
16   senao
17      retorne(M)
18   fim se
19 fim
```

O algoritmo representado pelo pseudocódigo acima está incompleto, pois faltam 3 linhas de código. A função busca desse algoritmo recebe um vetor ordenado de forma crescente e um valor a ser pesquisado. A partir disso, essa função verificará se o número armazenado no ponto mediano do vetor é o número procurado. Se for o número procurado, retornará o índice da posição do elemento no vetor e encerrará a busca. Se não for, a função segmentará o vetor em duas partes a partir do ponto mediano, escolherá o segmento no qual o valor procurado está inserido, e o processo se repetirá.

A partir dessas informações, assinale a opção que contém os comandos que completam, respectivamente, as linhas 6, 8 e 12 do algoritmo.

(A)
```
C <- 0
M <- (C + F)/2
C <- M + 1
```

(B)
```
C <- 1
M <- (C + F)/2
C <- M - 1
```

(C)
```
C <- 0
C <- M + 1
M <- (C + F)/2
```

(D)
```
C <- 1
C <- M + 1
M <- (C + F)/2
```

(E)
```
C <- 1
M <- (C + F)/2
C <- M + 1
```

7. (ENADE – 2008)

Com relação à forma como o RUP trata a análise de requisitos, assinale a opção correta.

(A) A análise de requisitos ocorre na fase de construção, quando são descritos todos os casos de uso, e em seguida modelados por meio de diagramas de casos de uso UML.

(B) A análise de requisitos ocorre na fase de elaboração, em que são feitas entrevistas com usuários e definição do escopo do projeto.

(C) A maior parte da análise de requisitos ocorre durante a fase de elaboração.

(D) Por se tratar de um processo iterativo e evolutivo, a análise de requisitos ocorre na fase de construção juntamente com a programação, o que permite que os requisitos sejam revistos.

(E) A análise de requisitos deve acontecer antes da programação e testes do sistema, não podendo sofrer alterações a partir do momento que estejam definidos.

8. (ENADE – 2008) DISCURSIVA

Uma montadora de automóveis produz carros de luxo e esportivos. Um carro é formado de várias partes e cada parte pode ser fabricada por diferentes fornecedores. Um gerente ou um operador possui permissão para cadastrar partes do carro, desde que ainda inexistentes no sistema, e consultar a sua disponibilidade para a fabricação dos carros. Se o estoque dessas partes está abaixo do limite mínimo estipulado, o sistema envia um pedido ao respectivo fornecedor.

Considerando a situação acima, faça o que se pede a seguir.

A) desenhe o diagrama de caso de uso correspondente a situação apresentada. **(valor: 5,0 pontos)**

B) escolha um caso de uso no diagrama elaborado e descreva-o em termos de ator e fluxo principal. **(valor: 2,0 pontos)**

C) descreva um tratamento de exceção para cada caso de uso do diagrama elaborado. **(valor: 3,0 pontos)**

Habilidade 04

ANÁLISE E PROJETO DE SISTEMAS ORIENTADOS A OBJETOS

1. (ENADE – 2011)

Analise as seguintes afirmações sobre a UML (Linguagem de Modelagem Unificada).

I. A UML é uma metodologia para o desenvolvimento de *software* orientado a objetos, uma vez que fornece um conjunto de representações gráficas e sua semântica para a modelagem de *software*.

II. O diagrama de casos de uso procura, por meio de uma linguagem simples, demonstrar o comportamento externo do sistema. Esse diagrama apresenta o sistema sob a perspectiva do usuário, e é dentre todos da UML, o mais abstrato, flexível e informal.

III. Um relacionamento de extensão de um caso de uso "A" para um caso de uso "B" significa que toda vez que "A" for executado ele incorporará o comportamento definido em "B".

IV. Os diagramas de comportamento da UML demonstram como ocorrem as trocas de mensagens entre os objetos do sistema para se atingir um determinado objetivo.

É correto apenas o que se afirma em

(A) I e II.
(B) II e IV.
(C) III e IV.
(D) I, II e III.
(E) II, III e IV.

2. (ENADE – 2011)

O diagrama de atividades é um dos diagramas disponíveis na UML (Linguagem de Modelagem Unificada) para a modelagem de aspectos dinâmicos de sistemas.

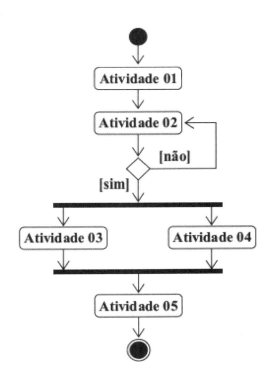

Com relação ao diagrama de atividades apresentado, avalie as afirmações a seguir.

I. A atividade 05 será executada se a atividade 03 ou a atividade 04 for concluída.

II. A ramificação sequencial existente após a atividade 02 significa que, caso o fluxo seja [não], é necessário que sejam executadas novamente as atividades 01 e 02.

III. As atividades 03 e 04 vão ter início ao mesmo tempo, entretanto, não significa que terminarão ao mesmo tempo.

IV. Caso o fluxo da ramificação sequencial existente após a atividade 02 tenha o fluxo [sim], a atividade 02 não será mais executada.

É correto apenas o que afirma em

(A) I e II.

(B) II e III.

(C) III e IV.

(D) I, II e IV.

(E) I, III e IV.

3. (ENADE – 2011)

Padrões de criação (*creational patterns*) abstraem a forma como objetos são criados, tornando o sistema independente de como os objetos são criados, compostos e representados. Um padrão de criação de classe usa a herança para variar a classe que é instanciada, enquanto que um padrão de criação de objeto delegará a instanciação para outro objeto. Há dois temas recorrentes nesses padrões. Primeiro, todos encapsulam conhecimento sobre quais classes concretas são usadas pelo sistema. Segundo, ocultam o modo como essas classes são criadas e montadas. Tudo que o sistema sabe no geral sobre os objetos é que suas classes são definidas por classes abstratas. Os padrões de criação são classificados em *Abstract Factory, Builder, Factory Method, Prototype* e *Singleton*.

GAMMA, E. *et al.* **Design Patterns: Elements of Reusable Object-Oriented** *Software*. Reading, MA: Addison-Wesley, 1994.(adaptado)

O padrão *Abstract Factory* é usado quando

(A) o sistema deve ser independente da maneira como seus produtos são criados, relacionados e representados.

(B) o algoritmo de criação de um objeto deve ser independente das suas partes e da maneira como ele é montado.

(C) houver uma única instância de uma classe e esta for acessada a partir de um ponto de acesso conhecido.

(D) classes delegam responsabilidade a alguma das subclasses, e deseja-se localizar qual é a subclasse acessada.

(E) as classes utilizadas para instanciação são especificadas em tempo de execução ou carregadas dinamicamente.

4. (ENADE – 2011)

O paradigma de programação orientado a objetos tem sido largamente utilizado no desenvolvimento de sistemas.

Considerando o conceito de herança, avalie as afirmações abaixo.

I. Herança é uma propriedade que facilita a implementação de reuso.

II. Quando uma subclasse é criada, essa herda todas as características da superclasse, não podendo possuir propriedades e métodos próprios.

III. Herança múltipla é uma propriedade na qual uma superclasse possui diversas subclasses.

IV. Extensão é uma das formas de se implementar herança.

É correto apenas o que se afirma em

(A) I.

(B) III.

(C) I e IV.

(D) II e III.

(E) II e IV.

5. (ENADE – 2011)

A programação orientada a objeto não é apenas uma forma de programar, é também um jeito de pensar em um problema utilizando conceitos do mundo real e, não somente conceitos computacionais.

Considerando os conceitos da programação orientada a objetos, analise as afirmações abaixo.

I. O objeto tem determinadas propriedades que o caracterizam e que são armazenadas no próprio objeto. As propriedades de um objeto são chamadas de instâncias.

II. As mensagens são informações enviadas ao objeto para que ele se comporte de uma determinada maneira. Um programa orientado a objetos em execução consiste em envios, interpretações e respostas às mensagens. São os métodos, os procedimentos residentes nos objetos, que determinam como eles irão atuar ao receber as mensagens.

III. A herança é um mecanismo para o compartilhamento de métodos e atributos entre classes e subclasses, permitindo a criação de novas classes através da programação das diferenças entre a nova classe e a classe-pai.

IV. O encapsulamento é um mecanismo que permite o acesso aos dados de um objeto somente através dos métodos desse. Nenhuma outra parte do programa pode operar sobre os dados do objeto. A comunicação entre os objetos é feita apenas através de troca de mensagens.

É correto apenas o que afirma em

(A) I e II.

(B) I e III.

(C) III e IV.

(D) I, II e IV.

(E) II, III e IV.

6. (ENADE – 2008)

Uma pizzaria fez uma ampliação de suas instalações e o gerente aproveitou para melhorar o sistema informatizado, que era limitado e não atendia a todas as funções necessárias. O gerente, então, contratou uma empresa para ampliar o *software*. No desenvolvimento do novo sistema, a empresa aproveitou partes do sistema antigo e estendeu os componentes de maneira a usar código validado, acrescentando as novas funções solicitadas.

Que conceito de orientação a objetos está descrito na situação hipotética acima?

(A) sobrecarga

(B) herança

(C) sobreposição

(D) abstração

(E) mensagem

7. (ENADE – 2008)

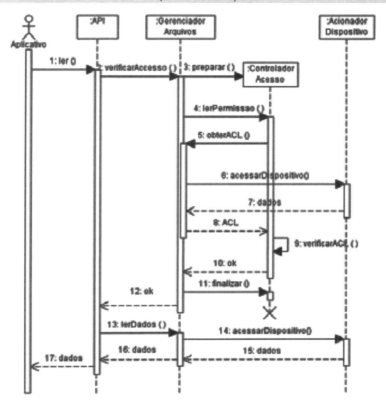

Com relação ao diagrama acima, assinale a opção correta.

(A) Para economizar tempo e memória, as mensagens de retorno 7: dados e 15: dados poderiam ser mescladas em uma única mensagem.
(B) O objeto Controlador Acesso utiliza uma estrutura de repetição para verificar os atributos de acesso a um arquivo.
(C) A mensagem 5: obterACL( ) pode levar à repetição da chamada 4: ler Permissao( ).
(D) Sempre que um Aplicativo fizer uma leitura, será construído e destruído um objeto Controlador Acesso.
(E) A mensagem 3: preparar( ) ocorre simultaneamente (em paralelo) à mensagem 4: ler permissao( ).

8. (ENADE – 2008)

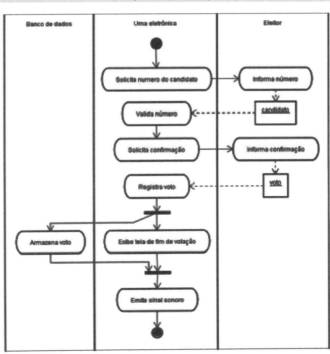

A figura acima mostra um diagrama de

(A) comunicação, pois modela o comportamento do sistema e ilustra as interações entre atores e objetos.

(B) estados, pois apresenta os possíveis estados do objeto Urna eletrônica, além dos eventos que dão início à transição de um estado para outro.

(C) estados, pois, a partir de um estado inicial, descreve a sequência de possíveis estados que todos os objetos podem assumir.

(D) atividades, pois as ações ilustram a forma como o ator Eleitor interage com os objetos em um caso de uso.

(E) atividades, pois modela o fluxo de controle de um processo composto por ações sequencias e paralelas partindo de um estado inicial.

9. (ENADE – 2008)

Durante as eleições o eleitor deverá comparecer à sua seção e zona, munido de um documento válido. Ao chegar ao local, apresenta o documento ao mesário, que verifica se o eleitor está apto a votar. Caso afirmativo, o mesário informa ao sistema o número do título de eleitor. O sistema valida o título e habilita o voto eletrônico para o eleitor. O eleitor informa os números de seus candidatos, podendo anular ou confirmar seu voto.

Ao final do dia, termina o processo eleitoral da seção, o mesário finaliza o sistema, que gera os dados em tela ou em papel do resultado da urna, listando os votos para cada candidato. A totalização das urnas ocorre em um processo distinto em que o resultado final da eleição é apresentado à população.

Partindo dessa descrição, assinale a opção correta que corresponde à modelagem conceitual, utilizando diagrama de caso de uso com UML.

(A) Verificar o Documento do eleitor e Habilitar o Voto Eletrônico são casos de uso.

(B) No processo eleitoral da seção, os atores são: Eleitor, Mesário e População.

(C) O caso de uso Informar Título tem uma associação do tipo <<extends>> com o caso de uso Validar Título.

(D) O caso de uso Informar Número Candidato tem uma associação do tipo <<extends>> com os casos de uso Anular Voto e Confirmar Voto.

(E) Gerar Dados em Tela e Gerar Dados em Papel têm uma associação do tipo <<implements>> com o caso de uso Gerar Dados.

10. (ENADE – 2008) DISCURSIVA

Uma montadora de automóveis produz carros de luxo e esportivos. Um carro tem marca, modelo, chassi e ano de fabricação. As partes de um carro possuem características como: nome, quantidade, cor e preço. Um fornecedor da montadora tem CNPJ e razão social. O carro de luxo possui sistema GPS; o carro esporte não possui sistema GPS e somente pode ser fabricado na cor vermelha.

Com base nessa situação, faça o que se pede a seguir.

A) Identifique e escreva o nome das classes correspondentes à situação apresentada. **(valor: 2,0 pontos)**

B) Desenhe o diagrama de classes, contendo somente os nomes das classes e seus relacionamentos. **(valor: 3,0 pontos)**

C) Identifique e escreva para as classes seus atributos e métodos, utilizando os símbolos de visibilidade proposto na UML. Os métodos devem estar com sua assinatura completa e obedecerem as regras de encapsulamento da orientação a objetos. **(valor: 5,0 pontos)**

Habilidade 05

BANCO DE DADOS E ESTRUTURAS DE DADOS

---

1. (ENADE – 2011)

Pedro foi contratado como desenvolvedor de *software* de uma empresa. Em seu primeiro dia de trabalho ele se deparou com o DER (Diagrama Entidade-Relacionamento), que representa os dados de um sistema de controle de malotes. Foi solicitado a Pedro relatório para o sistema contendo os seguintes dados: o nome de todos os funcionários que enviaram os malotes, o código dos malotes enviados, a descrição de seus conteúdos e a situação dos malotes. Para a geração do relatório, Pedro tem que fazer uma consulta utilizando o comando SELECT da linguagem SQL.

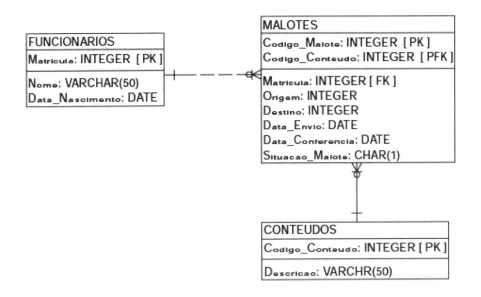

Conhecidos o modelo conceitual de dados e os dados necessários para a tarefa de Pedro, o comando SELECT que ele deve executar para realizar a consulta e produzir o relatório corretamente é

(A) SELECT NOME,CODIGO_MALOTE,DESCRICAO,SITUACAO_MALOTE FROM MALOTES INNER JOIN CONTEUDOS ON (CODIGO_CONTEUDO = CODIGO_CONTEUDO) INNER JOIN FUNCIONARIOS ON (MATRICULA = MATRICULA);

(B) SELECT NOME, CODIGO_MALOTE, DESCRICAO, SITUACAO_MALOTE FROM MALOTES, CONTEUDOS, FUNCIONARIOS WHERE (CODIGO_CONTEUDO = CODIGO_CONTEUDO) AND (MATRICULA = MATRICULA);

(C) SELECT NOME,CODIGO_MALOTE,DESCRICAO,SITUACAO_MALOTE FROM MALOTES INNER JOIN CONTEUDOS INNER JOIN FUNCIONARIOS ON(MALOTES.CODIGO_CONTEUDO = CONTEUDOS.CODIGO_CONTEUDO) ON(MALOTES.MATRICULA = FUNCIONARIOS.MATRICULA);

(D) SELECT NOME, CODIGO_MALOTE, DESCRICAO,SITUACAO_MALOTE FROM MALOTES INNER JOIN CONTEUDOS ON (MALOTES.CODIGO_CONTEUDO = CONTEUDOS.CODIGO_CONTEUDO)INNER JOIN FUNCIONARIOS ON(MALOTES.MATRICULA = FUNCIONARIOS.MATRICULA);

(E) SELECT NOME, CODIGO_MALOTE, DESCRICAO, SITUACAO_MALOTE FROM MALOTES, CONTEUDOS, FUNCIONARIOS INNER JOIN WHERE (MALOTES.CODIGO_CONTEUDO = CONTEUDOS.CODIGO_CONTEUDO) AND (MALOTES.MATRICULA = FUNCIONARIOS.MATRICULA);

2. (ENADE – 2011)

Considere o diagrama de entidades e relacionamentos a seguir, onde as chaves primárias de cada entidade se encontram na parte superior dos retângulos. As entidades fortes são representadas por retângulos e as entidades fracas são representadas por retângulos com cantos arredondados.

O diagrama atende as seguintes restrições:

(i) entre Ent1 e Ent2, tem-se um relacionamento muitos para muitos;
(ii) entre as Entidades Ent2 e Ent3, tem-se um relacionamento de um para nenhum, um ou muitos;
(iii) entre Ent1 e Ent5, tem-se um relacionamento de zero ou um para zero, um ou muitos; e
(iv) entre Ent3 e Ent4, tem-se um relacionamento de muitos para muitos.

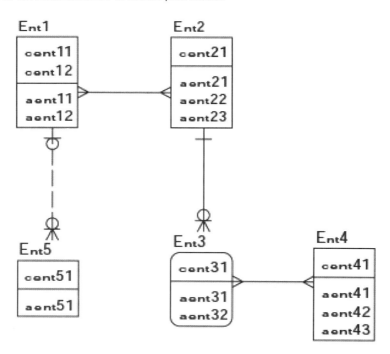

Aplicando a terceira forma normal ao modelo, qual será o total de colunas que deve ser criado para representar as chaves estrangeiras?

(A) 3.
(B) 5.
(C) 7.
(D) 8.
(E) 9.

3. (ENADE – 2011)

A pilha é uma estrutura de dados que permite a inserção/ remoção de itens dinamicamente seguindo a norma de último a entrar, primeiro a sair. Suponha que para uma estrutura de dados, tipo pilha, são definidos os comandos:

- PUSH (p, n): Empilha um número "n" em uma estrutura de dados do tipo pilha "p";
- POP (p): Desempilha o elemento no topo da pilha.

Considere que, em uma estrutura de dados tipo pilha "p", inicialmente vazia, sejam executados os seguintes comandos:

        PUSH (p, 10)
        PUSH (p, 5)
        PUSH (p, 3)
        PUSH (p, 40)
        POP (p)
        PUSH (p, 11)
        PUSH (p, 4)
        PUSH (p, 7)
        POP (p)
        POP (p)

Após a execução dos comandos, o elemento no topo da pilha "p" e a soma dos elementos armazenados na pilha "p" são, respectivamente,

(A) 11 e 29.
(B) 11 e 80.
(C) 4 e 80.
(D) 7 e 29.
(E) 7 e 40.

4. (ENADE – 2008)

Um mercado que comercializa alimentos hortifrutigranjeiros faz compras diárias de diversas fazendas e enfrenta prejuízos decorrentes da falta de controle relacionada ao prazo de validade de seus produtos. Para resolver esse problema, o proprietário resolve investir em informatização, que proporcionará o controle do prazo de validade a partir da data da compra do produto. A modelagem de dados proposta pelo profissional contratado apresenta três tabelas, ilustradas a seguir, sendo que o atributo Código nas tabelas Produto e Fazenda são unívocos.

Produto
Código
Tipo de Produto
Descrição

Estoque
Produto
Fazenda
Data da compra
Validade do Produto
Quantidade

Fazenda
Código
Nome
Endereço
Telefone

A partir das informações acima, é correto concluir que

(A) o relacionamento entre as tabelas Produto e Estoque é do tipo um-para-muitos.

(B) o campo Produto na tabela Estoque não pode fazer parte da chave nesta tabela e corresponde ao campo Descrição na tabela Produto.

(C) o campo Fazenda na tabela Estoque deverá ser a chave primária nesta tabela e corresponde ao campo Código na tabela Fazenda.

(D) o campo Código é chave primária na tabela Produto e identifica a fazenda fornecedora do produto.

(E) a tupla {produto, fazenda} deverá ser usada como a chave primária da tabela Estoque.

5. (ENADE – 2008)

Uma livraria usa um sistema informatizado para realizar vendas pela Internet. Optou-se por um sistema gerenciador de banco de dados, no qual aplicaram-se regras de corretude e integridade. Cada cliente se cadastra, faz *login* no sistema e escolhe títulos. Os livros são colocados em um carrinho de compras até que o cliente confirme ou descarte o pedido. As tabelas do sistema são: clientes, livros, carrinho, vendas. Dois clientes acessam o sítio no mesmo horário e escolhem alguns livros.

O estado do sistema nesse instante é representado na tabela seguir.

	cliente	
	Benjamim	Alice
livros	Cálculo I	Estatística básica
	Estatística básica	História geral
	Inglês intermediário	

A livraria possui um único exemplar do livro Estatística básica. O computador usado por Alice sofre uma pane de energia antes que ela confirme o pedido. No mesmo instante também ocorre uma pane de energia no computador da loja. Em seguida, o computador de Alice e o computador da loja voltam a ter energia e a funcionar. Ela volta ao sistema e retoma seu carrinho de compras intacto.

Com relação a essa situação, julgue os itens seguintes.

I. A consistência de uma tabela do banco de dados foi violada temporariamente, para disponibilizar dois exemplares do livro Estatística básica.

II. Como o pedido de Alice continuou válido apesar da interrupção, o sistema gerenciador de banco de dados não emprega atomicidade.

III. Todas as transações devem ser fechadas depois do retorno da energia, para que os clientes possam recuperar seus carrinhos de compras.

Assinale a opção correta.

(A) Apenas um item está certo.
(B) Apenas os itens I e II estão certos.
(C) Apenas os itens I e III estão certos.
(D) Apenas os itens II e III estão certos.
(E) Nenhum item está certo.

6. (ENADE – 2011)

Um jogo consiste de dois dados, cada um deles com 6 faces. As faces dos dados são numeradas de 1 até 6. Para ganhar uma partida, o jogador deverá fazer 3 lançamentos de dados, vencendo ao menos 2 deles. O jogador vence um lançamento se a soma dos dados for igual a 7 ou 11. Para iniciar um novo jogo, deve-se pressionar o botão "JOGAR". Quando pressionado, ele imediatamente fica desabilitado e os dois dados aparecem girando na frente do jogador. Ao se pressionar o botão "LANÇAR", os dados começam a girar mais lentamente até parar, mostrando os valores das suas faces em um sistema tridimensional.

Nesse momento, encerra-se o lançamento e aparece "VENCEU" ou "PERDEU"

na tela da aplicação, juntamente com um sinal sonoro de alerta e a quantidade de lançamentos restantes. Somente quando o jogador pressiona novamente o botão "LANÇAR" é que se inicia novo lançamento de dados. A qualquer momento, o jogador poderá encerrar o jogo: pressionando o botão "PARAR".

Tal ação reabilita o botão "JOGAR".

(LARMAN, C. **Applying UML and Patterns: An Introduction to Object-Oriented Analysis and Design and Iterative Development.** Prentice Hall, 3. ed, 2004. (com adaptações)

Considerando a caracterização do jogo de dados, elabore os seguintes artefatos da análise de requisitos.

a) Desenhe um diagrama de classes de domínio (UML) para o problema apresentado. (valor: 6,0 pontos)

b) Liste três requisitos funcionais referentes ao comportamento funcional essencial do jogo. (valor: 4,0 pontos)

Habilidade 06

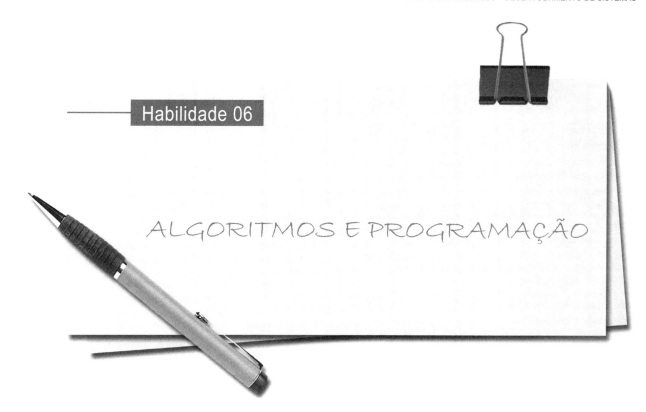

ALGORITMOS E PROGRAMAÇÃO

1. (ENADE – 2008)

```
1  Algoritmo ENADE2008
2  variaveis
3    V[0..4] ← {2,0,4,3,1}:inteiro
4    I,J,A : inteiro
5  inicio
6    para I ← 0 ate 3 passo 1 faca
7      para J ← 0 ate 3-I passo 1 faca
8        se (V[J] > V[J+1] ) entao
9          A ← V[J]
10         V[J] ← V[J+1]
11         V[J+1] ← A
12       fim se
13       escreva V[0],V[1],V[2],V[3],V[4]
14     fim para
15   fim para
16 fim algoritmo
```

Com relação ao algoritmo acima, que manipula um vetor de inteiros, julgue os itens a seguir.

I. Quando as variáveis I e J valerem, respectivamente, 0 e 1, a linha 13 apresentará a sequência de valores 0,2,4,3,1.

II. Quando as variáveis I e J valerem, respectivamente, 1 e 0, a linha 13 apresentará a sequência de valores 0,2,3,1,4.

III. Quando as variáveis I e J valerem, respectivamente, 1 e 2, a linha 13 apresentará a sequência de valores 0,2,1,3,4.

Assinale a opção correta.

(A) Apenas um item está certo.
(B) Apenas os itens I e II estão certos.
(C) Apenas os itens I e III estão certos.
(D) Apenas os itens II e III estão certos.
(E) Todos os itens estão certos.

2. (ENADE – 2008)

```
1  Algoritmo ENADE2008
2  variaveis
3    varA, varB, varC: inteiro
4    varF : real
5    varS : literal
6    varL : logico
7  inicio
8    varS ← "1000"
9    varA ← 4
10   varF ← 3.5
11   varC ← 0
12   varL ← VERDADEIRO
13   se((varC < varA) E varL OU (varS > varC)) entao
14     varB ← varF/varA
15   senao
16     varB ← varA/varC
17   fim se
18 fim algoritmo
```

O código acima

(A) não apresenta erros de nenhum tipo.
(B) apresenta erros de atribuição de tipo inválido, divisão por zero e expressão relacional inválida.
(C) apresenta erros de atribuição de tipo inválido, divisão por zero e estrutura condicional.
(D) apresenta erros de estrutura condicional e expressão relacional inválida.
(E) apresenta somente erro de divisão por zero.

3. (ENADE – 2008)

Os termos da sequência de Fibonacci são definidos por:

```
Fibonacci(0) = 0
Fibonacci(1) = 1
Fibonacci(n) = Fibonacci(n-1) + Fibonacci(n-2)
```

Uma solução recursiva para o cálculo do i-ésimo termo da sequência é dada pela função a seguir.

```
1    funcao fibonacci(inteiro longo n)
2      se((n=0) OU (n=1)) entao
3        retorne n
4      senao
5        retorne fibonacci(n-1) + fibonacci(n-2)
6      fim se
7    fim
```

Acerca da execução recursiva dessa função, assinale a opção **incorreta**.

(A) À medida que o valor de n cresce, há um aumento no número de chamadas recursivas.

(B) Na linha 4, a ordem de execução é calcular o valor para fibonacci(n-1) e somente depois calcular o valor para fibonacci(n-2).

(C) O método recursivo é o mais eficiente para o cálculo do i-ésimo termo da sequência de Fibonacci, pois realiza duas chamadas por passo da recursão, cada uma mais simples do que a chamada original.

(D) As condições de parada da recursão são: o valor de n é 0 ou o valor de n é 1.

(E) O uso da recursão para o problema da série de Fibonacci não é indicado, pois ele gera rapidamente uma explosão de chamadas do método.

4. (ENADE – 2008)

Com relação a conceitos de orientação a objetos, julgue os seguintes itens.

I. As variáveis ou métodos declarados com modificador de acesso *private* só são acessíveis a métodos da classe em que são declarados.

II. Uma classe deve possuir uma única declaração de método construtor.

III. Uma instância de uma classe abstrata herda atributos e métodos de sua superclasse direta.

IV. O polimorfismo permite substituir a lógica condicional múltipla (lógica *switch* ou *faça caso*).

Estão certos apenas os itens

(A) I e II.
(B) I e III.
(C) I e IV.
(D) II e III.
(E) II e IV.

5. (ENADE – 2011) DISCURSIVA

Considerando a execução do algoritmo abaixo, responda ao que se pede nos itens a e b.

```
01    algoritmo Vetores
02    variaveis
03      vetA[1..10], vetB[1..10], i: inteiro
04    inicio
05      para i <- 1 ate 10 passo 1 faca
06        vetB[i] <- 0
07        se resto(i,2) = 0 entao
08          vetA[i] <- i
09        senão
10          vetA[i] <- 2 * i
11        fimse
12      fimpara
13      para i <- 1 ate 10 passo 1 faca
14        enquanto(vetA[i] > i)
15          vetB[i] <- vetA[i]
16          vetA[i] <- vetA[i] – 1
17        fimenquanto
18      fimpara
19    fimalgoritmo
```

a) Apresente os dados dos vetores vetA e vetB ao término da execução da linha 12. (valor: 5,0 pontos)

b) Apresente os dados dos vetores vetA e vetB ao término da execução da linha 19. (valor: 5,0 pontos)

6. (ENADE – 2011) DISCURSIVA

Jogos de tabuleiro são atividades comuns de entretenimento na vida cotidiana das pessoas. Uma de suas características é a necessidade do uso de um tabuleiro com localizações bem definidas para o posicionamento de peças, podendo indicar também as fases do jogo. No livro **O Homem que Calculava,** de Malba Tahan (São Paulo: Record, 2002, p. 120), há uma história na qual um rei deveria efetuar o pagamento pelos serviços de um de seus conselheiros, dando-lhe uma certa quantidade de grãos de trigo a ser calculada da seguinte forma: coloca-se 1 grão de trigo na primeira casa do tabuleiro, 2 na segunda casa, 4 na terceira casa, 8 na quarta casa e assim dobrando-se sucessivamente até a última casa.

1	2	3	4
5	6	7	8
9	10	11	12
13	14	15	16

Considerando o tabuleiro 4 x 4 ilustrado acima, contendo a indicação da ordem das casas, construa um único algoritmo que:

a) calcule, armazene em uma estrutura e escreva em ordem a quantidade de grãos de trigo em cada casa do tabuleiro; (valor: 8,0 pontos)

b) calcule, armazene em uma variável e escreva a quantidade total de grãos de trigo presentes no tabuleiro. (valor: 2,0 pontos)

Habilidade 07
QUALIDADE DE SOFTWARE, VERIFICAÇÃO E VALIDAÇÃO DE SOFTWARE

1. (ENADE – 2011)

Em projetos de desenvolvimento de *software*, vários tipos de testes podem ser empregados para garantia da qualidade do produto. Um dos tipos comumente empregados é o teste de regressão, o qual tem como objetivo

(A) identificar defeitos através da verificação do código-fonte.
(B) identificar defeitos através da execução do sistema ou parte dele.
(C) identificar defeitos no sistema em situação de sobrecarga.
(D) verificar a existência de defeitos após alterações em um sistema (ou parte dele) já testado.
(E) verificar a existência de defeitos em um sistema ou parte dele.

2. (ENADE – 2011)

As revisões técnicas formais são um meio efetivo de melhorar a qualidade do *software*. Com relação a esse tipo de revisão, analise as seguintes asserções.

Nas revisões, os produtos de trabalho de um indivíduo ou equipe são revisados por técnicos ou gerentes

PORQUE

as revisões fornecem informações sobre defeitos, aumentando e permitindo o controle da qualidade do produto final.

Acerca dessas asserções, assinale a opção correta.

(A) As duas asserções são proposições verdadeiras, e a segunda é uma justificativa correta da primeira.
(B) As duas asserções são proposições verdadeiras, mas a segunda não é uma justificativa correta da primeira.
(C) A primeira asserção é uma proposição verdadeira, e a segunda, uma proposição falsa.
(D) A primeira asserção é uma proposição falsa, e a segunda, uma proposição verdadeira.
(E) Tanto a primeira quanto a segunda asserções são proposições falsas.

3. (ENADE – 2011)

O MPS.BR (Melhoria de Processos do *Software* Brasileiro) é, ao mesmo tempo, um movimento para melhoria da qualidade e um modelo de qualidade de processo.

Guia MPS.BR (SOFTEX)

Com relação às suas características, o MPS.BR

(A) possui 5 níveis de maturidade.
(B) possui representação contínua e por estágios.
(C) está em conformidade com as normas ISO/IEC 12207 e 15504.
(D) considera 3 dimensões: pessoas, ferramentas e procedimentos.
(E) divide-se em 3 modelos: desenvolvimento, aquisição e serviços.

4. (ENADE – 2011)

Métricas de confiabilidade de *software* dizem respeito à probabilidade de um componente de *software* produzir uma saída incorreta. Originalmente as métricas de confiabilidade foram criadas para componentes de *hardware*, consistindo em desgaste mecânico, aquecimento elétrico e fatores físicos relacionados aos componentes. Não há desgaste em componentes de *software*, que podem, inclusive, continuar operando mesmo após a produção de um resultado incorreto.

Observe os quadros a seguir, a fim de identificar algumas métricas de confiabilidade e disponibilidade de um dado sistema SIST.

Quadro 1

	Inst1	Inst2	Inst3	Inst4	Inst5	Inst6	Inst7	Inst8	Inst9	Inst 10
SIST	S	S	N	N	N	N	N	N	S	S

Em que S indica que SIST estava disponível no instante de tempo (InstX) de número X e N indica que o SIST não estava disponível no instante de tempo (InstX) de número X.

Quadro 2

	Soli1	Soli2	Soli3	Soli4	Soli5	Soli6	Soli7	Soli8	Soli9	Soli10
SIST	F	N	F	N	F	N	N	N	N	N

Em que F indica que SIST falhou quando se fez a ele a solicitação (SoliX) de número X e N indica que o SIST não falhou quando se fez a ele a solicitação (SoliX) de número X.

Quadro 3

	Fal1	Fal2	Fal3	Fal4	Fal5	Fal6	Fal7	Fal8	Fal9	Fal 10
SIST	09	16	20	23	25	29	33	36	41	45

O valor indica o instante, em uma dada unidade de tempo, em que ocorreu a falha (FalX) de número X.

Assinale a alternativa que corresponde, respectivamente, aos valores das métricas disponibilidade (em porcentagem), taxa de ocorrência de falha (em porcentagem) e tempo médio entre falhas (em unidade de tempo).

(A) 40; 30; 27,7.

(B) 60; 30; 27,7.

(C) 60; 70; 4.

(D) 40; 30; 4.

(E) 40; 70; 4.

5. (ENADE – 2008)

```
SUBROTINA xis()
    i = 0
    ENQUANTO (i < Gn) FACA
        i = i + 1
        SE (calc(i) <= Gn) ENTAO
            f1(i)
        SENAO
            f2(i)
        FIM  SE
    FIM  ENQUANTO
    Imprima("ok")
FIM SUBROTINA
```

Com relação ao código acima, considere que:

- a variável i é local e a variável Gn é global;
- não há nenhum tipo de documentação ou código fonte além do mostrado;
- a sub-rotina xis() faz parte de um programa;
- o critério de aceitação do teste é: a sub-rotina xis() não entra em laço infinito.

Na situação apresentada, é correto

I. aplicar testes de caixa branca às rotinas calc(), f1() e f2() e, em seguida, usar o resultado para fazer um teste de mesa da sub-rotina xis().

II. aplicar testes de caixa preta que forcem a chamada a xis() e depois medir a porcentagem de sucesso da sub-rotina xis().

III. aplicar testes de caixa preta isoladamente ao código objeto das sub-rotinas calc(), f1() e f2() antes de aplicar um teste que envolva a sub-rotina xis().

Assinale a opção correta.

(A) Apenas um item está certo.

(B) Apenas os itens I e II estão certos.

(C) Apenas os itens I e III estão certos.

(D) Apenas os itens II e III estão certos.

(E) Todos os itens estão certos.

Habilidade 08 — MANUTENÇÃO DE SOFTWARE

1. (ENADE – 2011)

A Norma ISO/IEC FDIS 14764 (2006) estabelece definições de vários tipos de manutenção e fornece um guia para gerenciar o processo de manutenção, que pode ser aplicado no planejamento, execução e controle, revisão e avaliação, e fechamento do processo de manutenção.

Segundo essa Norma, solicitações de modificação são classificadas como corretiva, preventiva, adaptativa ou perfectiva. Os detalhes de como implementar ou realizar as atividades e tarefas de manutenção não são especificadas pela Norma, sendo de responsabilidade do mantenedor.

ISO/IEC FDIS 14764. *Software* **Engineering** – *Software* **Life Cycle Processes - Maintenance**. 2006.

Considerando os tipos de manutenção e as atividades de implementação do processo, avalie as afirmações a seguir.

I. O mantenedor deve desenvolver, documentar e executar planos e procedimentos para realizar as atividades e tarefas do processo de manutenção.
II. O mantenedor deve alterar a configuração do sistema para corrigir erros identificados pelos usuários usando a manutenção perfectiva.
III. O mantenedor deve estabelecer procedimentos para receber, registrar e rastrear solicitações de modificação/registro de problemas dos usuários, e também prover realimentação para os usuários.
IV. O mantenedor deve documentar a estratégia a ser usada para melhorar a manutebilidade futura do sistema, usando a manutenção corretiva.

É correto apenas o que se afirma em

(A) I.
(B) II.
(C) I e III.
(D) II e IV.
(E) III e IV.

2. (ENADE – 2008)

Após realizar uma análise de mercado em busca de soluções para aprimorar o seu negócio, uma empresa adquiriu um sistema de ERP (*enterprise resource planning*) contendo um conjunto de módulos que integra todos os departamentos existentes. Após um ano de utilização, houve uma mudança na legislação e, para atender as novas exigências, foi necessária uma manutenção no sistema ERP.

Considerando essa situação hipotética, é correto afirmar que a empresa irá realizar uma manutenção

(A) corretiva.
(B) adaptativa.
(C) aperfeiçoadora.
(D) preventiva.
(E) perfectiva.

Habilidade 09

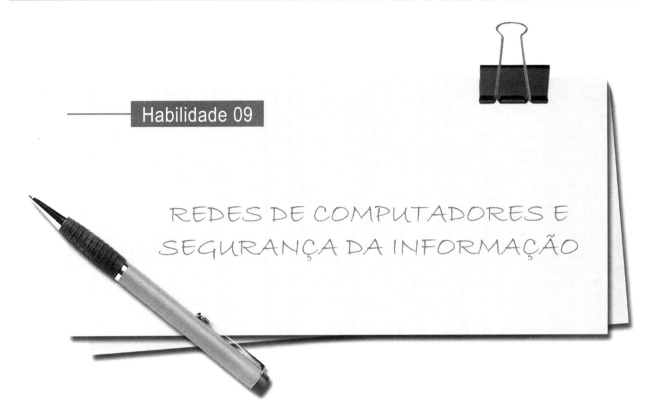

REDES DE COMPUTADORES E SEGURANÇA DA INFORMAÇÃO

1. (ENADE – 2011)

Em um determinado momento, uma rede recebe uma quantidade de requisições de operações, vindas de números IPs distintos, muito acima das condições operacionais previstas para os seus recursos e "trava", isto é, os seus serviços são interrompidos. Muitas empresas e entidades governamentais sofrem esse tipo de ataque *hacker*. Para realizá-lo, um atacante precisa distribuir um código, em vários computadores, normalmente sem o consentimento dos destinatários, que se tornam seus "zumbis". Em um momento, o atacante ativa os "zumbis" que fazem muitos acessos a um determinado alvo, acabando por esgotar seus recursos e derrubando o sistema de informações.

A respeito desse tipo de ataque, analise as afirmações abaixo.

I. É um ataque de negação de serviço distribuído (*Distributed Denial Of Service*).
II. É um ataque que ameaça o atributo da disponibilidade do sistema.
III. É um ataque em que os zumbis roubam as senhas dos usuários, para poder enviar requisições.
IV. É um ataque não detectável por sistemas de antivírus.

Está correto apenas o que se afirma em

(A) I.
(B) III.
(C) I e II.
(D) II e IV.
(E) III e IV.

2. (ENADE – 2008)

As comunicações de um *software* cliente com o respectivo servidor instalado em um equipamento em uma LAN (*local area network*) apresentam lentidão. Após várias reclamações dos usuários, o responsável pelo *software* e o gerente de redes foram convocados para analisar o problema. A partir de uma análise da topologia da rede, foi identificado que o departamento possuía 45 microcomputadores clientes na mesma LAN, interligados ao servidor por meio de um único *hub*, conforme ilustrado na figura a seguir. Concluiu-se que o problema de lentidão estava relacionado ao elevado número de colisões na LAN.

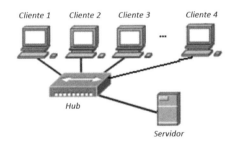

A solução correta para esse problema hipotético é a substituição do *hub* por

(A) outros 4 *hubs* interligados contendo, cada um, menos portas de conexão, o que resultaria na diminuição do volume de colisões na LAN e aumentaria o desempenho da rede.
(B) um *switch*, que permitiria a diminuição do volume de colisões e uma melhoria no desempenho da rede.
(C) um *switch*, que traria benefícios relacionados ao desempenho da rede, uma vez que o número de colisões permaneceria inalterado.
(D) um *switch*, que diminuiria o desempenho da rede, uma vez que aumentaria o volume de colisões.
(E) um *switch*, que aumentaria o volume de colisões e melhoraria o desempenho da rede.

Habilidade 10

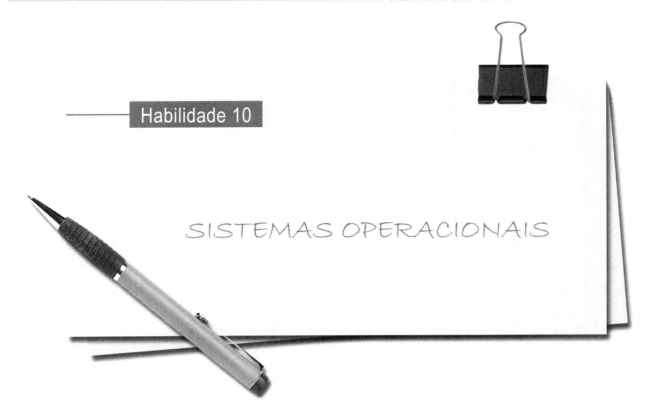

SISTEMAS OPERACIONAIS

1. (ENADE – 2011)

ITEM 2489

A virtualização permite que um único computador hospede múltiplas máquinas virtuais, cada uma com seu próprio sistema operacional. Essa técnica tem ganhado importância nos dias atuais e vem sendo utilizada para resolver diversos tipos de problemas.

Considerando os diversos aspectos a serem considerados na utilização da virtualização, avalie as afirmações abaixo.

I. Um sistema operacional sendo executado em uma máquina virtual utiliza um subconjunto da memória disponível na máquina real.

II. Uma das aplicações da virtualização é a disponibilização de múltiplos sistemas operacionais para teste de *software*.

III. A virtualização só pode ser utilizada em sistemas operacionais *Linux*.

IV. Um sistema operacional executado em uma máquina virtual apresenta um desempenho superior ao que alcançaria quando executado diretamente na mesma máquina real.

É correto apenas o que se afirma em

(A) I.
(B) III.
(C) I e II.
(D) II e IV.
(E) III e IV.

2. (ENADE – 2008)

O conceito de máquina virtual (MV) foi usado na década de 70 do século passado no sistema operacional IBM System 370.

Atualmente, centros de dados (*datacenters*) usam MVs para migrar tarefas entre servidores conectados em rede e, assim, equilibrar carga de processamento. Além disso, plataformas atuais de desenvolvimento de *software* empregam MVs (Java, .NET). Uma MV pode ser construída para emular um processador ou um computador completo. Um código desenvolvido para uma máquina real pode ser executado de forma transparente em uma MV.

Com relação a essas informações, assinale a opção correta.

(A) O conceito de transparência mencionado indica que a MV permite que um aplicativo acesse diretamente o *hardware* da máquina.

(B) Uma das vantagens mais significativas de uma MV é a economia de carga de CPU e de memória RAM na execução de um aplicativo.

(C) Uma MV oferece maior controle de segurança, uma vez que aplicativos são executados em um ambiente controlado.

(D) Para emular uma CPU *dual-core,* uma MV deve ser instalada e executada em um computador com CPU *dual-core*.

(E) Como uma MV não é uma máquina real, um sistema operacional nela executado fica automaticamente imune a vírus.

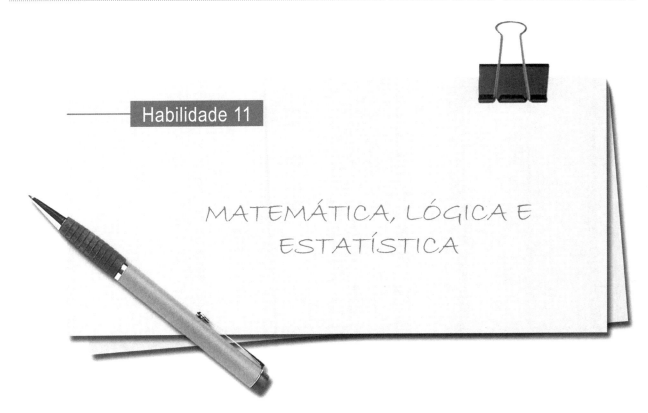

MATEMÁTICA, LÓGICA E ESTATÍSTICA

1. (ENADE – 2011)

Com relação ao valor lógico, avalie as afirmações a seguir.

I. ¬ (p ∧ ¬q)
II. p→(q→p)
III. (p∨¬q)→¬p
IV. (p∧q)∨(¬p∧¬q)

É tautologia apenas o que se afirma em

(A) I.
(B) II.
(C) I e III.
(D) II e IV.
(E) III e IV.

2. (ENADE – 2008)

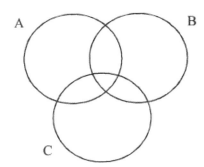

A figura acima mostra 3 conjuntos — A, B e C — em que cada conjunto é representado, no diagrama de Venn, por um círculo no plano. Com relação aos conjuntos A, B e C, julgue os seguintes itens.

I. A ∪ B = ∅
II. A − (B ∩ C) = (A−B) ∩ (A−C)
III. A ∩ (B ∪ C) = (A ∩ B) ∪ (A ∩ C)
IV. A ∩ A = ∅

Assinale a opção correta.

(A) Apenas um item está certo.
(B) Apenas os itens I e II estão certos.
(C) Apenas os itens II e III estão certos.
(D) Apenas os itens III e IV estão certos.
(E) Apenas os itens II, III e IV estão certos.

3. (ENADE – 2008)

Considere a sentença a seguir.

Se Maria for ao aniversário, João irá e ficará feliz, mas Maria ficará infeliz, ou, se João não for ao aniversário, Maria irá e ficará feliz, mas João ficará infeliz.

Considere as seguintes proposições: P: João vai ao aniversário; Q: Maria vai ao aniversário; R: João feliz; e S: Maria feliz. Assinale a opção que contém fórmula de lógica proposicional com uma representação válida para a sentença proposta.

Quanto à notação dos operadores, considere: junção = ∧; disjunção = ∨; negação = ¬; implica = →.

(A) ((Q → (P ∧ R)) → ¬S) ∨ ((¬P → (Q ∧ S)) → R)
(B) ((¬Q → (P ∧ R)) → S) ∨ ((P → (Q ∧ S)) → ¬R)
(C) ((Q → (P ∧ R)) → ¬S) ∨ ((¬P → (Q ∧ S)) → ¬R)
(D) ((¬Q → (P ∧ R)) → ¬S) ∨ ((¬P → (Q ∧ S)) → ¬R)
(E) ((Q → (P ∧ R)) → S) ∨ ((¬P → (Q ∧ S)) → R)

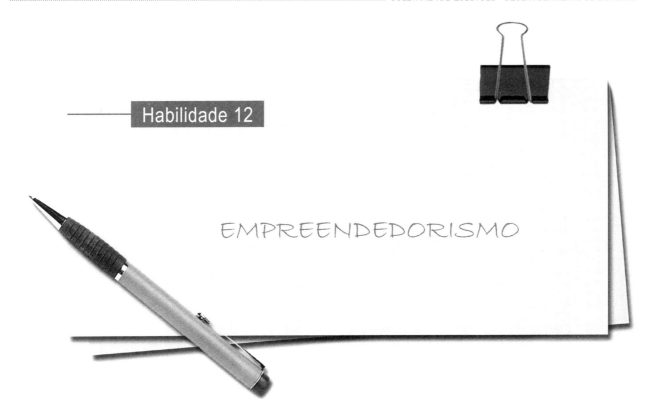

Habilidade 12 — EMPREENDEDORISMO

1. (ENADE – 2011)

O plano de negócios é um documento usado para descrever um empreendimento e o modelo de negócios que sustentam a empresa. Sua elaboração envolve um processo de aprendizagem e autoconhecimento e ainda permite ao empreendedor situar-se no seu ambiente de negócios.

DORNELAS, J. C. A. **Empreendedorismo: transformando ideias em negócios**. Rio de Janeiro: Campus, 2001, p. 97

A respeito do plano de negócios, avalie as seguintes asserções.

O plano de negócios é importante para gerenciar de forma mais eficaz a empresa e tomar decisões acertadas e identificar oportunidades e transformá-las em diferencial competitivo para a empresa

PORQUE

permite estabelecer comunicação interna eficaz na empresa e convencer o público-alvo externo: fornecedores, parceiros, clientes, bancos, investidores, etc. sobre os benefícios e os custos do negócio.

Acerca dessas asserções, assinale a opção correta

(A) As duas asserções são proposições verdadeiras, e a segunda é uma justificativa correta da primeira.
(B) As duas asserções são proposições verdadeiras, mas a segunda não é uma justificativa correta da primeira.
(C) A primeira asserção é uma proposição verdadeira, e a segunda, uma proposição falsa.
(D) A primeira asserção é uma proposição falsa, e a segunda, uma proposição verdadeira.
(E) As duas asserções são proposições falsas.

2. (ENADE – 2008)

O plano de negócios, mais do que um documento de elaboração das ações de implementação de um novo empreendimento, serve como documento que estabelece o relacionamento entre empreendedores e investidores. O conhecimento de características dos atores envolvidos nessa relação interfere diretamente na elaboração do plano de negócios. Considerando os papéis do empreendedor, do investidor e de conceitos de fatores envolvidos na elaboração do plano de negócios, assinale a opção correta.

(A) O verdadeiro empreendedor cria um negócio diante de uma oportunidade e procura, o mais breve possível, vendê-lo para um grupo de investidores.
(B) Investidores inteligentes consideram, ao analisar onde investir, que projeções financeiras mês a mês para um período maior que um ano constituem um dos fatores que garante o sucesso de um novo empreendimento.
(C) O empreendedor é uma pessoa à procura de riscos, que diante de uma nova oportunidade de empreendimento transfere todos os riscos para si.
(D) As pessoas, as oportunidades, o contexto e as possibilidades de riscos e recompensas são quatro fatores fundamentais, que devem ser considerados para o sucesso de um novo empreendimento.
(E) Um plano de negócios deve ser criado seguindo uma fórmula de sucesso preestabelecida apresentada em livros da área administração e implementada em aplicativos.

Capítulo IV

Questões de Componente Específico
de Redes de Computadores

COLETÂNEA DE QUESTÕES – REDES DE COMPUTADORES   115

1) Conteúdos e Habilidades objetos de perguntas nas questões de Componente Específico.

As questões de Componente Específico são criadas de acordo com o curso de graduação do estudante.

Essas questões, que representam ¾ (três quartos) da prova e são em número de 30, podem trazer, em Redes de Computadores, dentre outros, os seguintes **Conteúdos**:

I.   Fundamentos Básicos de Rede:

a) Histórico e Evolução das Redes;

b) Componentes de Rede: *Hardware*, *Software* e Sistema de Comunicação, Conceito de Protocolo;

c) Classificação das Redes Quanto à Abrangência Geográfica (PAN, LAN, MAN e WAN);

d) Topologias de Redes: Topologia Física x Topologia Lógica; Topologia Barra, Topologia Estrela, Topologia Anel.

II.   Fundamentos de Comunicação e Transmissão de Dados:

a) Largura de Banda e Banda Passante;

b) Teorema de Nyquist e Lei de Shannon;

c) Transmissão em Banda Larga e Banda Base;

d) Multiplexação e modulação;

e) Comutação de Circuitos, de Mensagens, de Pacotes e Circuitos Virtuais.

III.   Arquitetura de Redes de Computadores:

a) Modelo RM/OSI: Camadas e Serviços;

b) Arquitetura TCP/IP e o Conceito de Inter-rede.

IV.   Padrões e Protocolos Utilizados na Arquitetura TCP/IP:

a) Protocolos (ARP, ICMP, UDP, TCP, HTTP, FTP, SMTP, POP, IMAP, DNS, DHCP, TELNET, SSH);

b) Endereçamento IP e Máscara de Bits;

c) Endereços reservados da RFC 1918 e Serviço NAT;

d) Roteamento IP e Tabela de Rotas;

e) Protocolos de Roteamento Dinâmico (RIP, OSPF e BGP);

f) Fragmentação IP;

g) Controle de Congestionamento TCP;

h) API de *Sockets*;

i) IPv6 (estrutura dos cabeçalhos e técnicas para migração entre IPv4 e IPv6).

V.   Equipamentos para Interconexão de Redes:

a) Repetidores e *Hubs*;

b) *Bridges* e *Switches*;

c) *Switch Layer* 3;

d) Roteadores.

VI.   Padrões para Redes Locais IEEE 802:

a) IEEE 802.1;

b) Subcamada LLC: IEEE 802.2;

c) Subcamada MAC e os Tipos de Protocolos de Acesso;

d) Redes CSMA/CD: IEEE 802.3;

e) Redes *Token Ring*: IEEE 802.5;

f) Protocolo *Spanning Tree*: IEEE 802.1d;

g) VLANs: IEEE 802.1q;

h) Autenticação: IEEE 802.1x.

VII. Padrões para Redes Sem Fio:

a) IEEE 802.15 (*Bluetooth* e *Zigbee*);

b) Redes *Adhoc* e Infraestrutura;

c) Métodos de Acesso CSMA/CA e *Polling*;

d) IEEE 802.11a/b/g/n (*WiFi*) ;

e) Segurança WEP, WPA e WPA2;

f) IEEE 802.16 (WiMAX).

VIII. Padrões de Cabeamento Estruturado:

a) Conceito de Cabeamento Estruturado;

b) Normas Internacionais para Sistemas de Cabeamento Estruturado (ANSI EIA/TIA 568, EIA/TIA 569, EIA/TIA 570, EIA/TIA 606);

c) Norma Brasileira para Sistemas de Cabeamento Estruturado (ABNT NBR 14565);

d) Norma Internacional para Sistemas de Aterramento (ANSI EIA/TIA 607);

e) Certificação e Testes do Sistema de Cabeamento Estruturado.

IX. Administração de Sistemas Operacionais de Redes:

a) Administração de Contas de Usuários e Grupos;

b) Scripts de Gerenciamento de Redes (*Shell Script*);

c) Serviços (DHCP, DNS, WEB, FTP, SMTP, IMAP, POP, MIME, TELNET, SSH, NFS e SAMBA);

d) Serviços de Diretórios e Autenticação (LDAP e RADIUS).

X. Segurança de Redes de Computadores:

a) Conceitos básicos sobre Segurança da Informação;

b) Vulnerabilidades, Ameaças e Ataques;

c) Antivírus e *Antispam*;

d) Criptografia e Assinatura Digital;

e) Segurança para aplicações em redes TCP/IP (SSL, TLS e IPSec);

f) *Firewall* (Filtros de pacotes);

g) *Proxy* e *Proxy Reverso*;

h) Tunelamento e VPNs;

i) Sistemas de Detecção e Prevenção de Intrusão;

j) Políticas de Segurança.

XI. Projeto de Redes de Computadores:

a) Abrangência e Escopo de Projetos de Rede;

b) Tipos de Projetos de Redes;

c) Ciclo de Vida de Projeto de Rede;

d) Estudo de Viabilidade de Projeto de Rede;

e) Identificação dos Requisitos do Cliente;

f) Projeto Lógico da Rede;

g) Projeto Físico da Rede;

h) Testes, Otimização e Documentação do Projeto de Rede.

XII. Gerenciamento de Redes:

a) Administração de Redes Heterogêneas;

b) Áreas funcionais da Gerência de Redes (FCAPS);

c) Arquiteturas de Gerência de Redes (Clientes, Servidores, Gerentes e Agentes);

d) SNMP (*Simple Network Management Protocol*);

e) MIB-II e RMON;

f) Análise de desempenho de Sistemas de Computação;

g) Monitoração de Desempenho de Sistemas.

XIII. Redes Convergentes

a) CODECS de áudio e vídeo;

b) Serviço de Voz sobre IP (VoIP): SIP, H.323 e RTP;

c) Fundamentos de vídeo sob demanda (VoD) e *streaming* de vídeo em tempo real;

d) Qualidade de Serviço (QoS): *Intserv* e *Diffserv*.

XIV. Redes de Longas Distâncias e Tecnologias de Acesso

a) Acesso Remoto;

b) MPLS;

c) Frame Relay e X.25;

d) PPP e HDLC;

e) ATM;

f) xDSL, Cable Modem e banda larga em sistemas celulares.

O objetivo aqui é avaliar junto ao estudante a compreensão dos conteúdos programáticos mínimos a serem vistos no curso de graduação, de forma avançada. Também é avaliado o nível de atualização com relação à realidade brasileira e mundial e às questões jurídicas de maior relevância.

Avalia-se aqui também *competências* e *habilidades*. A ideia é verificar se o estudante desenvolveu as principais **Habilidades** para o profissional de Redes de Computadores, que são as seguintes:

I. Identificar e entender a funcionalidade dos elementos componentes de redes de computadores;
II. Compreender os modelos de referência, protocolos e serviços utilizados em redes de computadores;
III. Integrar soluções de redes locais baseadas em acesso cabeado e sem fio;
IV. Gerenciar serviços de rede e funções dos sistemas operacionais;
V. Gerenciar dispositivos físicos de rede;
VI. Compreender a sintaxe e a semântica dos principais protocolos da arquitetura TCP/IP;
VII. Avaliar e selecionar protocolos de comunicação, sistemas operacionais de rede, servidores de comunicação, aplicações distribuídas e serviços de rede;
VIII. Avaliar e selecionar computadores, dispositivos de comunicação à distância, roteadores, concentradores, interfaces e outros dispositivos de conexão à rede;
IX. Definir soluções de conectividade e comunicação de dados;
X. Definir topologias, arquiteturas e protocolos de comunicação para utilização em redes de computadores;
XI. Elaborar projetos lógicos e físicos de redes de computadores;
XII. Identificar necessidades, dimensionar, elaborar especificação técnica e avaliar soluções para segurança de redes de computadores;
XIII. Conhecer e aplicar padrões nacionais e internacionais da indústria e do mercado de redes de computadores;
XIV. Monitorar e avaliar desempenho e funcionalidade de redes de computadores.

2) Questões de Componente Específico classificadas por Conteúdos.

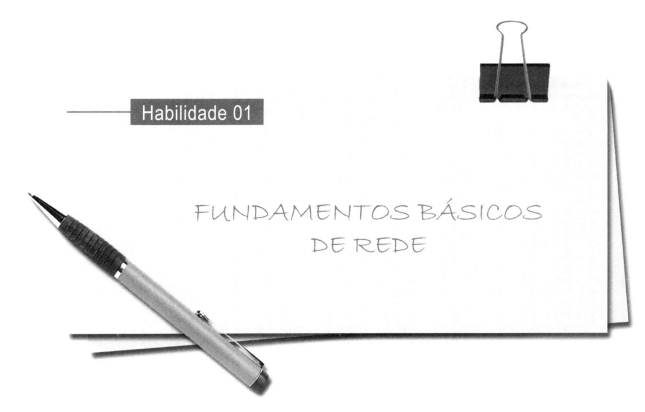

Habilidade 01
FUNDAMENTOS BÁSICOS DE REDE

1. (ENADE – 2008)

Uma topologia lógica em barramento pode ser obtida usando uma topologia física em estrela.

PORQUE

Uma topologia física em estrela usa difusão como princípio de operação.

Analisando as afirmações acima, conclui-se que

(A) as duas afirmações são verdadeiras, e a segunda justifica a primeira.
(B) as duas afirmações são verdadeiras, e a segunda não justifica a primeira.
(C) a primeira afirmação é verdadeira, e a segunda é falsa.
(D) a primeira afirmação é falsa, e a segunda é verdadeira.
(E) as duas afirmações são falsas.

2. (ENADE – 2008)

As atuais arquiteturas de redes de computadores são baseadas em dois conceitos fundamentais: modelo em camadas e protocolos de comunicação. Com relação a esses conceitos, qual descrição a seguir aborda de modo consistente um aspecto da relação entre camadas e protocolos?

(A) O uso de camadas em redes de computadores permite o desenvolvimento de protocolos cada vez mais abrangentes e complexos, em que cada camada adiciona, de maneira transparente, uma nova característica a um protocolo. A estruturação de várias funções no mesmo protocolo dá origem à expressão "pilha de protocolos".
(B) Os protocolos IP e TCP foram padronizados pela ISO para as camadas de rede e transporte, respectivamente. A estruturação do protocolo IP sobre o TCP dá origem à expressão "pilha de protocolos".
(C) Os protocolos atuam como um padrão de comunicação entre as interfaces das camadas de uma arquitetura de redes e se comunicam através da troca de unidades de dados chamadas de PDU. O uso de protocolos para a comunicação entre camadas sobrepostas dá origem à expressão "pilha de protocolos".
(D) As camadas das arquiteturas de redes de computadores foram concebidas para separar e modularizar a relação entre protocolos nas topologias lógica em barramento e física em estrela. A estruturação dos protocolos lógicos sobre os físicos dá origem à expressão "pilha de protocolos".
(E) As arquiteturas de redes de computadores são organizadas em camadas para obter modularidade, e as funções abstratas dentro de cada camada são implementadas por protocolos. A estruturação com vários protocolos usados em camadas distintas dá origem à expressão "pilha de protocolos".

Habilidade 02

FUNDAMENTOS DE COMUNICAÇÃO E TRANSMISSÃO DE DADOS

1. (ENADE – 2011)

A arquitetura de Serviços Diferenciados (*Diffserv*) é composta por elementos funcionais implementados nos nós da rede, incluindo opções de comportamento de encaminhamento por nó (*per-hop forwarding behaviors* – PHB), funções de classificação e funções de condicionamento de tráfego. Há várias propostas para tipos de PHB para a arquitetura de Serviços Diferenciados.

Porém, há basicamente dois tipos normatizados:

Encaminhamento Expresso (*Expedited Forwarding – EF*) e Encaminhamento Assegurado (*Assured Forwarding – AF*). Além desses dois, há o *PHB BE* (*Best-Effort*) para o comportamento de encaminhamento de tráfego de melhor esforço da Internet.

Considerando a utilização para o serviço de voz e para o serviço de *World Wide Web* - WWW, os respectivos PHB indicados são

(A) AF e BE.
(B) AF e EF.
(C) BE e AF.
(D) EF e BE.
(E) EF e AF.

2. (ENADE – 2011)

A técnica de multiplexação surgiu a partir da necessidade de compartilhamento do meio físico nas redes de telecomunicações. Os esquemas de multiplexação podem ser divididos em duas categorias básicas: a multiplexação por divisão de tempo e a multiplexação por divisão de frequência. Com relação a esse tema, analise as asserções que se seguem e a relação proposta entre elas.

A multiplexação por divisão de tempo tornou-se a mais difundida nos últimos anos.

PORQUE

Como a multiplexação por divisão de tempo é baseada no compartilhamento do meio físico no domínio do tempo, ela pode ser utilizada tanto por dados digitais como por dados analógicos.

Acerca dessas asserções, assinale a opção correta.

(A) As duas asserções são proposições verdadeiras, e a segunda é uma justificativa correta da primeira.
(B) As duas asserções são proposições verdadeiras, mas a segunda não é uma justificativa correta da primeira.
(C) A primeira asserção é uma proposição verdadeira, e a segunda, uma proposição falsa.
(D) A primeira asserção é uma proposição falsa, e a segunda, uma proposição verdadeira.
(E) Tanto a primeira como a segunda asserção são proposições falsas.

3. (ENADE – 2011)

Na transmissão de dados em uma rede WAN a comunicação normalmente se dá mediante a transmissão de dados da origem ao destino por uma rede de nós de comutação intermediários. Os nós de comutação não se ocupam do conteúdo dos dados, em vez disso, sua finalidade é fornecer um recurso de comutação que moverá os dados de nó para nó até que alcancem seu destino.

STALLINGS, W. **Redes e sistemas de comunicação de dados**: teoria e aplicações corporativas. 5. ed. Rio de Janeiro: Elsevier, 2005. p. 249-266.

Sobre a diferença entre as técnicas de comutação de circuito e comutação de pacote, assinale a opção correta.

(A) Quando o tráfego se torna pesado em uma rede de comutação de circuitos, algumas chamadas são bloqueadas até que se diminua a carga, enquanto na rede de comutação de pacotes, esses ainda são aceitos, mas o retardo de entrega aumenta.

(B) Na rede de comutação de circuitos, a conexão entre dois nós pode ser variada, já em comutação de pacotes, a velocidade entre dois nós é constante.

(C) Na comunicação em comutação de circuitos, existe uma fase para o estabelecimento de conexão, enquanto na comutação de pacotes há três fases: estabelecimento de conexão, transferência de dados, desconexão.

(D) A comutação de circuitos é a tecnologia dominante na comunicação de dados, enquanto a comutação de pacotes é dominante na transmissão de voz.

(E) Na comutação de circuitos, a eficiência na utilização da linha é maior, já que um único enlace de nó para nó pode ser compartilhado, enquanto na comutação de pacotes, a eficiência da utilização da linha é menor devido a um enlace de nó para nó ser pré-alocado.

4. (ENADE – 2008)

Considere as afirmativas abaixo, em relação aos tipos de comutação (circuitos, mensagens e pacotes) utilizados em redes.

I. Na comutação de circuitos, é necessário o estabelecimento de um caminho fim-a-fim para realizar a comunicação.

II. Na comutação de mensagens, não há necessidade de realizar armazenamento temporário nos nós intermediários da rede.

III. A comutação de pacotes apresenta a vantagem, em relação à comutação de mensagens, de permitir que várias partes de uma mensagem sejam transmitidas simultaneamente.

Está(ão) correta(s) a(s) afirmação(ões)

(A) I, apenas.

(B) I e II, apenas.

(C) I e III, apenas.

(D) II e III, apenas.

(E) I, II e III.

5. (ENADE – 2008)

A sonda Phoenix foi enviada ao espaço pela agência espacial norte-americana em 4 de agosto de 2007 e, desde que pousou em Marte, no dia 25 de maio de 2008, envia fotos para a Terra. Uma foto transmitida tinha o tamanho de 8×10^6 bytes e, quando enviada, a distância entre os dois planetas era de 60 bilhões de metros (60×10^9 m). Assumindo que o enlace de comunicação entre a sonda e a base da missão na Terra é de 128 kbps, que não há elementos intermediários, e que a velocidade de propagação do sinal é a velocidade da luz (3×10^8 m/s), quanto tempo, em segundos, se passou entre o início do envio da foto até ela ser recebida completamente na Terra?

(A) 62,5

(B) 200

(C) 500

(D) 700

(E) 1.200

6. (ENADE – 2008)

A multiplexação de informação em um canal físico é uma técnica que permite o uso do canal por mais de um usuário, levando a uma economia pelo compartilhamento de recursos.

Essa técnica pode ser dividida em duas categorias básicas:

FDM e TDM. Qual das seguintes representa uma **desvantagem** da técnica FDM?

(A) A técnica não pode ser usada em fibras ópticas monomodo porque estas adotam uma única frequência.

(B) A técnica não funciona em sistemas digitais por envolver componentes analógicos.

(C) A técnica é eficiente apenas quando a banda de frequência a dividir é suficientemente larga.

(D) O canal fica subutilizado quando um usuário não tem o que transmitir.

(E) Os canais não podem ser combinados para oferecer maior banda a certos usuários.

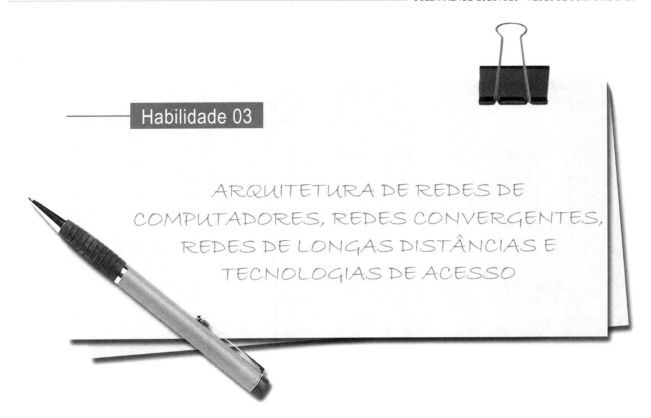

Habilidade 03

ARQUITETURA DE REDES DE COMPUTADORES, REDES CONVERGENTES, REDES DE LONGAS DISTÂNCIAS E TECNOLOGIAS DE ACESSO

1. (ENADE – 2011)

Um administrador de redes de computadores implementou uma solução para a utilização do IPv6 em sua rede corporativa. A solução desenvolvida pelo administrador permitiu a transmissão de pacotes IPv6 através da infraestrutura IPv4 já existente, encapsulando o conteúdo do pacote IPv6 em um pacote IPv4.

Qual é a técnica de coexistência e transição do IPv6 para IPv4 que o administrador de rede utilizou?

(A) Técnica de pilha dupla.
(B) Técnica de roteamento.
(C) Técnica de tradução.
(D) Técnica de *store-and-forward*.
(E) Técnica de tunelamento.

2. (ENADE – 2011)

Uma empresa opta por modernizar o seu sistema de telefonia, substituindo a central PABX analógica existente por uma solução que utiliza a tecnologia VoIP (*Voice over Internet Protocol*). É definida a utilização de um IP PBX Virtual, com base em *software* que permita a utilização de conexões digitais de telefonia E1 com operadoras de telefonia fixa e a conexão com operadoras de VoIP, utilizando o protocolo SIP (*Session Initiated Protocol*).

Considerando a utilização dessas tecnologias para a conexão do IP PBX Virtual com a rede de telefonia pública, analise as afirmações que se seguem.

I. O protocolo SIP é usado para o registro dos ramais IP e pelo fluxo de mídia que passa pelo IP PBX e utiliza a porta 4569 UDP para realizar as duas funções.

II. O entroncamento E1 é uma conexão digital de telefonia que possui 32 canais de 64 kbps, sendo trinta canais de telefonia, um canal de sinalização e um canal de sincronismo.

III. O protocolo SIP trabalha em conjunto com o protocolo RTP (*Real Time Protocol*), sendo que o SIP é o responsável pelo registro dos ramais e o RTP pelo fluxo de mídia pelo IP PBX.

IV. O protocolo H.323 é o único que pode ser usado pelos Adaptadores para Telefones Analógicos (ATAs) e pelos Telefones IPs em soluções de IP PBX que utilizam o protocolo SIP.

É correto apenas o que se afirma em

(A) I e II.
(B) I e IV.
(C) II e III.
(D) II e IV.
(E) III e IV.

3. (ENADE – 2011)

O padrão X.25 foi desenvolvido com o objetivo de oferecer interface entre redes públicas de comutação de pacotes e seus clientes e, apesar de ter sido desenvolvido na década de 70, ainda hoje é usado.

Considerando que o padrão X.25 estabelece circuitos de forma que a entrega dos pacotes seja feita ordenadamente e com confiabilidade, analise as afirmações abaixo.

I. O padrão X.25 aceita circuitos virtuais semipermanentes.
II. O padrão X.25 aceita circuitos virtuais permanentes.
III. O padrão X.25 aceita circuitos semivirtuais comutados.
IV. O padrão X.25 aceita circuitos virtuais comutados.

É correto apenas o que se afirma em

(A) I.
(B) II.
(C) I e III.
(D) II e IV.
(E) III e IV.

4. (ENADE – 2011)

Uma universidade em expansão pretende instalar uma rede de médio porte para atender às necessidades de acesso das suas diversas redes heterogêneas. O Departamento de Tecnologia da Informação projetou o seguinte modelo:

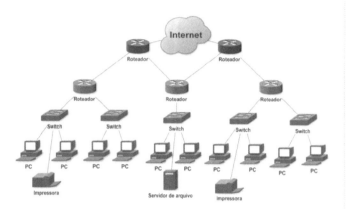

A camada de mais alto nível desse modelo é conhecida como camada *core* ou camada de núcleo. Os roteadores que a compõem têm a função de

(A) filtrar a camada MAC e segmentar a rede.
(B) otimizar a vazão dos pacotes e controlar o acesso aos recursos.
(C) prover um transporte mais rápido entre os sites e conectar usuários.
(D) resumir rotas de camada de acesso e delimitar os domínios de *broadcast*.
(E) garantir o tráfego de alto desempenho, bem como centralizar o acesso à rede externa.

5. (ENADE – 2011)

Historicamente, uma *Ethernet* foi inicialmente concebida como um segmento de um cabo coaxial em que um único canal de transmissão era compartilhado por todas as estações de trabalho da rede local. A tecnologia *Ethernet* passou por uma série de evoluções ao longo dos anos e, na maioria das instalações atuais, as estações de trabalho são conectadas a um comutador (*switch*) utilizando uma topologia física estrela.

> KUROSE, J. F.; ROSS, K. W. **Redes de Computadores e a Internet: Uma Abordagem Top-Down**. 5. ed. São Paulo: Addison Wesley, 2010.

Considerando a utilização do protocolo CSMA/CD em comutadores *Ethernet*, analise as seguintes asserções.

A utilização do protocolo CSMA/CD não é necessária em comutadores *Ethernet* transmitindo em modo *full-duplex*.

PORQUE

Os comutadores, operando em modo *full-duplex,* mantêm canais de comunicação distintos para envio (TX) e recebimento (RX) de dados, além de não encaminhar mais do que um quadro por vez para a mesma interface (porta).

Acerca dessas asserções, assinale a opção correta

(A) As duas asserções são proposições verdadeiras, e a segunda é uma justificativa correta da primeira.
(B) As duas asserções são proposições verdadeiras, mas a segunda não é uma justificativa correta da primeira.
(C) A primeira asserção é uma proposição verdadeira e a segunda, uma proposição falsa.
(D) A primeira asserção é uma proposição falsa, e a segunda, uma proposição verdadeira.
(E) Tanto a primeira quanto a segunda asserções são proposições falsas.

6. (ENADE – 2011)

As camadas de apresentação e sessão do modelo de referência ISO/OSI não existem no modelo de referência TCP/IP.

> KUROSE, J. F.; ROSS, K. W. **Redes de Computadores e a Internet**: Uma Abordagem Top-Down. 5. ed. São Paulo: Addison Wesley, 2010.

Considere um programa de computador que utiliza comunicação TCP/IP e precisa implementar funções dessas camadas. Nesse caso, a implementação deverá ser realizada para ativar na camada de

(A) aplicação, para permitir que sejam transmitidos fluxos de dados independentes em uma mesma conexão TCP e impedir que dados sejam enviados a uma taxa mais alta do que o *host* de destino pode processar.
(B) aplicação, para codificar/decodificar caracteres entre plataformas heterogêneas e reiniciar uma transferência de dados a partir do ponto em que ela foi interrompida.
(C) aplicação, para codificar/decodificar caracteres entre plataformas heterogêneas e impedir que dados sejam enviados a uma taxa mais alta do que o *host* de destino pode processar.
(D) transporte, para permitir que sejam transmitidos fluxos de dados independentes em uma mesma conexão TCP e impedir que dados sejam enviados a uma taxa mais alta do que o *host* de destino pode processar.
(E) transporte, para codificar/decodificar caracteres entre plataformas heterogêneas e reiniciar uma transferência de dados a partir do ponto em que ela foi interrompida.

7. (ENADE – 2008)

A técnica de encapsulamento utilizada em arquiteturas de redes tem como objetivo prover a abstração de protocolos e serviços e promover a independência entre camadas.

PORQUE

O encapsulamento esconde as informações de uma camada nos dados da camada superior.

Analisando as afirmações anteriores, conclui-se que

(A) as duas afirmações são verdadeiras, e a segunda justifica a primeira.

(B) as duas afirmações são verdadeiras, e a segunda não justifica a primeira.

(C) a primeira afirmação é verdadeira, e a segunda é falsa.

(D) a primeira afirmação é falsa, e a segunda é verdadeira.

(E) as duas afirmações são falsas.

8. (ENADE – 2008)

Considere as afirmações que se seguem, sobre arquitetura de redes de computadores.

I. Um dos motivos que levaram ao conceito de inter-rede é o fato de que nenhuma tecnologia de rede satisfaz todos os requisitos de alcance geográfico e velocidade desejados.

II. Uma inter-rede pode juntar redes de quaisquer tecnologias, desde que cada uma utilize o mesmo esquema de endereçamento físico de hospedeiros e roteadores.

III. A família de protocolos TCP/IP contém dois protocolos de enlace, um baseado em conexão e o outro, sem conexão.

IV. Na família de protocolos TCP/IP, cada hospedeiro tem um endereço único de camada de transporte.

V. O objetivo de uma inter-rede é fazer uma coleção de redes parecer uma única rede.

Estão corretas **APENAS** as afirmações

(A) I e V

(B) II e IV

(C) IV e V

(D) I, II e V

(E) II, III e V

9. (ENADE – 2008)

Numa arquitetura de redes de computadores, qual das seguintes explicações expressa uma relação adequada entre camadas e suas funções?

(A) Os roteadores precisam implementar até a camada de rede para executar a sua função porque o encaminhamento de pacotes requer conhecimento de cabeçalhos dessa camada.

(B) O controle do direito de fala entre cliente e servidor requer a coordenação entre as camadas de sessão e apresentação.

(C) A camada de transporte é fundamental para esconder detalhes dos meios físicos de transmissão da camada de apresentação.

(D) A arquitetura TCP/IP executa a função de controle de congestionamento na camada de rede, uma vez que a experiência com a arquitetura OSI/ISO mostrou as deficiências do uso dessa função na camada de transporte.

(E) A principal função da camada de enlace de dados é utilizar a multiplexação para permitir que o tráfego de várias aplicações possa ser transmitido por um único canal físico, através de portas lógicas.

Habilidade 04

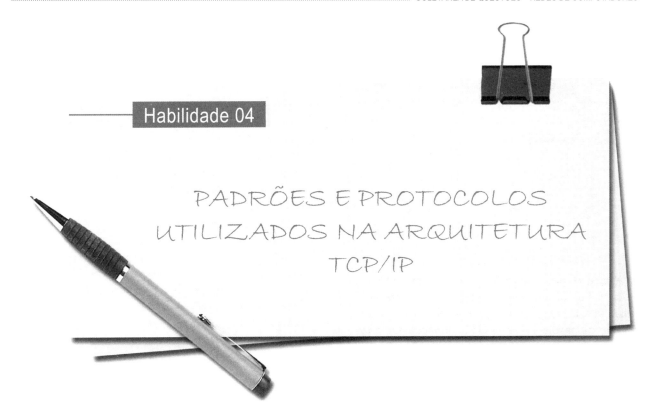

PADRÕES E PROTOCOLOS UTILIZADOS NA ARQUITETURA TCP/IP

1. (ENADE – 2011)

No nível mais amplo, podem-se distinguir mecanismos de controle de congestionamento conforme a camada de rede ofereça ou não assistência explícita à camada de transporte com finalidade de controle de congestionamento.

KUROSE, J. F. **Redes de computadores e a internet**. 5 ed. São Paulo: Addison Wesley, 2010, p. 201.

A respeito desse tema, avalie as asserções que se seguem e a relação proposta entre elas.

O protocolo de controle de transmissão (TCP) deve necessariamente adotar o método não assistido, no qual a camada de rede não fornece nenhum suporte explícito à camada de transporte com a finalidade de controle de congestionamento.

PORQUE

A camada de rede *Internet Protocol* (IP) não fornece realimentação de informações aos sistemas finais quanto ao congestionamento da rede.

Acerca dessas asserções, assinale a opção correta.

(A) As duas asserções são proposições verdadeiras, e a segunda é uma justificativa correta da primeira.

(B) As duas asserções são proposições verdadeiras, mas a segunda não é uma justificativa correta da primeira.

(C) A primeira asserção é uma proposição verdadeira, e a segunda, uma proposição falsa.

(D) A primeira asserção é uma proposição falsa, e a segunda, uma proposição verdadeira.

(E) Tanto a primeira quanto a segunda asserções são proposições falsas.

2. (ENADE – 2011)

No projeto da camada de rede, os algoritmos de roteamento são responsáveis pela decisão sobre qual interface de saída deve ser utilizada no encaminhamento de pacotes.

Esses algoritmos são divididos em estáticos e dinâmicos.

Em geral, os algoritmos de roteamento dinâmico são preferidos, pois computadores respondem a falhas mais rapidamente que humanos e são menos propensos a erros. A figura abaixo apresenta dois sistemas autônomos interligados por roteadores da Internet. Além disso, cada sistema autônomo é responsável pela definição de rotas e configuração de seus roteadores.

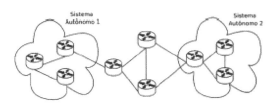

Em relação aos algoritmos de roteamento dinâmico RIP (*Routing Information Protocol*), OSPF (*Open Shortest Path First*) e BGP (*Border Gateway Protocol*) em sistemas autônomos (SA), analise as afirmações que se seguem.

I. Um roteamento entre o SA 1 e o SA 2 utiliza dois algoritmos diferentes: RIP nos roteadores internos do SA e BGP entre os SAs.

II. O algoritmo BGP implementado no SA 1 utiliza tanto vetor de distância quanto estado de enlace para anunciar informações de rotas.

III. O OSPF implementado no SA 2 utiliza o endereço de destino do cabeçalho IP para tomada de decisão e escolha da melhor rota.

IV. O problema da convergência lenta ocorre com algoritmos de roteamento que implementam vetor de distância, ou seja, BGP e OSPF.

É correto apenas o que se afirma em

(A) I.

(B) II.

(C) I e III.

(D) II e IV.

(E) III e IV.

3. (ENADE – 2011)

A comutação com protocolo IP (*Internet Protocol*) pode utilizar tecnologias de transmissão referenciadas no paradigma orientado *à* conexão, fornecendo encaminhamento mais eficiente de pacotes, agregando informações de rotas e permitindo gerenciamento de fluxos por demanda. O IETF (*The Internet Engineering Task Force*) criou o padrão MPLS (*Multi-Protocol Label Switching*) como alternativa para atender essa necessidade, descrevendo tal tecnologia na RFC 3031. Outras denominações dessa tecnologia são: comutação de *tags*, comutação *layer* 3 e comutação de rótulos.

COMER, D. E. **Interligação de Redes com TCP/IP**. Volume 1. Rio de Janeiro: Campus, 2006. (com adaptações)

Considerando a utilização do MPLS para comutação IP, avalie as afirmações que se seguem.

I. Um datagrama que chega no núcleo do MPLS é encaminhado por um roteador MPLS sem nenhuma alteração no cabeçalho do datagrama.

II. Na interface dos roteadores MPLS que se conectam ao usuário final é utilizado o encaminhamento convencional, enquanto nos roteadores MPLS de núcleo é utilizada apenas a comutação baseada em rótulos.

III. O MPLS exige o uso de uma tecnologia de rede orientada a conexão, ou seja, a conexão física entre um par de roteadores MPLS deve consistir de um circuito dedicado.

IV. Um rótulo MPLS é utilizado como índice para uma tabela e permite descoberta mais rápida da interface de saída se comparada a endereços de destino convencionais.

É correto apenas o que se afirma em

(A) I.

(B) II.

(C) I e III.

(D) II e IV.

(E) III e IV.

4. (ENADE – 2011)

Os protocolos da camada de aplicação que utilizam, na camada de transporte, o protocolo TCP, para o estabelecimento de conexões, fazem uso de portas específicas por padrão. Além disso, o funcionamento destes protocolos pode variar no estabelecimento

e manutenção dessas conexões, bem como na troca de dados entre cliente e servidor.

Considerando o funcionamento desses protocolos, analise as afirmações que se seguem.

I. O protocolo HTTP utiliza, por padrão, para conexão do cliente ao servidor, a porta 80/TCP. O estabelecimento de conexões HTTP tem início com a solicitação por parte do cliente (*browser*) ao servidor *web*. Após o estabelecimento da conexão, o *socket* permanece ativo até que o cliente finalize a conexão enviando um segmento TCP ao servidor com a *flag* FIN ativada.

II. O protocolo FTP utiliza, por padrão, para conexão do cliente ao servidor, a porta 21/TCP. Após o estabelecimento de conexões FTP, além da porta 21/TCP, utilizada para o controle da conexão, as portas TCP utilizadas para a troca de dados entre cliente e servidor podem variar de acordo com o modo configurado no servidor (ativo ou passivo).

III. O protocolo SMTP utiliza, por padrão, para conexão do cliente ao servidor, a porta 25/TCP. O uso deste protocolo é parte do serviço de correio eletrônico, uma vez que é responsável pelo envio de *e-mails*. Para o acesso às caixas de mensagens e recebimento desses *e-mails*, utilizam-se os protocolos POP ou SSH, que usam, por padrão, respectivamente, as portas 110/TCP e 22/TCP.

IV. O protocolo DNS utiliza, por padrão, para conexão do cliente ao servidor, a porta 53/TCP. Através desta porta, o cliente, após estabelecida a conexão, pode fazer consultas a *hosts* definidos nos mapas de zona do servidor autoritativo. A consulta a nomes atribuídos aos *hosts* tem como respostas os endereços IP a eles atribuídos enquanto a consulta aos endereços IP (quando configurado o DNS reverso) resultam nos respectivos nomes.

É correto apenas o que se afirma em

(A) I.

(B) II.

(C) I e III.

(D) II e IV.

(E) III e IV.

5. (ENADE – 2008)

Em qual sistema e com que finalidade o mecanismo de controle de congestionamento do TCP é implementado?

(A) No roteador, para controlar a ocupação das filas de saída e não saturar a rede.

(B) No emissor, para prevenir a saturação do receptor com o envio de dados e evitar perdas de pacotes.

(C) No emissor, para estimar a capacidade disponível na rede e não saturar a rede.

(D) No receptor, para calcular o valor do campo Janela (**Window**) presente nos reconhecimentos (ACK) e evitar perdas de pacotes.

(E) No receptor, para controlar o envio de reconhecimentos (ACK) e evitar perdas de pacotes.

6. (ENADE – 2008)

A figura abaixo apresenta a captura de um conjunto de pacotes, mostrando dois blocos de informação: um, na parte superior, e outro, na parte inferior da figura. O bloco superior mostra uma lista de pacotes capturados, um por linha, com as seguintes colunas: numeração do pacote capturado (**No.**), momento da captura do pacote (**Time**), endereço de origem (**Source**), endereço de destino (**Destination**), protocolo (**Protocol**) e algumas informações adicionais (**Info**). O bloco inferior mostra o detalhamento do pacote nº 7, selecionado na lista de pacotes capturados.

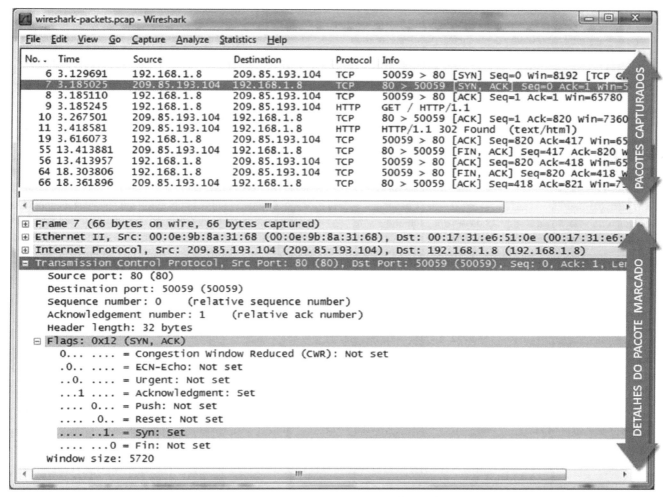

Tela do *software* Wireshark Versão 1.0.2 (http://www.wireshark.org)

Considerando que os pacotes capturados são relativos a uma conexão entre um cliente (endereço IP 192.168.1.8) e um servidor (endereço IP 209.85.193.104), analise as afirmações que se seguem.

I. O pacote selecionado faz parte do processo de abertura de uma conexão TCP (**three-way handshake**).

II. A conexão aberta pelo cliente usando a porta 50059, com o servidor usando a porta 80, foi fechada.

III. O servidor aceitou o pedido de conexão do cliente, e o tamanho do cabeçalho do seu segmento de resposta indica a presença de opções no cabeçalho TCP.

IV. O cliente usou a conexão TCP aberta na porta de origem 50059 para buscar um objeto no servidor.

Está(ão) correta(s) a(s) afirmação(ões)

(A) I, apenas.
(B) IV, apenas.
(C) III e IV, apenas.
(D) I, II e IV, apenas.
(E) I, II, III e IV.

7. (ENADE – 2008) DISCURSIVA

Na figura abaixo, os círculos **R1**, **R2** e **R3** são roteadores que interconectam três redes IP, representadas pelas nuvens que indicam os seus respectivos endereços de rede. **A** e **B** são computadores conectados às redes indicadas. As linhas são enlaces, e os números **0**, **1** e **2**, ao lado dos roteadores, indicam o número da interface à qual cada enlace se conecta.

As tabelas de rotas dos roteadores, mostradas abaixo, apresentam três problemas que precisam ser corrigidos. São eles:

- máquinas da rede 20.0.0.0/8 não recebem pacotes enviados por **A** e **B**;
- quando **A** envia um pacote para **B**, este segue pelo maior caminho, quando deveria seguir pelo menor;
- quando **B** envia um pacote para **A**, este segue pelo maior caminho, quando deveria seguir pelo menor.

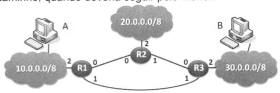

Apresente uma solução para sanar cada um dos problemas apresentados, atendendo às seguintes condições:

- apenas uma tabela de rotas deve ser modificada na solução de cada problema;
- deve existir uma rota **default** na tabela de rotas apresentada;
- o número de linhas da tabela original deve ser mantido;
- a tabela de rotas apresentada deve permitir que pacotes enviados alcancem qualquer outra rede;
- a tabela de rotas apresentada deve permitir que pacotes sempre sigam pelo menor caminho. **(valor: 10,0 pontos)**

8. (ENADE – 2008) DISCURSIVA

Uma empresa recebeu do seu provedor a faixa de endereços IP, definida pelo prefixo 200.10.10.0/24, para a construção de sua rede interna de computadores. Essa empresa é dividida em cinco departamentos (Produção, Compras, Vendas, Pessoal e Pesquisa) e cada um terá sua própria sub-rede IP. Considere que cada departamento conta com a seguinte quantidade de máquinas: Produção=10, Compras=25, Vendas=40, Pessoal=100 e Pesquisa=8. Determine o prefixo de rede e o endereço de difusão (**broadcast**) de cada departamento para que todas as máquinas recebam um endereço. Os prefixos devem ser alocados de tal forma que departamentos com um maior número de máquinas recebam endereços mais próximos do início do espaço de endereçamento disponível. Os prefixos devem ser informados usando a notação X.Y.W.Z/Máscara, como na representação do prefixo fornecido pelo provedor. **(valor: 10,0 pontos)**

Habilidade 05

EQUIPAMENTOS PARA INTERCONEXÃO DE REDES E PADRÕES DE CABEAMENTO ESTRUTURADO

1. (ENADE – 2011)

O diretor de uma empresa do ramo de construção civil designou à sua equipe de gestão de redes a elaboração do projeto de uma rede de computadores para uma nova filial que será aberta em breve. Na estrutura da filial, há um escritório central onde se localizam a Engenharia, o Departamento de Compras e o Departamento de Planejamento. O escritório central comunica-se com as obras por meio da Internet. O diagrama abaixo apresenta a solução proposta. Sabendo-se que os equipamentos disponíveis no almoxarifado são *Hubs*, Roteadores, Repetidores e Pontes, complete o diagrama abaixo colocando o equipamento adequado para cada posição, considerando os equipamentos: Equipamento 1, Equipamento 2, Equipamento 3 e Equipamento 4, respectivamente.

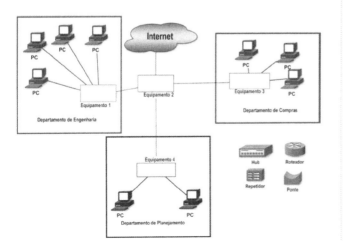

(A) Ponte, Hub, Hub e Hub
(B) Hub, Roteador, Hub e Hub
(C) Hub, Hub, Roteador e Hub
(D) Hub, Repetidor, Hub e Hub
(E) Hub, Hub, Ponte e Repetidor

2. (ENADE – 2011)

O cabo par trançado é um meio de transmissão formado por dois fios de cobre entrelaçados em forma de trança, com o objetivo de evitar a interferência magnética entre eles.

Esse tipo de cabo é muito utilizado hoje em equipamentos para a Internet, devido principalmente ao seu baixo custo e ao baixo custo de manutenção da rede, se comparado com outros meios de transmissão.

Existem três tipos de cabos par trançado: UTP (*Unshielded Twisted Pair*), STP (*Shield Twisted Pair*) e ScTP (*Screened Twisted Pair*).

Considerando a padronização do par trançado tipo UTP pelas normas da EIA/TIA-568-B, avalie as afirmações que se seguem.

I. O cabo UTP categoria 1 é recomendado pelas normas da EIA/TIA-568-B.
II. O cabo UTP categoria 3 é recomendado pelas normas da EIA/TIA-568-B.
III. O cabo UTP categoria 4 é recomendado pelas normas da EIA/TIA-568-B.
IV. O cabo UTP categoria 5e. é recomendado pelas normas da EIA/TIA-568-B.

É correto apenas o que se afirma em

(A) I.

(B) II.

(C) I e III.

(D) II e IV.

(E) III e IV.

3. (ENADE – 2011)

Uma escola de informática, prestes a ser inaugurada, construiu dois laboratórios, cada um com capacidade para 20 estações de trabalho. Também foi contratado um enlace de Internet de 10 Mbps, que será compartilhado entre todas as 40 estações e adquirido um servidor de arquivos, com duas interfaces de rede *Gigabit Ethernet*, para que os estudantes possam acessar materiais disponibilizados pelos professores. Para interligar todas as estações de trabalho, um vendedor especificou um comutador (*switch*) *Ethernet* camada 2, compatível com as tecnologias IEEE 802.1Q (VLAN) e IEEE 802.1ad (*Link Aggregation*), de 50 portas, sendo 48 *Fast Ethernet* e 2 *Gigabit Ethernet*.

Avalie as seguintes explicações do vendedor em relação ao equipamento especificado.

I. Para aumentar a vazão (*throughtput*) entre o servidor de arquivos da escola e as estações de trabalho, é possível conectar as duas portas *Gigabit Ethernet* do *switch* às duas interfaces de rede do servidor de arquivos utilizando a tecnologia *Link Aggregation*.

II. Para que os computadores possam navegar mais rápido na Internet, uma das portas *Gigabit* do *switch* pode ser conectada ao roteador, que interliga a rede da escola e a Internet.

III. É possível que os *hosts* de um laboratório possam conectar-se aos *hosts* do outro, mesmo que eles pertençam a redes IP e VLANs distintas.

IV. Os domínios de colisão dos dois laboratórios podem ser isolados, pois é possível definir duas VLANs distintas no mesmo *switch*.

Considerando o cenário apresentado e o *switch* especificado, é correto apenas o que se afirma em

(A) II.

(B) I e IV.

(C) I, II e III.

(D) I, III, IV.

(E) II, III e IV.

4. (ENADE – 2008)

Quando uma rede de uma grande empresa possui várias subredes independentes (por exemplo, para vários departamentos), essas sub-redes podem ser associadas a diferentes VLAN e interconectadas utilizando um comutador (**switch**) de nível 3.

PORQUE

Os comutadores de nível 3 realizam o encaminhamento IP, o que permite a interconexão de estações de duas VLAN distintas.

Analisando essas afirmações, conclui-se que

(A) as duas afirmações são verdadeiras, e a segunda justifica a primeira.

(B) as duas afirmações são verdadeiras, e a segunda não justifica a primeira.

(C) a primeira afirmação é verdadeira, e a segunda é falsa.

(D) a primeira afirmação é falsa, e a segunda é verdadeira.

(E) as duas afirmações são falsas.

5. (ENADE – 2008)

O administrador de uma rede deseja criar cinco redes Ethernet isoladas e possui apenas três comutadores (**switches**) de nível 2. Ele precisa garantir que, uma vez configurados os equipamentos, os usuários dessas cinco redes possam se conectar em qualquer outra porta de qualquer um dos três comutadores, sem a necessidade de nenhuma reconfiguração.

Para atender tais requisitos, a solução que deve ser usada pelo administrador é a de Múltiplas VLAN baseadas em

(A) endereço MAC.

(B) porta com marcação (**tagging**).

(C) porta com filtragem de endereços MAC.

(D) porta com filtragem de endereços IP.

(E) porta sem marcação (**tagging**).

6. (ENADE – 2008)

A Empresa ABC Tecnologia Ltda. está instalada em um prédio de 5 andares e possui uma estrutura dinâmica de espaço físico e pessoal para se adequar às flutuações e demandas do mercado. No entanto, a cada nova mudança na estrutura física e organizacional, o cabeamento de redes da empresa precisa ser modificado, gerando atrasos excessivos, altos custos e maior desorganização no cabeamento. Qual das seguintes soluções é adequada para prover a empresa de maior nível de segurança aos seus dados (primeira prioridade) e flexibilidade na localização de seus equipamentos (segunda prioridade)?

(A) Adotar um padrão de cabeamento baseado em concentradores (**hubs**), para permitir reconfigurações rápidas nos pontos de rede usando cabos UTP categoria 3.

(B) Adotar o padrão de cabeamento estruturado EIA/TIA 568, para obter flexibilidade e rapidez na reconfiguração da rede, uma vez que essa norma recomenda grande densidade de pontos de rede, mesmo que eles estejam inicialmente desativados.

(C) Usar o protocolo DHCP para ficar imune às influências de mudanças de cabeamento, uma vez que o protocolo IP pode ser usado com qualquer tipo de infraestrutura de rede e sistema de cabeamento.

(D) Usar técnicas para oferecer garantias de qualidade de serviço na camada de rede e normas de cabeamento estruturado ISO 11801, para oferecer otimizações entre as camadas (ou seja, **cross-layer**) do modelo TCP/IP e os meios físicos de transmissão.

(E) Utilizar uma solução baseada em redes locais sem fio padrão IEEE 802.11 que, por não necessitarem de cabos, oferecem grande flexibilidade e rapidez em caso de mobilidade de equipamentos.

7. (ENADE – 2008)

Segundo a norma NBR 14.565, um projeto de cabeamento estruturado deve ser elaborado mediante uma sequência básica que inclui o projeto de cabeamento interno secundário (ou rede interna secundária). Entende-se por rede interna secundária

(A) a rede que conecta uma sala de equipamento e uma sala de entrada de telecomunicações de dois prédios ou blocos de um **campus**.

(B) a rede que serve para interconectar o distribuidor geral de telecomunicações com o distribuidor intermediário e/ou o distribuidor secundário da edificação.

(C) a rede que conecta a sala de entrada de telecomunicações e o distribuidor geral de telecomunicações no prédio.

(D) o trecho da rede compreendido entre o ponto de transição de cabos instalado na área de trabalho e o dispositivo de conexão instalado no armário de telecomunicações do andar.

(E) o trecho da rede compreendido entre o ponto de telecomunicações instalado na área de trabalho e o dispositivo de conexão instalado no armário de telecomunicações do andar.

8. (ENADE – 2008)

Nas redes Ethernet, define-se domínio de colisão como o conjunto de dispositivos de uma rede que compartilham o acesso ao meio. Define-se também domínio de difusão (**broadcast**) como o conjunto de dispositivos de uma rede que escutam as mesmas mensagens de difusão (quadros com endereço de difusão). Segundo essas definições, e considerando os equipamentos de rede, analise as afirmações a seguir.

I. Todas as portas de um comutador (**switch**) de nível 2 estão no mesmo domínio de colisão.

II. Um roteador pode ser utilizado para separar dois domínios de difusão.

III. Quando se interligam dois concentradores (**hubs**), criam-se dois domínios de colisão distintos.

IV. Duas estações que estejam no mesmo domínio de colisão também estão no mesmo domínio de difusão.

Estão corretas **APENAS** as afirmações

(A) I e II

(B) I e III

(C) I e IV

(D) II e IV

(E) III e IV

Habilidade 06

PADRÕES PARA REDES LOCAIS IEEE 802 E PADRÕES PARA REDES SEM FIO

1. (ENADE – 2011)

O padrão IEEE 802.16, também conhecido como *WiMAX*, devido ao fórum dos fabricantes, é uma tecnologia para transmissão sem fio em redes locais que provê qualidade de serviço em suas transmissões.

PORQUE

O padrão IEEE 802.16 possui técnicas adaptativas de modulação e codificação, além de ser uma tecnologia orientada à conexão.

Acerca dessas asserções, assinale a opção correta.

(A) As duas asserções são proposições verdadeiras, e a segunda é uma justificativa correta da primeira.
(B) As duas asserções são proposições verdadeiras, mas a segunda não é uma justificativa correta da primeira.
(C) A primeira asserção é uma proposição verdadeira, e a segunda, uma proposição falsa.
(D) A primeira asserção é uma proposição falsa, e a segunda, uma proposição verdadeira.
(E) Tanto a primeira quanto a segunda asserções são proposições falsas.

2. (ENADE – 2011)

A arquitetura do padrão IEEE 802.11 (*WiFi*) é constituída fundamentalmente pelo conjunto básico de serviço (*Basic Service Set* – BSS). Um BSS contém uma ou mais estações sem fio e uma estação base, conhecida como *Access Point* (AP). Ao instalar um AP, um administrador de rede designa ao AP um Identificador de Conjunto de Serviços (*Service Set Identifier* – SSID). Cada estação sem fio precisa se associar com um AP antes de poder enviar e receber quadros IEEE 802.11.

Suponha que um determinado restaurante no centro de uma cidade é atendido por dois provedores de acesso à Internet (*Internet Service Provider* - ISP) que trabalham no padrão 802.11b. Cada ISP opera seu próprio AP em sub-redes com endereços de Internet (*Internet Protocol* – IP) diferentes. Por desconhecimento, cada ISP considerou que a área do restaurante pertence a um de seus BSS e configurou seu respectivo AP para operar no mesmo canal (canal 3) na área do restaurante. Para que uma estação sem fio na área do restaurante utilize o canal 3 para transmitir e receber dados sem a ocorrência de colisões, ela deve

(A) associar-se aos dois SSID simultaneamente.
(B) associar-se a mais de um AP na mesma BSS.
(C) comunicar-se simultaneamente com outra estação sem a necessidade de associação.
(D) associar-se a um SSID qualquer, desde que não haja outra estação sem fio transmitindo simultaneamente no canal 3.
(E) comunicar-se simultaneamente com outra estação, desde que cada estação se associe a um AP, ou seja, a SSID diferentes.

3. (ENADE – 2008)

A família de padrões IEEE 802 define protocolos e serviços para redes de computadores. Em relação aos padrões dessa família, considere as afirmações a seguir.

I. O IEEE 802.3, comumente referenciado como Ethernet, é a solução mais popular para redes locais cabeadas da atualidade.
II. Os padrões IEEE 802 organizam o nível de enlace do modelo de referência OSI em duas subcamadas: LLC e MAC.

III. O padrão IEEE 802.15.4, comumente referenciado como ZigBee, habilita comunicações sem fio em uma área de dimensões metropolitanas.

Está(ão) correta(s) a(s) afirmação(ões)

(A) I, apenas.
(B) I e II, apenas.
(C) I e III, apenas.
(D) II e III, apenas.
(E) I, II e III.

4. (ENADE – 2008)

A figura abaixo apresenta o diagrama de duas redes locais interconectadas por uma ponte.

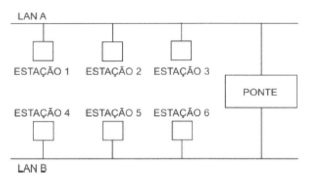

Adaptado de STALLINGS, W. **Redes e Sistemas de Comunicação de Dados**. Rio de Janeiro: Campus. 2005. p. 211.

Examinando o cenário apresentado na figura e considerando que não há perda de quadros, verifica-se que

(A) os quadros que a ESTAÇÃO 1 envia para a ESTAÇÃO 4 têm seus cabeçalhos MAC modificados ao passar pela PONTE.
(B) os quadros que a ESTAÇÃO 1 envia para a ESTAÇÃO 2, em resposta a quadros na direção contrária, são replicados pela PONTE na LAN B.
(C) os quadros que a ESTAÇÃO 1 envia para o endereço MAC de difusão (**broadcast**) não são replicados na LAN B.
(D) a PONTE utiliza o endereço de destino do cabeçalho MAC dos quadros para aprender as estações pertencentes à LAN A e à LAN B.
(E) a PONTE é capaz de aprender quais estações pertencem à LAN A e quais pertencem à LAN B e replicar os quadros apenas quando necessário.

5. (ENADE – 2008)

Considerando estações conectadas aos equipamentos de rede indicados, que modo de operação e que mecanismo de controle de acesso ao meio são possíveis no padrão IEEE 802.3z (Gigabit Ethernet)?

(A) Modo **half-duplex**, quando as estações estão conectadas a um concentrador (**hub**) e, nesse caso, é adotado o CSMA/CA como mecanismo de controle de acesso ao meio.
(B) Modo **half-duplex**, quando as estações estão conectadas a um comutador (**switch**) e, nesse caso, é adotado o CSMA/CA como mecanismo de controle de acesso ao meio.
(C) Modo **full-duplex**, quando as estações estão conectadas a um comutador (**switch**) ou concentrador (**hub**) e, nesse caso, não é necessário qualquer mecanismo de controle de acesso ao meio.
(D) Modo **full-duplex**, quando as estações estão conectadas a um concentrador (**hub**) e, nesse caso, é adotado o CSMA/CD como mecanismo de controle de acesso ao meio.
(E) Modo **full-duplex**, quando as estações estão conectadas a um comutador (**switch**) e, nesse caso, não é necessário qualquer mecanismo de controle de acesso ao meio.

6. (ENADE – 2008)

Durante a seleção de padrões de redes sem fio para um projeto de rede corporativa, a figura abaixo foi encontrada em um "Guia de Seleção de Redes Sem Fio", mostrando a relação aproximada entre o alcance espacial e a taxa de transmissão de algumas tecnologias de rede sem fio existentes.

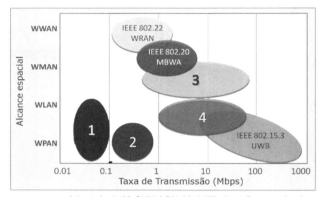

Adaptado de McCULLAGH, M. J. **Wireless Communications: Current and Future Technology**
Disponível em: http://www.ria.ie/committees/pdfs/ursi/WirelessTech_RIA.pdf.
Acessado em 6/10/2008.

Os padrões que se encaixam na figura acima para **1**, **2**, **3** e **4** são, respectivamente,

(A) IEEE 802.15.1 (Bluetooth), IEEE 802.15.4 (ZigBee), IEEE 802.16 (WiMAX), IEEE 802.11 (Wi-Fi)
(B) IEEE 802.15.4 (ZigBee), IEEE 802.15.1 (Bluetooth), IEEE 802.11 (Wi-Fi), IEEE 802.16 (WiMAX)
(C) IEEE 802.15.4 (ZigBee), IEEE 802.15.1 (Bluetooth), IEEE 802.16 (WiMAX), IEEE 802.11 (Wi-Fi)
(D) IEEE 802.15.4 (ZigBee), IEEE 802.11n (Wi-Fi MIMO), IEEE 802.15.1 (Bluetooth), IEEE 802.11 (Wi-Fi)
(E) IEEE 802.15.4 (ZigBee), IEEE 802.11a (Wi-Fi 5GHz), IEEE 802.16 (WiMAX), IEEE 802.11 (Wi-Fi)

7. (ENADE – 2008)

Em relação aos aspectos de segurança de redes sem fio IEEE 802.11 (Wi-Fi), analise as afirmações que se seguem.

I. WEP é um padrão de segurança para redes IEEE 802.11 que apresenta várias fraquezas que podem comprometer a confidencialidade da informação, apesar de usar TKIP como solução de criptografia.

II. WPA foi projetado para solucionar problemas de segurança com WEP implementando um subconjunto das funcionalidades do padrão IEEE 802.11i.

III. WPA2 é o nome do padrão IEEE 802.11i que substituiu o RC4 do WPA pelo AES para obter uma criptografia mais forte.

Está(ão) correta(s) a(s) afirmação(ões)

(A) II, apenas.
(B) I e II, apenas.
(C) I e III, apenas.
(D) II e III, apenas.
(E) I, II e III.

8. (ENADE – 2011) DISCURSIVA

A Rede Local Virtual (*Virtual Local Area Network* – VLAN) pode ser definida como um grupo de dispositivos em diferentes segmentos de LAN física, que podem se comunicar uns com os outros, formando uma segmentação lógica. Para a implementação de VLAN é necessário o uso de comutadores (*switch*) nível 3. Também é necessário o uso de dispositivo de camada 3, como um roteador, porque a comunicação entre VLAN é realizada por esse dispositivo.

Uma possível forma de se implementar VLAN é a configuração de diversas VLAN em um mesmo *switch*, e conectá-las à um roteador, como apresentado na figura abaixo.

Observe essa forma de configuração em um cenário atendendo dezenas de VLAN: é necessário o uso de dezenas de interfaces no roteador, além de dezenas de portas no *switch*. Essa implementação não permite crescimento, pois são necessárias dezenas de portas nos *switch* e no roteador para simplesmente interconectá-los.

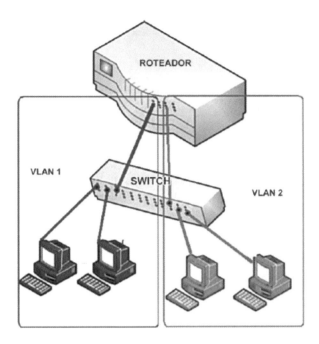

Para um cenário que necessite de dezenas ou mais VLANs, descreva uma solução de implementação para a segmentação de redes, sem que se torne necessário, para interconexão dos dispositivos, o uso de tantas interfaces no roteador e portas no *switch* quantas forem o número de VLANs implementadas. (valor: 10,0 pontos)

Habilidade 07

GERENCIAMENTO DE REDES E ADMINISTRAÇÃO DE SISTEMAS OPERACIONAIS DE REDES

1. (ENADE – 2011)

No projeto de uma rede de computadores, o gerente do sistema deve ser capaz de depurar problemas, controlar o roteamento e localizar dispositivos que apresentam comportamento fora da especificação. Uma das ferramentas utilizadas para suportar essas ações é o protocolo de gerência de redes.

Considerando a utilização do protocolo SNMP (*Simple Network Management Protocol*), versão 3, avalie as afirmações que se seguem.

I. A MIB (*Management Information Base*) padrão (mib-II) contém informações que permitem à aplicação gerente recuperar a tabela de rotas de um dispositivo IP, possibilitando a descoberta de erros de roteamento.

II. Para a investigação de defeitos em uma rede, através do SNMP, é necessário que todos os dispositivos gerenciados sejam desligados para iniciar seus contadores. Depois, esses dispositivos devem ser ligados simultaneamente.

III. Qualquer dispositivo gerenciado via SNMP pode fornecer dados sobre erros e tráfego de suas interfaces, permitindo o acompanhamento de problemas e o monitoramento de desempenho das mesmas.

IV. A MIB (*Management Information Base*) padrão (mib-II) possui entradas para a ativação de procedimentos de teste, tais como a medição do tempo de resposta de uma aplicação Cliente/Servidor.

É correto apenas o que se afirma em

(A) I.
(B) II.
(C) I e III.
(D) II e IV.
(E) III e IV.

2. (ENADE – 2011)

Os aspectos funcionais para o gerenciamento de redes foram organizados pela ISO(*International Organization for Standardization*) em cinco áreas principais, compondo um modelo denominado FCAPS (acrônimo formado pelas iniciais em inglês de cada área funcional: *Fault, Configuration, Accounting, Performance* e *Security*).

Considerando o modelo FCAPS, analise as afirmações que se seguem.

I. Na gerência de segurança são abordados aspectos relacionados ao acesso à rede e ao uso incorreto por parte de seus usuários.

II. A gerência de desempenho aborda a responsabilidade pela medição e disponibilização das informações sobre aspectos de desempenho dos serviços de rede. Esses dados são utilizados para a análise de tendências e para garantir que a rede opere em conformidade com a qualidade de serviço acordado com os usuários.

III. A gerência de contabilidade tem como objetivo permitir que o administrador de rede saiba quais dispositivos fazem parte da rede administrada e quais são suas configurações de *hardware* e *software*.

IV. Com a gerência de configuração, o administrador da rede especifica, registra e controla o acesso de usuários e dispositivos aos recursos da rede, permitindo quotas de utilização, cobrança por utilização e alocação de acesso privilegiado a recursos.

V. O objetivo da gerência de falhas é registrar, detectar e reagir às condições de falha da rede.

É correto apenas o que se afirma em

(A) I, II e V.

(B) I, III e IV.

(C) I, IV e V.

(D) II, III e IV.

(E) II, III e V.

3. (ENADE – 2011)

O SNMP (*Simple Network Management Protocol*) é o protocolo padrão de gerenciamento de redes TCP/IP.

O SNMP

(A) define, como estratégia de segurança, que todas as variáveis MIB (*Management Information Base*) precisam ser definidas e referenciadas usando a *Abstract Syntax Notation* 1 (ASN.1) da ISO. Isso significa que a notação utilizada permite que nomes sejam repetidos e não possam ser lidos sem a utilização de um sistema de criptografia complexo.

(B) especifica que as operações mais complexas sejam executadas em etapas, cada qual marcada por uma mensagem de retorno sobre o *status* da operação. Em caso de erro, permite que as operações não realizadas sejam reenviadas em uma próxima mensagem.

(C) possui campos fixos e de tamanho único para suas mensagens, assim como a maioria dos protocolos TCP/IP.

(D) foi projetado inicialmente para controlar as redes, de forma que as capacidades de segurança e administração estiveram presentes desde a primeira versão.

(E) distribui todas as suas operações em um modelo de buscar (*get*), armazenar (*set*) e notificar (*trap*), em vez de definir um grande conjunto de comandos. As demais operações do SNMP são definidas como resultados das duas primeiras operações.

4. (ENADE – 2011)

As medidas de segurança de rede são necessárias para proteger os dados durante sua transmissão e para garantir que as transmissões de dados sejam autênticas. São desejáveis em uma comunicação segura as propriedades de privacidade, integridade, disponibilidade e autenticidade.

O protocolo LDAP (*Lightweight Directory Access Protocol)* é um padrão aberto que proporciona, de forma flexível, o gerenciamento de grandes volumes de informações de usuários, definindo um método-padrão de acesso e atualização de informações dentro de um diretório. Já o protocolo RADIUS (*Remote Authentication Dial-in User Service*) é capaz de centralizar e facilitar a administração dessas informações. Esses protocolos procuram garantir as propriedades de uma comunicação segura.

STALLINGS, W. **Redes e sistemas de comunicação de dados: teoria e aplicações corporativas**. 5. ed. Rio de Janeiro:Elsevier, 2005. 379-407.

A respeito desses protocolos, avalie as afirmações que se seguem.

I. As mensagens entre um cliente e um servidor RADIUS são criptografadas por meio do uso de um segredo compartilhado, o qual nunca é enviado pela rede. A arquitetura RADIUS utiliza o conceito de chaves simétricas.

II. O servidor RADIUS suporta um único método de autenticação, PPP PAP (*Password Authentication Protocol*).

III. O protocolo LDAP é um protocolo destinado à comunicação entre servidores e clientes LDAP. Servidores LDAP armazenam informação em diretórios no formato hierárquico. O modelo de segurança do LDAP é composto por um protocolo que criptografa a comunicação entre o cliente e o servidor e por um método de autenticação seguro entre o cliente e o servidor.

IV. O protocolo LDAP foi projetado para ser um diretório de propósito geral, com mecanismo de criptografia e segurança centralizados. Dessa forma, um dos pontos fracos do LDAP está relacionado à replicação de dados, pois o LDAP não permite replicar parcialmente sua estrutura de diretório.

É correto apenas o que se afirma em

(A) I.

(B) II.

(C) I e III.

(D) II e IV.

(E) III e IV.

5. (ENADE – 2008)

Considere a seguinte sequência de comandos, executada em uma máquina Linux durante a configuração de um servidor Web Apache para o site **www.meuSite.com.br**:

htpasswd -c /usr/local/apache/passwd/senhas fulano

(responder a perguntas feitas pelo comando)

htpasswd /usr/local/apache/passwd/senhas sicrano

(responder a perguntas feitas pelo comando)

htpasswd /usr/local/apache/passwd/senhas beltrano

(responder a perguntas feitas pelo comando)

cat > /usr/local/apache/passwd/grupos <<!

admin: sicrano beltrano

!

cat > usr/local/apache/htdocs/segredo/.htaccess <<!

AuthType Basic

AuthName "Somente com convite"

AuthBasicProvider file

AuthUserFile /usr/local/apache/passwd/senhas

AuthGroupFile /usr/local/apache/passwd/grupos

Require group admin

!

Qual das afirmações a seguir descreve o resultado do acesso pelo usuário fulano à URL **http://www.meuSite.com.br/segredo**?

(A) O acesso não é permitido porque o usuário fulano não possui senha no arquivo de senhas.

(B) O acesso não é permitido porque o usuário fulano não faz parte do grupo admin.

(C) O acesso é permitido desde que fulano forneça sua senha.

(D) O acesso é permitido, desde que fulano forneça a senha de qualquer usuário do grupo admin.

(E) O acesso é permitido, sem que uma senha seja pedida.

6. (ENADE – 2008)

Um administrador de rede recebeu a tarefa de instalar numa empresa uma rede sem fio infraestruturada dos padrões IEEE 802.11a/b/g. A rede sem fio deve cobrir toda a área da empresa com múltiplos pontos de acesso, atendendo seus usuários móveis. Qual solução deve ser utilizada para oferecer a melhor relação entre desempenho, facilidade de configuração e mobilidade dos equipamentos (**roaming**) com a manutenção das conexões em andamento?

(A) Uma única sub-rede IP envolvendo todos os pontos de acesso, um SSID por ponto de acesso, seleção dinâmica de canal, distribuição de endereços IP por DHCP vinculado ao endereço MAC.

(B) Uma única sub-rede IP envolvendo todos os pontos de acesso, SSID único em todos os pontos de acesso, seleção dinâmica de canal, atribuição de endereços IP estáticos.

(C) Uma única sub-rede IP envolvendo todos os pontos de acesso, SSID único em todos os pontos de acesso, seleção dinâmica de canal, distribuição de endereços IP por DHCP vinculado ao endereço MAC.

(D) Uma sub-rede IP por ponto de acesso, um SSID por ponto de acesso, canal fixo, distribuição de endereços IP por DHCP vinculado ao endereço MAC.

(E) Uma sub-rede IP por ponto de acesso, SSID único em todos os pontos de acesso, canal fixo, distribuição de endereços IP por DHCP vinculado ao endereço MAC.

7. (ENADE – 2008)

Quando um usuário acessa páginas Web na Internet, a partir de um navegador padrão, a resolução do nome das máquinas que hospedam as páginas de interesse é realizada tipicamente por meio de

(A) acesso a um arquivo na máquina do usuário (por exemplo, arquivo "hosts") que contém uma lista dos nomes das máquinas da Internet e seus respectivos endereços IP.

(B) consulta a um **proxy** HTTP que retorna a página solicitada pelo usuário.

(C) consulta a um servidor DHCP que possui as informações, armazenadas em **cache**, dos nomes das máquinas da Internet e seus respectivos endereços IP.

(D) consulta a um servidor DNS que, de forma recursiva e/ou iterativa, consulta outros servidores DNS da Internet até o nome de interesse ser resolvido.

(E) consulta a um servidor DNS raiz da Internet, que contém uma lista dos nomes das máquinas da Internet e seus respectivos endereços IP.

8. (ENADE – 2008)

Para um mesmo número de instâncias de objetos de interesse, mensagens **GetBulk** do SNMPv2, em comparação a mensagens **GetNext**, geram um menor número de bytes trocados entre estações de gerenciamento e dispositivos gerenciados.

Explicam essa redução as razões que se seguem.

I. Mensagens **GetBulk** possuem menos campos que mensagens **GetNext**.

II. Um menor número de mensagens de solicitação e resposta é gerado com o uso de mensagens **GetBulk** do que com mensagens **GetNext**.

III. Mensagens **GetBulk** são encapsuladas em datagramas UDP, enquanto mensagens **GetNext** são encapsuladas em segmentos TCP.

Está(ão) correta(s) **APENAS** a(s) razão(ões)

(A) I

(B) II

(C) III

(D) I e II

(E) II e III

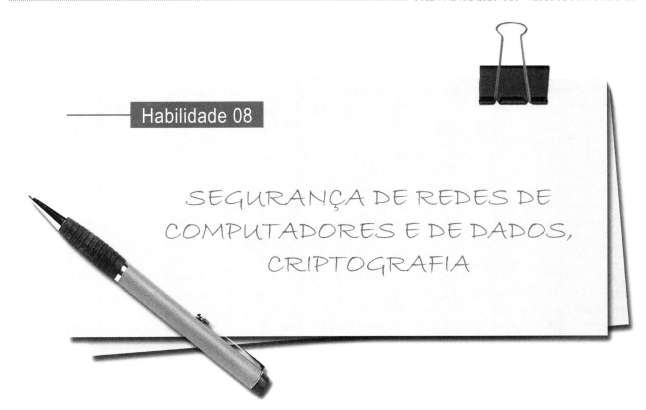

Habilidade 08
SEGURANÇA DE REDES DE COMPUTADORES E DE DADOS, CRIPTOGRAFIA

1. (ENADE – 2011)

O termo VPN (*Virtual Private Networks*) advém da utilização da estrutura e desempenho da Internet para interligação de dois pontos remotos sem a necessidade de utilização de um *link* dedicado por meio de um tunelamento seguro. VPNs resolvem dois problemas: o da segurança, uma vez que todos os pacotes enviados via VPN são criptografados e o do endereçamento e roteamento IP, já que, se utilizássemos a Internet para conectar dois pontos, não teríamos controle dos roteadores que se encontram no caminho. Entre exemplos de protocolos utilizados em VPNs, estão

(A) PPTP e L2TP para estabelecer o túnel, tendo o último a possibilidade de utilizar certificados digitais na autenticação.
(B) RIP e OSPF para estabelecer o túnel, tendo o último a possibilidade de utilizar certificados digitais na autenticação.
(C) HSDPA e UTMS para estabelecer o túnel, sem suporte a certificados digitais.
(D) PPP e DLC para estabelecer o túnel, sem suporte a certificados digitais.
(E) HDLC e IS-IS para estabelecer o túnel, sem suporte a certificados digitais.

2. (ENADE – 2011)

Um arquivo confidencial precisa ser enviado de uma empresa A para uma empresa B por meio da Internet.

Existe uma preocupação com a possibilidade de interceptação e alteração do documento durante a sua transmissão. Para reduzir a possibilidade de que um *hacker* tenha acesso ao conteúdo da mensagem, foi adotado um procedimento de criptografia de chave pública e assinatura digital.

Considerando a utilização dessas tecnologias para a codificação dos dados, avalie as afirmações que se seguem.

I. Para o procedimento de cifragem do documento, é utilizada a chave pública do destinatário.
II. Para o procedimento de assinatura digital do documento, é utilizada a chave pública do destinatário.
III. Para o procedimento de decifragem do documento, é utilizada a chave privada do remetente.
IV. Para o procedimento de verificação da assinatura digital do documento, é utilizada a chave pública do remetente.

É correto apenas o que se afirma em

(A) I.
(B) II.
(C) I e IV.
(D) II e III.
(E) III e IV.

3. (ENADE – 2011)

Alberto comprou um *netbook* e, ao usá-lo em casa, percebeu que alguém mais compartilhava sua rede *wireless* sem permissão, pois estavam utilizando seu roteador como elemento de conexão à rede. Uma das soluções sugeridas pelos amigos de Alberto foi a troca de seu roteador por um que possuísse a tecnologia WPA2 como meio de segurança. Com relação a esse tema, analise as seguintes asserções.

A troca do roteador foi necessária uma vez que o padrão WPA2 exige um co-processador para o processo de criptografia.

PORQUE

O padrão WPA2 utiliza os algoritmos de criptografia AES (*Advanced Encryptation Standart*) junto com o RC4.

Acerca dessas asserções, assinale a opção correta.

(A) As duas asserções são proposições verdadeiras, e a segunda é uma justificativa correta da primeira.

(B) As duas asserções são proposições verdadeiras, mas a segunda não é uma justificativa correta da primeira.

(C) A primeira asserção é uma proposição verdadeira, e a segunda, uma proposição falsa.

(D) A primeira asserção é uma proposição falsa, e a segunda, uma proposição verdadeira.

(E) Tanto a primeira como a segunda asserção são proposições falsas.

4. (ENADE – 2011)

Os protocolos TLS (*Transport Layer Security*) e SSL (*Secure Sockets Layer*) utilizam algoritmos criptográficos para, entre outros objetivos, fornecer recursos de segurança aos protocolos comumente utilizados na Internet, originalmente concebidos sem a preocupação com a segurança nos processos de autenticação e/ou transferência de dados. Observada a pilha de protocolos TCP/IP, esses protocolos atuam

(A) na camada de rede.

(B) na camada de aplicação.

(C) na camada de transporte.

(D) entre a camada de transporte e a camada de rede.

(E) entre a camada de aplicação e a camada de transporte.

5. (ENADE – 2011)

Um *firewall* de uma corporação possui duas interfaces de rede. A interface externa está conectada à Internet e está associada a um único IP real, e a interface interna está conectada à rede corporativa e está associada a um único endereço IP privado (RFC 1918). A NAT (*Network Address Translation*) já está configurada corretamente nesse *firewall* para ser realizada no momento em que o pacote passa pela interface externa, permitindo que os *hosts* da rede interna possam estabelecer conexões com *hosts* da Internet. Contudo, para que os usuários da corporação possam acessar a Internet, o filtro de pacotes ainda precisa liberar a saída de pacotes. O filtro de pacotes já está configurado para bloquear todo o tráfego (entrada e saída) para/da interface externa e todo o tráfego (entrada e saída) para/da interface interna está liberado. Considere que esse *firewall* sempre executa as regras de NAT antes das regras de filtragem de pacotes (ex: *OpenBSD Packet Filter*) e que seu filtro de pacotes é capaz de realizar a inspeção de estados (*stateful inspection*). Para que esse *firewall* permita que todos os *hosts* da rede interna possam conectar-se à Internet, deve-se incluir regras que liberam a saída na interface externa.

O endereço IP de origem utilizado para escrever essas regras deve ser

(A) o endereço privado da interface interna do *firewall*.

(B) o endereço real da interface externa do *firewall*.

(C) o endereço privado do *host* de origem.

(D) o endereço da rede interna.

(E) o endereço da rede externa.

6. (ENADE – 2008)

Existem muitas vulnerabilidades nos protocolos e serviços da Internet. Boa parte delas existe porque segurança não era um requisito quando a Internet foi projetada e desenvolvida, nas décadas de 1960 e 1970, como um projeto de pesquisa do departamento de defesa norte-americano. Para remediar problemas de projeto, novos protocolos e serviços foram propostos em adição ou substituição aos originalmente concebidos. Sobre vulnerabilidades existentes em protocolos e serviços TCP/IP e soluções propostas, considere as afirmações que se seguem.

I. O envenenamento de cache do DNS (DNS **cache poisoning**) consiste em introduzir dados incorretos no servidor DNS para forçar uma resposta errada a uma consulta DNS, como forma de induzir o requerente a acessar um falso endereço IP, possivelmente de um atacante.

II. Ataques de negação de serviço não tencionam ganhar acesso à rede, mas tornar inacessível ou reduzir a qualidade de um serviço pelo esgotamento ou limitação de recursos.

III. O DNSSEC é uma extensão de segurança projetada para proteger o DNS de certos ataques, que provê, entre outras funções, autenticação da origem e integridade dos dados do DNS, mas não garante a confidencialidade nem protege contra ataques de negação de serviço.

IV. IPSEC é usado para prover segurança, autenticação e integridade para aplicações que usam o SSL/TLS.

Estão corretas **APENAS** as afirmações

(A) I e III

(B) II e III

(C) II e IV

(D) I, II e III

(E) I, III e IV

7. (ENADE – 2008) DISCURSIVA

Ana tem duas mensagens para enviar de forma criptografada para dois amigos: Beto e Carlos. Beto deseja receber a mensagem de maneira que apenas ele possa decifrá-la. Carlos não está preocupado com o sigilo da mensagem, mas deseja ter certeza de que foi mesmo Ana que a enviou.

Assuma que todos têm seu par de chaves pública e privada, que todas as chaves públicas são conhecidas e que as funções **C(K,M)** e **D(K,M)** podem ser usadas para cifrar e decifrar, respectivamente, a mensagem **M** com a chave **K**

(pública ou privada). Visando a atender os requisitos de Beto e Carlos, descreva

a) como Ana deverá cifrar a mensagem antes de enviar para Beto; **(valor: 2,5 pontos)**

b) como Beto deverá decifrar a mensagem de Ana corretamente; **(valor: 2,5 pontos)**

c) como Ana deverá cifrar a mensagem antes de enviar para Carlos; **(valor: 2,5 pontos)**

d) como Carlos deverá decifrar a mensagem de Ana corretamente. **(valor: 2,5 pontos)**

Habilidade 09
PROJETO DE REDES DE COMPUTADORES

1. (ENADE – 2008)

Na fase de análise dos objetivos e restrições técnicas do projeto de uma rede local para o novo escritório de uma grande empresa, os seguintes requisitos foram levantados:

- deseja-se redundância de caminhos entre os comutadores (**switches**);
- cada setor deverá ter uma sub-rede IP, e a mudança de computadores entre setores será frequente;
- alguns departamentos terão autonomia para definir nomes de subdomínios;
- deseja-se realizar a monitoração de tráfego de enlaces locais a partir de um único lugar central;
- a rede precisará de proteção contra ameaças externas;
- a monitoração de URL externas visitadas será importante (mas sem proibições);
- ataques internos à rede deverão ser monitorados e identificados.

Que conjunto de equipamentos, protocolos e aplicações poderá ser empregado para satisfazer todos os requisitos acima apresentados?

(A) Firewall, Proxy, Comutadores com suporte a SNMP, STP, DNS com delegação de zona, IDS, DHCP.
(B) Firewall, Proxy, Comutadores com suporte a SNMP, STP, DNS com delegação de zona, VPN, NAT.
(C) Firewall, Proxy, Comutadores com suporte a SNMP, Comutadores de nível 3, DNS com delegação de zona, IPS, Topologia hierárquica.
(D) Firewall, Proxy, Analisador de protocolos, STP, DNS com DNSSEC, IPSEC, DHCP.
(E) Firewall, Analisador de protocolos, Comutadores de nível 3, DNS com DNSSEC, IDS, DHCP.

2. (ENADE – 2008)

OPPENHEIMER, P. **Top-Down Design.** Cisco Press, 2a Edição, 2004 e STALLINGS, W. **Redes e Sistemas de Comunicação de Dados.** Rio de Janeiro: Campus, 2005. (Adaptado)

Analisando a rede ilustrada na figura, verifica-se que

(A) as máquinas dos setores de **Estoque** e **Vendas** estão no mesmo domínio de colisão.
(B) a **Rede Interna** não contém roteadores; portanto, para que as diferentes sub-redes IP se comuniquem sem passar pelo Firewall/NAT, são recomendados comutadores (**switches**) de nível 3.

(C) os endereços IP públicos da sub-rede da **Administração** permitem que as suas estações acessem a Internet sem o auxílio do NAT.

(D) o enlace de acesso à Internet deve ter uma capacidade **C** superior a 100 Mbps para evitar que o mesmo se torne um gargalo.

(E) o **default gateway** das estações da sub-rede da **Administração** é o Firewall/NAT, quando se adotam comutadores (**switches**) de nível 3 para a **Rede Interna**.

3. (ENADE – 2011) DISCURSIVA

Uma empresa de desenvolvimento de soluções Web precisa atender a algumas demandas em sua rede de computadores:

- Construir um servidor Web e colocar este servidor no ar em um serviço de hospedagem.
- Configurar a rede local para receber a configuração de conectividade do protocolo TCP/IP automaticamente.
- Acessar remotamente um servidor UNIX/Linux em uma filial para ter acesso à sua interface de linha de comando.
- Configurar um serviço de tradução de nomes na Internet.
- Configurar todos os serviços de envio e recebimento de e-mails.

TANEMBAUM, A. **Redes de Computadores**. 5. ed. Cap. 7, p. 384 – 475.
(com adaptações)

Determine todos os serviços, protocolos e portas de comunicação que devem ser usadas para atender às demandas solicitadas. (valor: 10,0 pontos)

4. (ENADE – 2011) DISCURSIVA

A rede de uma empresa, cujo esquema está ilustrado na figura I, é composta por sub-redes IP. A sub-rede da Filial 1 possui 80 pontos de rede. A sub-rede da Filial 2 possui 50 pontos de rede. A Matriz possui uma sub-rede com 200 pontos de rede e outra sub-rede em uma Zona desmilitarizada – DMZ. Todos os pontos de rede em cada sub-rede estão conectados em pilhas de switches nível 2.

As sub-redes das filiais são interligadas por uma Wide Area Network - WAN utilizando-se de um protocolo de enlace orientado à conexão que permite conexão pontomutiponto.

A empresa possui uma conexão à Internet via um provedor que fornece um intervalo de endereços IP válidos: 200.20.10.0; máscara 255.255.255.240.

O roteador que realiza a função de Translação de Endereços de Rede (NAT) utiliza para acesso à Internet o endereço IP 200.10.10.0/30. Os dispositivos conectados em cada ponto de rede são numerados com endereços IP da rede 172.16.0.0. Um *firewall* protege a rede no acesso à Internet. A partir de qualquer máquina na rede, pode-se acessar a Internet simultaneamente.

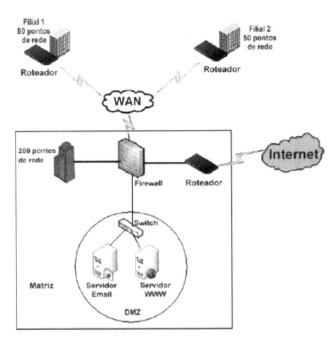

Figura I - Esquema de Rede.

Considerando o correto funcionamento da rede da referida empresa,

a) atribua endereços para as sub-redes da Filial 1; Filial 2; Matriz e DMZ. Atribua os endereços de forma sequencial utilizando a quantidade definida de pontos em cada sub-rede. (valor: 8,0 pontos)

b) qual deveria ser o endereço de rede, dado à empresa pelo provedor, se o roteador de entrada não implementasse NAT? Considere a forma de endereçamento *Classless Inter-Domain Routing* (CIDR). (valor: 2,0 pontos)

Capítulo V

Questões de Componente Específico de Automação Industrial

1) Conteúdos e Habilidades objetos de perguntas nas questões de Componente Específico.

As questões de Componente Específico são criadas de acordo com o curso de graduação do estudante.

Essas questões, que representam ¾ (três quartos) da prova e são em número de 30, podem trazer, em Automação Industrial, dentre outros, os seguintes **Conteúdos**:

I. Matemática Aplicada:

   a) Funções;

   b) Limites;

   c) Derivadas;

   d) Integrais;

   e) Álgebra Linear e Geometria Analítica;

   f) Estatística.

II. Física aplicada:

   a) Mecânica Clássica;

   b) Termodinâmica;

   c) Ótica.

III. Eletricidade:

   a) Eletrostática;

   b) Eletrodinâmica;

   c) Resistores, capacitores e indutores;

   d) Instrumentos de medidas;

   e) Circuitos elétricos de corrente contínua;

   f) Circuitos elétricos de corrente alternada.

IV. Eletrônica analógica:

   a) Componentes discretos e suas aplicações;

   b) Circuitos integrados e suas aplicações;

   c) Amplificadores operacionais;

   d) Filtros.

V. Eletrônica digital:

   a) Circuitos integrados digitais;

   b) Circuitos lógicos combinacionais;

   c) Circuitos lógicos sequenciais;

   d) Memórias;

   e) Conversão de sinais.

VI. Microcontroladores:

   a) Arquiteturas;

   b) Linguagens de programação;

   c) Interfaces de entrada e saída;

   d) Componentes e suas aplicações;

   e) Análise de viabilidade técnico e econômica.

VII. Informática Aplicada:

    a) Algoritmos;

    b) Fluxogramas;

    c) Estruturas básicas de programação.

VIII. Acionamentos elétricos:

    a) Comandos e proteção de motores elétricos;

    b) Partida de motores;

    c) Controle de velocidade;

    d) Circuitos conversores de potência.

IX. Sistemas eletropneumáticos e eletro-hidráulicos:

    a) Componentes;

    b) Diagramas de operação trajeto-passo;

    c) Acionamentos e controle.

X. Sensores e transdutores:

    a) Princípios físicos;

    b) Especificações e aplicações.

XI. Instalações elétricas industriais:

    a) Dimensionamento do comando, proteção e condutores;

    b) Normas;

    c) Diagramas.

XII. Desenho técnico:

    a) Leitura e interpretação;

    b) Simbologia e normas;

    c) Fundamentos de desenho auxiliado por computador.

XIII. Sistemas de controle:

    a) Controle clássico contínuo;

    b) Realimentação;

    c) Diagramas de blocos;

    d) Parametrização de controladores comerciais.

XIV. Controladores Lógicos Programáveis:

    a) Arquitetura;

    b) Funcionamento;

    c) Comunicação;

    d) Programação e suas representações gráficas;

    e) Análise de viabilidade técnica e econômica;

    f) Integração de equipamentos e tecnologias.

XV. Sistemas Supervisórios:

    a) Interfaces Humano-Máquina;

    b) Parametrização e programação;

    c) Análise de viabilidade técnica e econômica;

    d) Integração de equipamentos e tecnologias.

XVI. Redes industriais:

a) Topologias;

b) Protocolos de comunicação;

c) Análise de viabilidade técnica e econômica;

d) Integração de equipamentos e tecnologias.

XVII. Manutenção industrial:

a) Técnicas de manutenção;

b) Gestão da manutenção;

c) Confiabilidade;

d) Análise de viabilidade técnica e econômica;

e) Gerenciamento de equipes de trabalho.

XVIII. Segurança do Trabalho:

a) Técnicas de proteção;

b) Normas;

c) Impactos ambientais da atividade industrial.

XIX. Metrologia Dimensional:

a) Instrumentos de medidas;

b) Técnicas de medidas.

XX. Fabricação mecânica:

a) Tipos de materiais;

b) Processos de fabricação.

XXI. Robótica:

a) Manipuladores;

b) Classificação;

c) Aplicações.

XXII. Máquinas elétricas:

a) Motores de passo;

b) Servomotores;

c) Máquinas elétricas de corrente contínua;

d) Máquinas elétricas de corrente alternada;

e) Transformadores.

XXIII. Controle de qualidade:

a) Normas;

b) Gerenciamento de equipes de trabalho;

c) Técnicas.

O objetivo aqui é avaliar junto ao estudante a compreensão dos conteúdos programáticos mínimos a serem vistos no curso de graduação, de forma avançada. Também é avaliado o nível de atualização com relação à realidade brasileira e mundial e às questões jurídicas de maior relevância.

Avalia-se aqui também *competências* e *habilidades*. A ideia é verificar se o estudante desenvolveu as principais **Habilidades** para o profissional de Automação Industrial, que são as seguintes:

I. planejar, desenvolver, integrar e executar projetos de sistemas industriais automatizados;

II.   planejar, supervisionar e executar a manutenção de sistemas industriais automatizados;

III.   aplicar ferramentas científicas e tecnológicas na resolução de problemas de automação;

IV.   avaliar a viabilidade econômica de projetos de automação industrial;

V.   comunicar-se eficientemente com equipes multidisciplinares;

VI.   atuar com ética, responsabilidade profissional, de acordo com as normas técnicas e a legislação vigente;

VII.   avaliar o impacto de atividades e de tecnologias no contexto social e ambiental.

2) Questões de Componente Específico classificadas por Conteúdos.

Habilidade 01

MATEMÁTICA E FÍSICA APLICADAS

1. (ENADE – 2008)

O carro de uma fresadora CNC move-se sobre o eixo x, de modo que, no instante t, a posição é x = sen 3t, t ≥ 0, onde x é dado em metros e t, em segundos.

(Dado: (senat)' = acos(at))

Analise as afirmações abaixo sobre o movimento do carro da fresadora.

I. A posição do carro no instante t =p/6 é igual a um metro.
II. A aceleração é constante para todo t.
III. A velocidade para t =p/2 é igual a 3 m/s.

É (São) correta(s) **APENAS** a(s) afirmação(ões)

(A) I
(B) II
(C) III
(D) I e II
(E) I e III

2. (ENADE – 2008)

Uma ponte rolante movimenta uma bobina de aço de 6.000 kg em sentido descendente, com velocidade constante. Durante o processo de frenagem, o sistema de freio do cabo de aço provoca uma desaceleração constante de 4 m/s². Qual a força, em N, no cabo de aço, durante a frenagem?

Aceleração = $\Delta v/\Delta t$
Aceleração da gravidade = 10 m/s²

(Dados: Força = massa x aceleração)

(A) 24.000
(B) 36.000
(C) 56.000
(D) 60.000
(E) 84.000

3. (ENADE – 2008)

Uma peça de grande porte, fabricada em aço carbono de baixa liga, é colocada em um forno de tratamento térmico para alívio de tensões de solda. Até atingir a temperatura de 300 ºC, a taxa de aquecimento do forno não necessita ser controlada. Após essa temperatura ser atingida, a taxa de aquecimento é de 200 ºC por hora. Ao atingir a temperatura de tratamento térmico, que é de 700 ºC, a peça permanece nessa temperatura por 30 minutos e inicia, então, a operação de resfriamento segundo as mesmas taxas de variação da operação de aquecimento. O processo requer uma tolerância de 10% na leitura das temperaturas.

A esse respeito, considere os seguintes sensores:

- Termopar tipo J, faixa de operação de 0 ºC a 750 ºC, erro 2%
- Termopar tipo K, faixa de operação de 0 ºC a 1.250 ºC, erro 2%
- Sensor ótico infravermelho tipo 1, faixa de operação de 300 ºC a 2.000 ºC, erro 2%
- Sensor ótico infravermelho tipo 2, faixa de operação de 500 ºC a 2.500 ºC, erro 2%

Para a situação apresentada, qual(is) dos sensores acima atende(m) à necessidade do processo?

(A) Todos os sensores
(B) Termopar tipo K
(C) Termopar tipo J
(D) Infravermelho tipo 1
(E) Infravermelho tipo 2

Habilidade 02

ELETRICIDADE, MÁQUINAS ELÉTRICAS, INSTALAÇÕES ELÉTRICAS INDUSTRIAIS, ACIONAMENTOS ELÉTRICOS

1. (ENADE – 2011)

Um quadro de distribuição é alimentado por um circuito trifásico, equilibrado com neutro, conforme a figura abaixo. Por meio da utilização de um analisador de qualidade de energia elétrica nas três fases, obtem-se as seguintes ordens harmônicas de correntes (valores eficazes): 1ª (fundamental), 3ª e 5ª, com valores respectivos de 10 A, 4 A, 2 A.

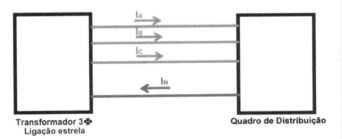

Transformador 3Φ
Ligação estrela

Quadro de Distribuição

Considerando a presença das harmônicas, qual é a corrente no neutro? Considere $f_h = 1,19$, conforme as especificações da NBR 5410.

(A) 4,8 A.
(B) 5,3 A.
(C) 10 A.
(D) 12,6 A.
(E) 13 A.

2. (ENADE – 2011)

O circuito apresentado abaixo é encontrado em uma fonte de alimentação de uma máquina industrial a qual está sujeita à análise no setor de manutenção.

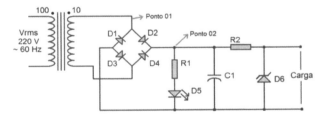

O gráfico a seguir apresenta os sinais medidos por meio de osciloscópio nos pontos indicados.

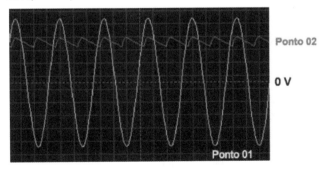

Com base no exposto, analise as afirmações a seguir.

I. O capacitor C1 é cerâmico e possibilita retificar o sinal.
II. A tensão de pico no secundário do transformador é 22 V.
III. O diodo D6 possui como função regular a tensão na carga.
IV. A ponte formada pelos diodos D1, D2, D3 e D4 convertem CA em CC.

É correto apenas o que se afirma em

(A) I e II.
(B) II e III.

(C) III e IV.
(D) I, II e IV.
(E) I, III e IV.

3. (ENADE – 2011)

O conversor de frequência é um dos equipamentos empregados na indústria para o controle de velocidade de motores de indução assíncronos. Entretanto, alguns cuidados devem ser tomados para que sua instalação proporcione um funcionamento adequado ao equipamento. A figura abaixo mostra um diagrama esquemático do conversor de frequência e suas proteções.

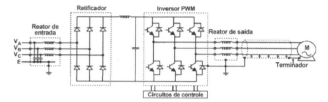

FRANCHI, C.M. **Inversores de frequência** - Teoria e Aplicações, Editora Érica, 2. ed. 2011

Considere as seguintes afirmativas em relação às características de instalação do conversor de frequência.

I. As reatâncias (reatores) de entrada são empregados para minimizar sobretensões transitórias na rede de alimentação e reduzir harmônicas, melhorando desta forma, a vida útil dos capacitores do circuito intermediário.

II. A reatância (reator) de saída é indicada para reduzir o efeito da corrente de fuga, por efeito capacitivo, que depende do comprimento do cabo entre o conversor e o motor.

III. Os conversores de frequência possuem um parâmetro que permite selecionar a frequência de chaveamento. A seleção da frequência de chaveamento do PWM do inversor é de suma importância, pois, com frequências de chaveamento altas, as perdas no motor são elevadas devido ao fato de que a forma de onda de saída ficará menos próxima do formato senoidal.

É correto apenas o que se afirma em

(A) I.
(B) III.
(C) I e II.
(D) I e III.
(E) II e III.

4. (ENADE – 2008)

A fonte de alimentação CC representada pelo esquema da figura abaixo apresenta defeito. Considere que existe apenas um componente elétrico defeituoso (aberto / interrompido), e que a fonte está alimentada com tensão alternada da rede elétrica V_e (127 Vrms, 60 Hz) e $R >> X_L$ (X_L = reatância do indutor).

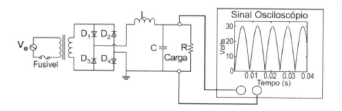

Analisando o sinal observado na tela do osciloscópio, qual é a provável causa do defeito?

(A) Diodo D_1 aberto
(B) Diodo D_2 aberto
(C) Capacitor aberto
(D) Indutor aberto
(E) Fusível aberto

5. (ENADE – 2008)

Dados:
- R_x é uma resistência desconhecida.
- R_2 é um potenciômetro.
- R_1 e R_3 são resistores com valores conhecidos.
- V é um voltímetro usado para medir a tensão entre os pontos B e C.
- U é a tensão de entrada.

Em relação ao circuito representado acima, analise as afirmações a seguir.

I. Se a razão entre as resistências (R_2/R_1) é igual à razão entre as resistências (R_3/R_x), a diferença de potencial entre os pontos B e C é zero.

II. Se a razão entre as resistências (R_1/R_x) é igual à razão entre as resistências (R_2/R_3), a diferença de potencial entre os pontos B e C é zero.

III. Se o produto entre as resistências (R_1 e R_x) é igual ao produto entre as resistências (R_2 e R_3), a diferença de potencial entre os pontos B e C é zero.

É (São) correta(s) a(s) afirmação(ões)

(A) I, apenas.
(B) III, apenas.
(C) I e II, apenas.
(D) II e III, apenas.
(E) I, II e III.

6. (ENADE – 2008)

O diagrama abaixo representa um sistema utilizado para o controle de velocidade do motor de corrente contínua.

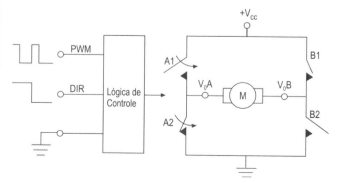

Circuitos em Ponte-H, em conjunto com o sinal modulado em PWM, são utilizados para o acionamento de motores de corrente contínua.

PORQUE

A velocidade e o sentido de rotação do motor de corrente contínua podem ser controlados em malha fechada de forma eficiente, mesmo sem a adição de um sensor de velocidade no motor.

Analisando essas afirmações, conclui-se que

(A) as duas afirmações são verdadeiras, e a segunda justifica a primeira.
(B) as duas afirmações são verdadeiras, e a segunda não justifica a primeira.
(C) a primeira afirmação é verdadeira, e a segunda é falsa.
(D) a primeira afirmação é falsa, e a segunda é verdadeira.
(E) as duas afirmações são falsas.

7. (ENADE – 2008)

O Tecnólogo responsável pela área de manutenção de uma indústria verificou que a partida do motor de indução trifásico com rotor em gaiola produz, na rede de alimentação, uma queda de tensão perturbadora. Considere o diagrama de força do acionamento deste motor, mostrado na figura abaixo.

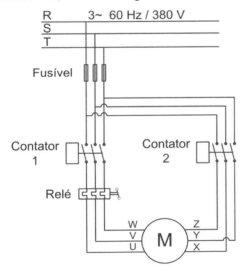

Qual solução pode ser adotada para diminuir esta perturbação?

(A) Instalação de filtro de harmônicas.
(B) Instalação de um banco de capacitores para correção do fator de potência.
(C) Utilização de partida direta para o motor.
(D) Utilização de partida estrela-triângulo para o motor.
(E) Utilização de retificador trifásico com filtro capacitivo.

8. (ENADE – 2008)

Na Automação Industrial, tem-se uma infinidade de aplicações práticas de Modulação por Largura de Pulso (PWM), que envolvem desde o controle de potência de máquinas elétricas de corrente contínua e motores de passo, até fontes chaveadas.

A Figura 1, a seguir, apresenta um circuito PWM, que pode ser utilizado no controle de velocidade de um motor DC, variando-se a largura do pulso gerado pelo circuito sequencial (CI 4093), por meio do potenciômetro de 1 M .

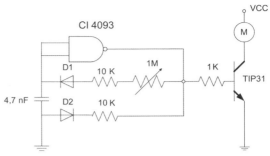

Figura 1

A Figura 2, (a) e (b), apresenta as formas de onda geradas pelo circuito PWM.

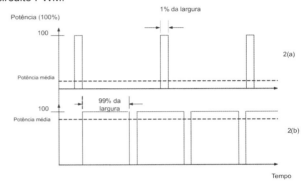

Figura 2

Considerando-se que a potência média máxima aplicada ao motor é 15 W, quais as potências médias do motor, em watts, correspondentes às formas de ondas de 2(a) e 2(b), respectivamente?

(A) 7,5 e 7,5
(B) 4 e 13
(C) 1,5 e 13,5
(D) 0,5 e 14,5
(E) 0,15 e 14,85

9. (ENADE – 2008)

Num motor de indução, a corrente alternada é fornecida diretamente ao estator, ao passo que o rotor recebe a corrente por indução, a partir do estator, como em um transformador. Analisando-se o funcionamento de um motor de indução trifásico de dois polos, 60 Hz, observa-se que o rotor está girando na velocidade constante de 3.502 rpm, no mesmo sentido que o campo girante do estator, com uma potência de entrada de 15,7 kW e uma corrente de terminal de 22,6 A. A resistência de enrolamento do estator é de 0,20W/fase.

Dados:

$P_{estator} = 3I^2 R$ (Potência dissipada no enrolamento do estator)

$P_g = P_{entrada} - P_{estator}$ (Potência dissipada no entreferro)

$n_s = \left(\dfrac{120}{p\acute{o}los}\right) \times f$ (Velocidade síncrona do estator)

$s = \left(\dfrac{n_s - n}{n_s}\right)$ (Escorregamento)

$P_{rotor} = s \times Pg$ (Potência dissipada no rotor)

Qual é, aproximadamente, a potência dissipada no rotor?

(A) 420 W
(B) 820 W
(C) 15 kW
(D) 30 kW
(E) 47 kW

Habilidade 03

ELETRÔNICA ANALÓGICA/DIGITAL, MICROCONTROLADORES, SISTEMAS DE CONTROLE, SENSORES E TRANSDUTORES, CONTROLES LÓGICOS PROGRAMÁVEIS E ROBÓTICA

1. (ENADE – 2011)

O circuito a seguir é encontrado em uma máquina com a finalidade de se obter uma tensão de referência por meio da medição da tensão sobre o resistor R1.

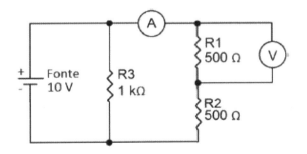

Em determinado momento, foi necessário mudar a tensão de referência para 2 V. Considerando que os componentes são ideais para se obter uma tensão de 2 V no voltímetro do circuito anterior, mantendo-se a mesma corrente no amperímetro do circuito, é necessário substituir

(A) a fonte por uma de 4 V e o resistor R1 por um de 400 W e R2 e R3 por resistores de 200 W.
(B) o resistor R1 por um resistor de 200 W e R2 por um de 800 W.
(C) o resistor R1 por um de 400 W e R2 por um de 1600 .
(D) o resistor R1 por um de 1 k W.
(E) a fonte por uma de 4 V.

2. (ENADE – 2011)

Em certo processo de fundição de latão, a temperatura deve ser mantida em 1 150 °C, pois a temperatura é uma variável importante para a qualidade das peças produzidas. Ao observar um aumento de peças defeituosas, o setor de manutenção foi chamado para avaliar a medição da temperatura, onde se constatou problema no sensor. Foi sugerida a substituição do sensor termopar tipo K por um sensor RTD (*Resistence Temperature Detector*) tipo Pt100, cuja faixa de utilização vai de -200 °C a +850 °C. Considerando a sugestão de troca do sensor a partir do gráfico apresentado abaixo, avalie as afirmações que se seguem.

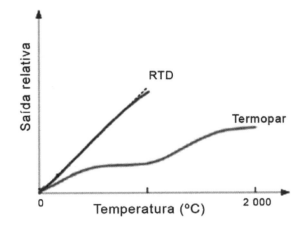

I. O sensor Pt100 apresenta melhor resposta linear.
II. A faixa de utilização do Pt100 atende ao processo de fundição de latão.
III. A substituição do termopar implica na adequação do circuito controlador de temperatura.
IV. A medição da temperatura pelo termopar se dá pela variação da corrente na junção do par de metais.

É correto apenas o que se afirma em

(A) I.
(B) II.
(C) I e III.
(D) II e IV.
(E) III e IV.

3. (ENADE – 2011)

O 555 é um CI bastante utilizado e é encontrado em diversas aplicações na indústria, sendo empregado principalmente como temporizador ou multivibrador. Durante a manutenção de um circuito de controle de uma máquina, observou-se que um dos resistores do circuito composto pelo 555 foi queimado, necessitando trocá-lo. Entretanto, não foi possível identificar visualmente o valor desse resistor. Antes de o problema ocorrer, porém, foi observado por meio de um osciloscópio, o sinal na saída do resistor trocado mostrado no gráfico abaixo.

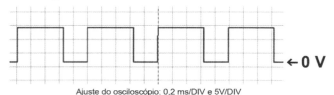

Ajuste do osciloscópio: 0,2 ms/DIV e 5V/DIV

Parte da folha de dados (*datasheet*) do LM555 é apresentada abaixo:

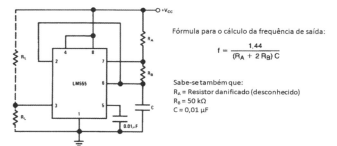

Fórmula para o cálculo da frequência de saída:

$$f = \frac{1,44}{(R_A + 2R_B)C}$$

Sabe-se também que:
R_A = Resistor danificado (desconhecido)
R_B = 50 kΩ
C = 0,01 μF

Para que o circuito volte a funcionar, gerando o mesmo sinal no osciloscópio, é necessário trocar o resistor danificado por um de

(A) 38 k W.
(B) 44 k W.
(C) 50 k W.
(D) 144 M W.
(E) 150 M W.

4. (ENADE – 2011)

Considere que um microcontrolador possui uma estrutura interna de registradores, como a apresentada no diagrama a seguir, e que seu programa principal está representado no fluxograma abaixo.

Pelo diagrama, observa-se que o microcontrolador possui um registrador que armazena os valores presentes em sua entrada (A), um registrador de saída (B) e mais dois registradores internos (X e Z).

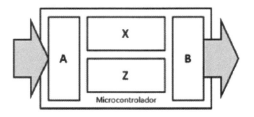

A operação ⊕ representa um "ou exclusivo"

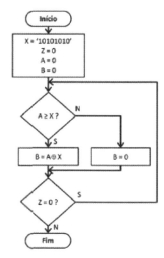

Para o valor de entrada igual a FF, a resultante na saída B, em hexadecimal, é igual a

(A) 85.
(B) FF.
(C) 255.
(D) 00.
(E) 55.

5. (ENADE – 2011)

Considere um robô manipulador planar movendo-se no plano do papel, como representado na figura. Cada elo desse robô tem um comprimento de 0,3m e os sistemas de coordenadas foram atribuídos de forma que o eixo Z de cada sistema está apontando para dentro do papel. Na configuração mostrada, todas as variáveis de junta estão com seu valor em 0. Cada junta do robô é acionada por um motor de passo com passo de 1,8 grau.

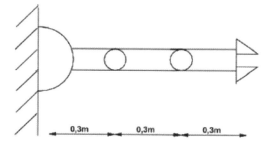

A partir da posição inicial do robô, mostrada na figura, o motor da junta 1 foi acionado 50 passos no sentido positivo da variável de junta, o motor da junta 2 foi acionado 50 passos no sentido negativo da variável de junta, e o motor da junta 3 foi acionado 50 passos no sentido positivo da variável de junta.

A posição e orientação final da garra do robô após o movimento será

(A) $x = 0,3m, y = -0,6m, \phi = -90°$.

(B) $x = 0,3m, y = 0,6m, \phi = -90°$.

(C) $x = 0,3m, y = 0,6m, \phi = 90°$.

(D) $x = -0,3, y = 0, \phi = -90°$.

(E) $x = -0,3, y = 0, \phi = 90°$.

6. (ENADE – 2011)

Um sistema de controle industrial de produção de água sanitária é apresentado na figura.

Sistema de controle industrial de produção de água sanitária

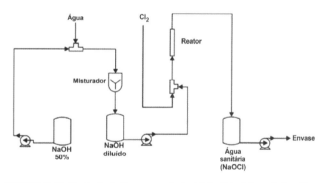

FRANCI, C. M. **Controle de Processos Industriais**: Princípios e Aplicações. Editora Érica, 2011.

Considere que esse sistema possui a seguinte instrumentação:

- Sensor nível de NaOH diluído (NNaOH)
- Sensor de concentração de NaOH (CNaOH)
- Sensor de vazão de NaOH (VNaOH)
- Sensor de nível de água sanitária (NAS)

Um tecnólogo em automação industrial foi contratado para implementar uma lógica de um sistema de segurança com um controlador lógico programável (CLP). O sistema de segurança deve soar um alarme (AL) nas seguintes condições:

- Nível de NaOH diluído (NNaOH) e concentração de NaOH (CNaOH) baixas.
- Vazão de NaOH (VNaOH) e nível de água sanitária (NAS) baixas.
- Concentração de NaOH (CNaOH), nível de NaOH diluído (NNaOH), vazão de NaOH (VNaOH) e nível de água sanitária (NAS) altos.

O programa em linguagem ladder pode ser representado por

(A)
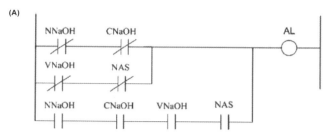

(B)
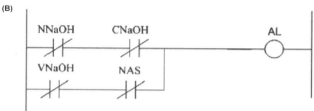

(C)
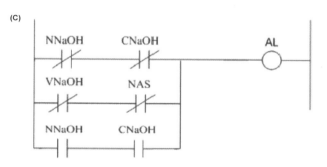

(D)
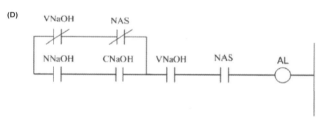

(E)
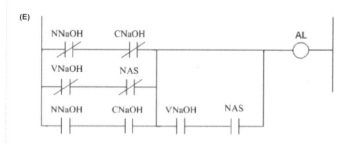

7. (ENADE – 2011)

Em ambientes industriais, quando é necessário medir sinais de baixa amplitude (da ordem de mV), são comuns dois problemas: a) dificuldade de se ter um instrumento adequado devido à baixa amplitude do sinal e b) distorção do sinal por ruído, gerado tanto pela rede elétrica de 60Hz quanto por máquinas que operam nas proximidades. Para contornar esses problemas, pode-se utilizar um filtro passa-baixas ativo, como mostrado na figura, que permite tanto a amplificação quanto a atenuação de sinais de frequências acima de um valor desejado.

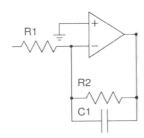

Considerando as informações apresentadas, os valores adequados dos resistores e do capacitor para que o filtro mostrado na figura tenha um módulo do ganho em corrente contínua de 1000 e uma frequência de corte de 200 rad/s, são

(A) $R_1 = 10k\Omega, R_2 = 10M\Omega, C_1 = 500pF$.

(B) $R_1 = 100k\Omega, R_2 = 500k\Omega, C_1 = 10nF$.

(C) $R_1 = 500k\Omega, R_2 = 100k\Omega, C_1 = 50pF$.

(D) $R_1 = 10M\Omega, R_2 = 10k\Omega, C_1 = 500nF$.

(E) $R_1 = 5M\Omega, R_2 = 5k\Omega, C_1 = 1nF$.

8. (ENADE – 2011)

A figura a seguir mostra os sinais de saída (s3s2s1s0) de um circuito lógico sequencial, bem como o sinal de *clock* aplicado. Antes do primeiro pulso de *clock* todos os flip-flops foram carregados com 0.

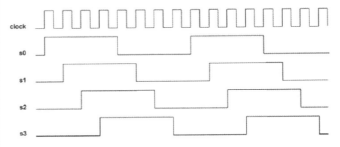

Pela análise dos sinais na saída do circuito sequencial, conclui-se que ele é um

(A) contador de decádico.
(B) contador em anel torcido.
(C) contador em binário simples.
(D) contador em código de Gray.
(E) contador em BCD (*Binary Coded Decimal*).

9. (ENADE – 2011)

A figura abaixo representa um sistema com um microcontrolador 8031, seu sistema de memória de dados e de programa e circuitos auxiliares.

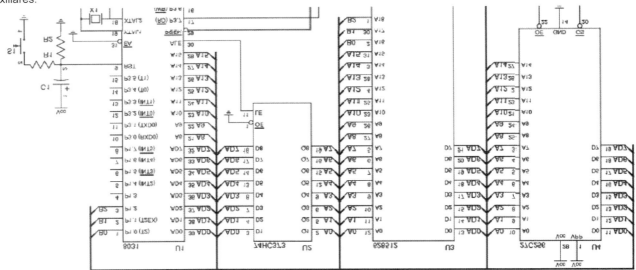

Considerando esse sistema, analise as afirmações a seguir.

I. O sistema possui 64kB de memória de programa.
II. O sistema possui 512kB de memória de dados divididos em 3 bancos.
III. O sistema não é reinicializado quando o interruptor de pressão S1 é pressionado, mas sim quando ele é liberado.
IV. Para acessar o último byte da memória de dados é necessário executar a sequência de instruções
   MOV A,P0
   ORL A,#07H
   MOV P0,A
   MOV DPTR,#0FFFFH
   MOVX A,@DPTR
   ou outras equivalentes que implementem o mesmo algoritmo.

É correto apenas o que se afirma em

(A) I.   (B) II.   (C) I e III.   (D) II e IV.   (E) III e IV.

10. (ENADE – 2011)

Numa empresa, o tempo de acionamento de um dispositivo é determinado por um circuito RC, como em um circuito monoestável. Através de diagramas de blocos é possível representar sistemas complexos a partir de blocos simples, realizando as devidas equivalências quando necessário. Para o projeto de um controlador é necessário representar graficamente a função de transferência do circuito RC, como mostra a figura.

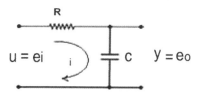

Considerando as informações acima, a correta representação da função de transferência da figura em diagrama de bloco é dada por

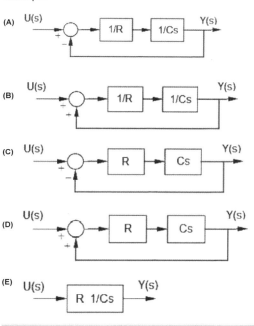

11. (ENADE – 2011)

O alto desempenho e o baixo custo popularizaram o uso de transmissores de pressão em sistemas hidráulicos.

Para monitorar a pressão em local de difícil acesso, um transmissor foi instalado para que a medição fosse realizada remotamente.

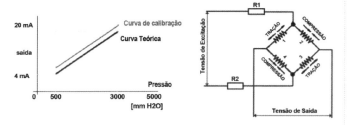

Com base no gráfico de calibração e no circuito de ligação interna típico do transdutor representados na figura acima, avalie as afirmações que se seguem.

I. A curva de calibração indica que o transdutor não é adequado para aplicação.

II. O funcionamento do transdutor é baseado em sensores do tipo *strain gage*.

III. O range de medição é de 0 a 5.000 mm H_2O e a faixa de trabalho (*span*) é de 500 a 3000 mm H_2O.

IV. A diferença entre a curva de calibração e a curva teórica é chamada de desvio de *span*.

É correto apenas o que se afirma em

(A) I.
(B) II.
(C) I e IV.
(D) II e III.
(E) III e IV.

12. (ENADE – 2011)

Necessitando controlar a temperatura, a sala de metrologia de uma empresa está projetando um sistema de controle que atuará no aparelho de ar condicionado. A figura abaixo indica a resposta esperada em relação ao sistema, com controlador à entrada degrau.

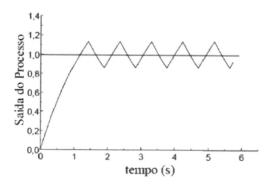

Qual é o diagrama de blocos que representa a curva característica do controlador?

13. (ENADE – 2011)

Um profissional que atua na área de automação industrial foi contratado para automatizar um forno industrial utilizando um Controlador Lógico Programável (PLC) e termopares.

As características do Forno são:

Aplicação: Fusão de Metais não Ferrosos;

Temperatura de Operação Média:+ 900 ºC

Número de pontos de medição (entradas analógicas): 4

Número saídas do CLP: 3

A figura abaixo mostra a característica (Temperatura x Tensão) dos termopares que poderão ser utilizados

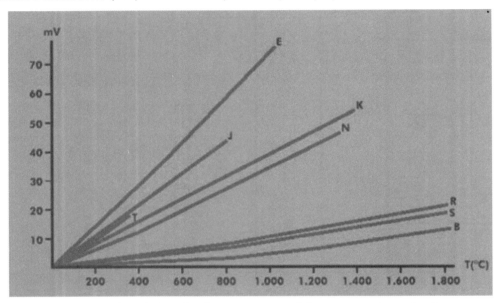

Disponível em: <http://www.termopares.com.br/teoria_sensores_temperatura_termopares_curvas_variacao_fem/>.

As tabelas abaixo indicam a cotação do preço e as especificações dos sensores e do CLP.

Tipo Termopar	Faixa de Temperatura	Custo Unitário R$	Limites de ERRO
B	870 a 1700º. C	135,00	+- 0,5%
E	0 A 870º. C	75,00	+- 0,5%
J	0 A 760º. C	73,00	+- 0,75%
K	0 A 1360º. C	106,00	+- 0,75%
N	0 A 1260º. C	89,00	+- 0,75%
R	0 A 1480º. C	220,0	+- 0,25%
S	0 A 1480º. C	215,00	+- 0,25%
T	0 A 370º. C	35,00	+- 0,75%

PLC	ENTRADAS ANALÓGICAS	SAÍDAS	Custo Unitário R$
MODELO A	4	6	1.200,00
MODELO B	2	6	850,00
MODELO C	6	6	1600,00
MODELO D	0	6	600,00
MODELO E	4	6	1.100,00

Assinale quais são os modelos que **não** atendem às características mínimas para o controle do forno.

(A) CLP – MODELOS (A e C) e os TERMOPARES Tipo (B, K, S).

(B) CLP – MODELO (C) e os TERMOPARES Tipo (R, S, N).

(C) CLP – MODELO (A) e os TERMOPARES Tipo (E, J, B).

(D) CLP – MODELOS (B e D) e os TERMOPARES Tipo (E, J, T).

(E) CLP – MODELOS (A e E) e os TERMOPARES Tipo (K, R, N).

14. (ENADE – 2008)

Durante a manutenção de um equipamento eletrônico, observou-se que:
- no circuito apresentado a seguir, quando a chave S era colocada na posição 1, o transistor Q1 saturava e o LED (diodo emissor de luz) acendia;
- colocando-se a chave S na posição 2, o transistor Q1 cortava e o LED apagava.

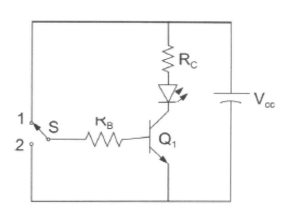

Dados do transistor:
$\beta_{sat} = 10$
$V_{BE} = 0,7$ V
$V_{CEsat} = 0,3$ V

Dados do LED:
$V_L = 1,7$ V
$I_L = 20$ mA

Dados de projeto:
$V_{cc} = 12$ V

Fórmulas:
$$I_{Bsat} = \frac{I_C}{\beta_{sat}}$$

$$R_B = \frac{V_{cc} - V_{BE}}{I_{Bsat}}$$

Analisando o circuito, conclui-se que RB é igual a
(A) 5,65 W
(B) 7,65 W
(C) 10,50 W
(D) 12,25 W
(E) 15,50 W

15. (ENADE – 2008)

Um amplificador de sinais pode ser construído empregando-se um circuito integrado denominado amplificador operacional, como apresentado na figura abaixo.

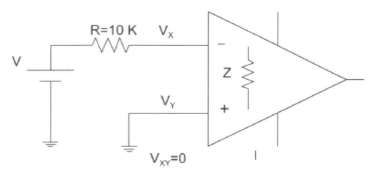

A diferença de potencial nos terminais de entrada de um amplificador operacional sem realimentação é nula.
PORQUE
Em termos práticos e de projeto, considera-se a impedância de entrada de um amplificador operacional infinita.

Analisando-se essas afirmações relativas à figura, conclui-se que
(A) as duas afirmações são verdadeiras, e a segunda justifica a primeira.
(B) as duas afirmações são verdadeiras, e a segunda não justifica a primeira.
(C) a primeira afirmação é verdadeira, e a segunda é falsa.
(D) a primeira afirmação é falsa, e a segunda verdadeira.
(E) as duas afirmações são falsas.

16. (ENADE – 2008)

Para construir um relógio digital é necessária uma frequência básica (*clock*) bem controlada. Nos relógios digitais que funcionam com bateria, a frequência básica é obtida normalmente de um oscilador a cristal de quartzo. Relógios digitais que operam com tensão alternada (AC) da rede de energia elétrica podem usar a frequência de 60 Hz da rede como frequência básica. Em ambos os casos, a frequência básica deve ser dividida para a frequência de 1 Hz ou 1 pulso por segundo (pps).

A figura abaixo apresenta o diagrama em blocos de um relógio digital que opera com 60 Hz.

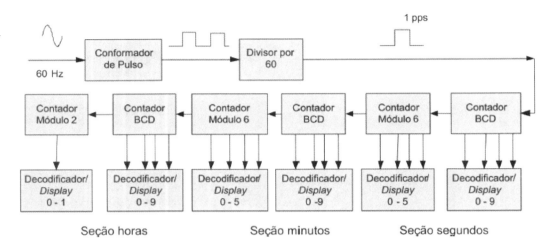

Da análise do diagrama em blocos apresentado acima, conclui-se que a saída do contador de módulo 6 da seção dos minutos tem uma frequência de

(A) 120 Hz
(B) 3.500 pps
(C) 10 pulsos/hora
(D) 1 pulso/hora
(E) 1 pulso/minuto

17. (ENADE – 2008)

No projeto de um sistema embarcado de controle, deve ser escolhido um microcontrolador que atenda exatamente às especificações, dado que uma escolha inadequada levará a maior custo final. Após o desenvolvimento do sistema, foi escolhido um microcontrolador de 8 *bits*, com arquitetura Harvard. Foram levantadas as seguintes características necessárias ao microcontrolador em que será implantado o sistema:

- o programa ocupará 1.200 linhas de programa;
- será necessário o armazenamento de um conjunto de 255 *bytes* de dados permanentemente no microcontrolador;
- a manipulação de grande quantidade de informações durante o processamento exigirá uma memória de dados com capacidade de 300 *bytes*;
- a frequência de CLOCK deverá ser calculada levando-se em conta que o programa ficará em um *loop* contínuo com duração total de 0,32 ms, e que nesse *loop* existirão 400 linhas de programa. Sabe-se que cada linha de programa é executada num tempo que se encontra entre um e quatro ciclos de CLOCK.

Dados dos microcontroladores pesquisados:

Microcontrolador	Memória de Programa (linhas de programa)	Memória de Dados (*bytes*)	Máxima Freqüência de CLOCK (MHz)	Memória EEPROM (*bytes*)
P	10 K	512	1	2 K
Q	1 K	1 K	20	2 K
R	2 K	64	5	1 K
S	512	256	10	256
T	2 K	512	5	512

Qual microcontrolador atende a todos os requisitos do projeto?

(A) P
(B) Q
(C) R
(D) S
(E) T

18. (ENADE – 2008)

No fluxograma abaixo são descritos o programa principal e a rotina de tratamento de interrupção.

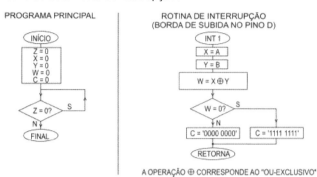

Sabe-se que o microcontrolador que implementa este código possui:

- dois registradores que armazenam os valores presentes em suas entradas binárias (A e B);
- um registrador de saída (C);
- três registradores internos X, Y e W;
- um *bit* de entrada (D), que aciona uma interrupção sempre que ocorre uma borda de subida no seu nível lógico.

Considere a estrutura interna descrita no esquema abaixo.

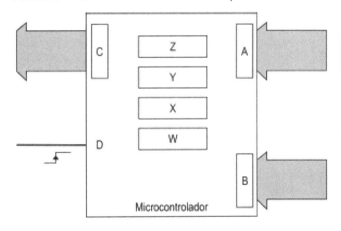

O registrador C terá o valor hexadecimal FF armazenado em seu conteúdo sempre que

(A) forem iguais os sinais nas entradas A e B.
(B) forem diferentes os sinais nas entradas A e B.
(C) ocorrer uma borda de subida em D, sendo A e B iguais.
(D) ocorrer uma borda de subida em D, sendo A e B diferentes.
(E) ocorrer uma borda de subida em D.

19. (ENADE – 2008)

No sistema representado no diagrama abaixo, p, K_P, K_F e K são positivos.

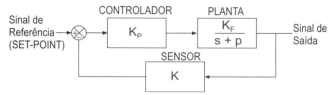

Considerando as especificações acima, esse sistema em malha fechada

(A) pode tornar-se instável para algum valor de K_P.
(B) é um sistema de primeira ordem.
(C) é um sistema de segunda ordem.
(D) possui uma resposta subamortecida para determinados valores de K_P, K_F e K.
(E) é instável para qualquer valor ajustado em K_P.

20. (ENADE – 2008)

Sabe-se que um motor de corrente contínua pode ser representado por uma função de transferência de primeira ordem quando se relaciona a velocidade W(s) de rotação de seu eixo com a tensão V(s) aplicada nos terminais de alimentação.

As figuras abaixo apresentam o Diagrama de Blocos do sistema de controle de velocidade do motor e o painel frontal do controlador projetado.

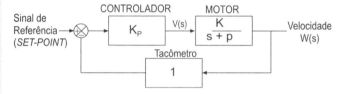

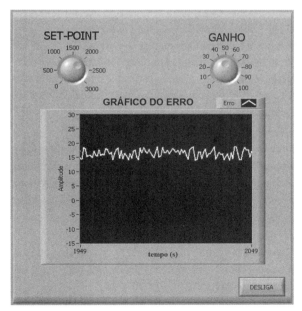

NISE, N. **Engenharia de Sistemas de Controle**. São Paulo: Editora LTC. 3a edição. 2002.

Nesse sistema em malha fechada, o erro estacionário

(A) será eliminado com a adição de um controlador integrador.

(B) será eliminado com a adição de um controlador derivativo.
(C) será eliminado com o controlador que foi implementado.
(D) aumentará quando o ganho K_p aumentar.
(E) aumentará quando for adicionado um controlador integrador.

21. (ENADE – 2008)

No processo de tratamento de efluentes de uma unidade industrial, parte do programa aplicativo, representando a lógica de controle, está apresentado na figura abaixo.

Os dispositivos de entrada (E0 até E4) são, **fisicamente**, chaves que estão conectadas a um módulo de entrada do Controlador Lógico Programável (CLP). As chaves (E1, E2 e E3) são normalmente abertas e as chaves (E0 e E4), normalmente fechadas.

Ao módulo de saída do CLP está conectada a bobina do contato auxiliar que liga a bomba elétrica dosadora.

Quais chaves devem ser acionadas para que a bomba dosadora seja ligada?

(A) E1 e E2
(B) E2 e E3
(C) E3 e E4
(D) E0, E1 e E2
(E) E1, E2 e E3

22. (ENADE – 2008)

Tendo em vista o planejamento e a manutenção de células de manufatura robotizadas, os robôs industriais devem ser selecionados em função de suas características particulares, relacionadas às necessidades das atividades a serem por eles desenvolvidas. A esse respeito, considere as afirmações a seguir.

I. Quando o espaço de trabalho é reduzido, e as cargas não necessitam de muita potência para serem movimentadas, recomenda-se utilizar um robô com acionamento hidráulico.

II. Para movimentar cargas médias, com grande necessidade de precisão de repetibilidade e flexibilidade de posicionamento, escolhe-se o acionamento pneumático.

III. Quando se tem grande necessidade de repetibilidade, cargas médias e espaço reduzido, o acionamento escolhido deve ser do tipo servomotor AC.

IV. Quando se tem necessidade de grande potência e precisão de repetibilidade, o tipo de acionamento recomendável é o motor de passo.

SOMENTE é correto o que se afirma em

(A) III

(B) IV
(C) I e II
(D) I e IV
(E) II e IV

23. (ENADE – 2011) DISCURSIVA

Um dos equipamentos mais comuns na automação industrial é o inversor de frequência. Com as novas tecnologias de processadores digitais de alta velocidade e com o advento dos transistores IGBTs, os acionamentos de motores elétricos em corrente alternada ocupam mais de 80% dos sistemas de controle de motores elétricos. (...) Já os motores CC e seus acionamentos são considerados obsoletos, e destinados a aplicações muito restritas.

CAPELLI, Alexandre. **Automação Industrial**: Controle do Movimento e Processos Contínuos. 2ª ed. São Paulo: Érica, 2007.

Nesse contexto, resolva os itens a seguir.

a) O texto se refere aos motores elétricos encontrados na indústria. Dessa forma diferencie os motores de CC e de CA por indução. (valor 3,0 pontos)

b) Ainda sobre os motores elétricos, apresente vantagens e desvantagens (ao menos duas de cada) do motor CC em relação ao CA por indução. (valor 3,0 pontos)

c) O diagrama a seguir exibe os principais blocos de um inversor de frequência. Defina e descreva a função de cada bloco indicado. (valor 4,0 pontos)

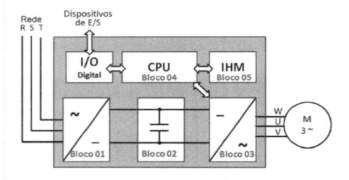

24. (ENADE – 2011) DISCURSIVA

Considerando um sistema de aquecimento de uma fornalha a gás natural, como mostra a figura.

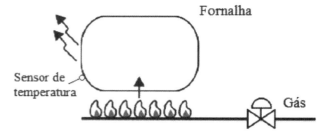

FRANCHI, C.M. **Controle de Processos Industriais**: Princípios e Aplicações. Editora Érica, 2011.

Deseja-se controlar a temperatura no interior de fornalha por meio da abertura de uma válvula proporcional de gás, sendo a temperatura medida por um sensor de temperatura. Alterações na temperatura ambiente e na vazão do gás podem alterar significativamente a temperatura da fornalha.

Em relação ao tema, faça o que se pede nos itens a seguir.

a) Identifique a variável: de processo, manipulada e as variáveis de perturbação que possam existir. (valor 2,0 pontos)
b) Desenhe um diagrama de blocos representando o sistema de controle em malha fechada. (valor 4,0 pontos)
c) Para controlar uma temperatura média de 500 º Celsius, especifique o melhor tipo de sensor, justificando sua resposta. (valor 4,0 pontos)

25. (ENADE – 2008) DISCURSIVA

O sistema de medição de vazão de um processo industrial pode ser representado pelo diagrama abaixo.

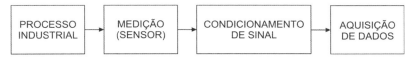

Nesse sistema, a medição de vazão é feita por um sensor que, a partir do circuito apresentado a seguir, gera uma corrente I entre 4 mA a 20 mA, proporcional à vazão no processo. Sabe-se que a variável vazão (Q) está numa faixa entre 0 e 8 m³/s (*range*). A tensão sobre a resistência R_p (250 W± 1%) é filtrada e amplificada, sendo aplicada a uma placa de aquisição de sinais, conforme esquema apresentado abaixo.

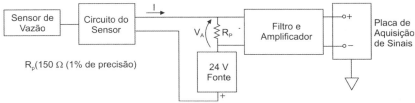

Tem-se, ainda:

- Circuito do filtro

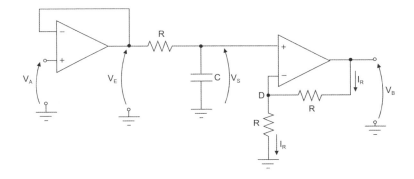

Filtro e Amplificador
- Representação do ganho de tensão em dB em função da frequência do circuito RC utilizado

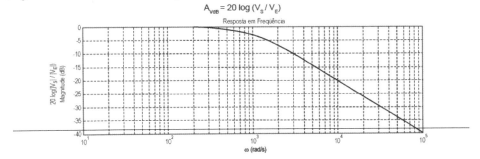

Considerando essas informações, resolva os itens a seguir.

a) Apresente os cálculos para a determinação da vazão Q no processo, quando a tensão V_A em R_p é igual a 2 V. **(valor: 2,0 pontos)**
b) Determine o ganho total de tensão no circuito do amplificador/filtro (V_B/V_A) na frequência de 10 rad/s. **(valor: 3,0 pontos)**
c) Apresente os cálculos para a determinação do número de *bits* de resolução da placa de aquisição de sinais, sabendo que a máxima

amplitude de entrada do Conversor A/D da placa se encontra entre 0 e 10,24 V (*range*), com uma precisão de 20 m V. **(valor: 3,0 pontos)**

d) Identifique e explique a frequência de amostragem em hertz (Hz) do sistema descrito, considerando que a largura de banda do sinal do sensor é igual a 100 Hz, e que a escolha da frequência de amostragem do sistema de aquisição de sinais deve ser feita de modo a obedecer ao Teorema da Amostragem de Nyquist-Shannon. **(valor: 2,0 pontos)**

26. (ENADE – 2008)

Observe o circuito de controle digital para o sistema apresentado na figura abaixo, cuja função é encher ou esvaziar um reservatório industrial por meio de duas eletroválvulas, sendo uma para entrada do líquido, e outra, para esvaziamento do reservatório. As informações fornecidas pelo sensor de nível máximo do tanque e pela chave C devem ser processadas pelo circuito de controle para atuar nas eletroválvulas, de forma a encher totalmente o tanque (chave C na posição encher) ou esvaziá-lo totalmente (chave C na posição esvaziar).

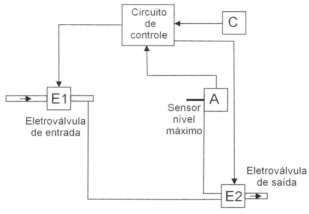

Convenções:

- Sensor A: - presença de líquido = nível lógico 1
- ausência de líquido = nível lógico 0
- Chave C: - encher = nível lógico 1
- esvaziar = nível lógico 0
- Eletroválvulas E1 e E2: - abrir (deixar passar líquido) = nível lógico 1
- fechar (bloquear passagem de líquido) = nível lógico 0

a) Tendo por referência as informações acima, elabore a tabela da verdade ou de funcionamento do circuito de controle para o acionamento das eletroválvulas E1 e E2, em função dos estados possíveis de C e A; **(valor 2,5 pontos)**

b) represente o circuito lógico por meio de portas lógicas para o controle da eletroválvula E1; **(valor 2,5 pontos)**

c) represente o circuito lógico por meio de portas lógicas (sem simplificações) para o controle da eletroválvula E2; **(valor 2,5 pontos)**

d) represente o circuito lógico mínimo para o controle da eletroválvula E2. **(valor 2,5 pontos)**

Habilidade 04

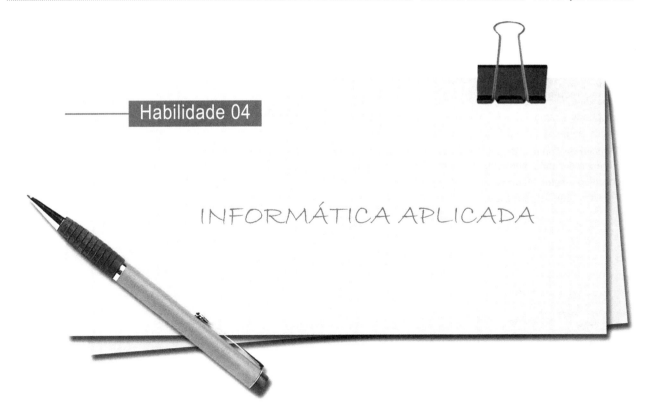

INFORMÁTICA APLICADA

1. (ENADE – 2011)

A norma IEC-61131-3 define cinco linguagens para programação de Controladores Lógicos Programáveis (CLPs):

lista de instruções, diagrama ladder, diagrama de blocos funcionais, texto estruturado e carta de sequência de funções, como exemplificadas na figura abaixo.

Lista de instruções
LD   A
ANDN   B
ST   C

Texto estruturado
C:=A AND NOT B

Diagrama ladder

Diagrama de blocos funcionais

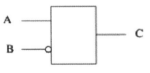

Carta de sequência de funções

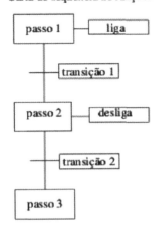

Considerando as linguagens da norma IEC-61131-3, analise as afirmativas abaixo.

I. Não é possível combinar mais de uma dessas linguagens em um único programa.
II. Cada dispositivo físico implementa um único bloco funcional, que corresponde a sua função na malha de controle.
III. As conexões entre os blocos funcionais são implementadas em *software*, na configuração do sistema de controle.
IV. Essas linguagens são adequadas para representar tanto controladores discretos quanto controladores contínuos.

É correto apenas o que se afirma em

(A) I.
(B) II.
(C) I e III.
(D) II e IV.
(E) III e IV.

2. (ENADE – 2008)

O algoritmo abaixo, escrito em forma de fluxograma, é utilizado para gerar uma sequência de números. Considere que a variável **N** recebe um valor 5.

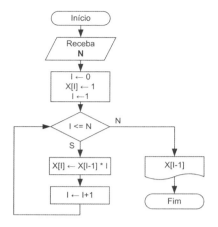

Após a execução da última operação do programa, quais são, respectivamente, o último valor impresso e o último armazenado na variável **I** ?

(A) 0 e 1
(B) 24 e 5
(C) 24 e 6
(D) 120 e 5
(E) 120 e 6

Habilidade 05

SISTEMAS ELETROPNEUMÁTICOS E ELETRO-HIDRÁULICOS

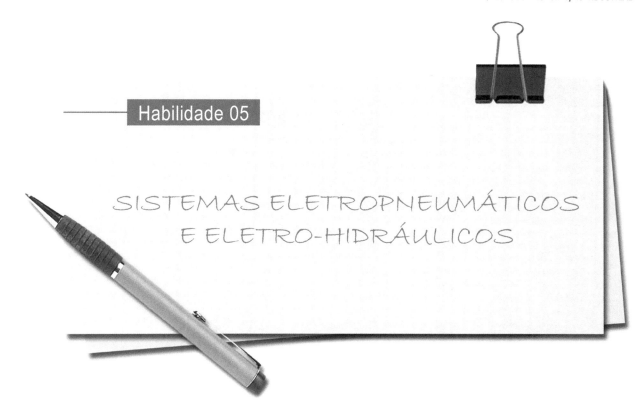

1. (ENADE – 2011)

Durante o desenvolvimento de uma nova máquina para furação de peças em uma indústria, verificou-se a necessidade de utilização de uma válvula eletropneumática proporcional de vazão. Um dos manuais dos modelos analisados possui o diagrama a seguir com parte de seu circuito e de seu sistema de controle, bem como a sua curva característica.

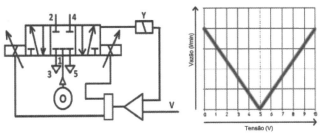

BONACORSO, N. G.; NOLL, V. **Automação Eletropneumática** – 11º ed. São Paulo: Érica, 2006.

Analisando o circuito e o gráfico anterior avalie as afirmações a seguir.

I. A válvula pneumática do circuito apresentado possui 3 vias e 5 estados.
II. Os números 1, 3 e 5 representam as vias de utilização.
III. As vias de pressão são representadas pelos números 2 e 4.
IV. Quando a tensão na entrada é 5 volts a vazão é mínima.

É correto apenas o que se afirma em

(A) I.
(B) II.
(C) IV.
(D) II e III.
(E) III e IV.

2. (ENADE – 2008)

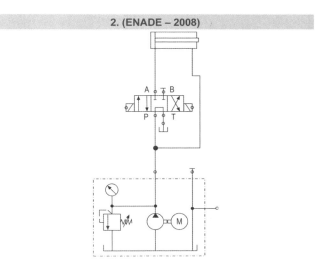

Dados:

Vazão da bomba = 60 l/min
Pressão de trabalho = 100 kgf/cm^2
Área do pistão do cilindro = 300 cm^2
Área da haste do cilindro = 150 cm^2
Curso do cilindro = 500 mm

Considerando o sistema hidráulico representado pela figura acima e os dados fornecidos, durante o avanço, qual é a força resultante, a velocidade e o tempo para atingir o curso total?

(A) 30.000 kgf, 0,2 cm/min e 250 s
(B) 30.000 kgf, 200 cm/min e 0,25 min
(C) 30.000 kgf, 400 cm/min e 0,125 min
(D) 15.000 kgf, 200 cm/min e 0,25 min
(E) 15.000 kgf, 400 cm/min e 0,125 min

Habilidade 06

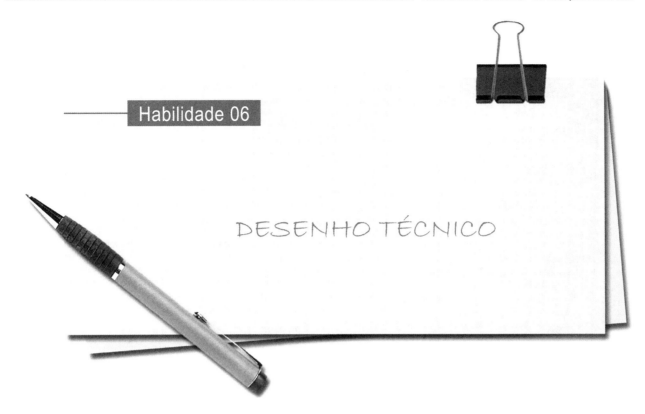

DESENHO TÉCNICO

1. (ENADE – 2011)

Os diagramas a seguir representam a instalação de um circuito para partida estrela-triângulo de motores de corrente alternada.

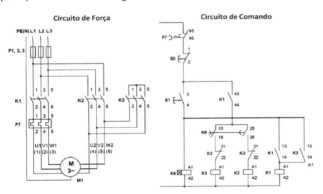

Disponível em: http://www.siemens.com.br/templates/coluna1.aspx?channel=3735

Em relação ao circuito de comando, é correto afirmar que

(A) quando o relé de tempo K6 é energizado, os contatos 15-18 e 25-28 são acionados ao mesmo tempo.
(B) durante a partida do motor K3 é acionado simultaneamente com K1.
(C) os contatores K2 e K3 são acionados simultaneamente.
(D) F7 é um fusível de sobrecarga.
(E) o botão S0 aciona o circuito.

2. (ENADE – 2008)

O diagrama de força e o de comando da instalação elétrica de um sistema de partida de motores de corrente alternada, utilizando chave compensadora (partida por autotransformador) com derivação (tap) em 80%, são mostrados abaixo.

Diagrama de força

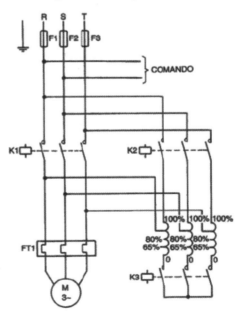

Diagrama de comando

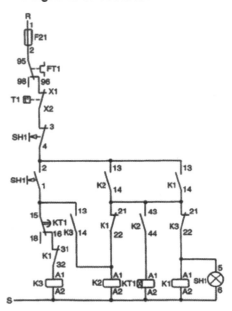

Com base nos diagramas anteriores, tem-se:

O momento de partida, que é proporcional ao quadrado da tensão aplicada aos bornes do motor, é reduzido para 0,64 do momento nominal durante a partida, e aumentado para o momento nominal após a partida do motor.

PORQUE

O sistema parte com a bobina do contator K1 energizada e as bobinas de K2 e K3 sem energia, e, após o tempo de partida, a bobina de K1 estará sem energia e as bobinas de K2 e K3 estarão energizadas.

Analisando-se essas afirmações relativas aos diagramas apresentados, conclui-se que

(A) as duas afirmações são verdadeiras, e a segunda justifica a primeira.

(B) as duas afirmações são verdadeiras, e a segunda não justifica a primeira.

(C) a primeira afirmação é verdadeira, e a segunda é falsa.

(D) a primeira afirmação é falsa, e a segunda é verdadeira.

(E) as duas afirmações são falsas.

Habilidade 07

SISTEMAS SUPERVISÓRIOS E REDES INDUSTRIAIS

1. (ENADE – 2011)

Embora pareça operar como uma rede unificada, uma rede industrial não é composta de uma única tecnologia, pois nenhuma tecnologia isolada é suficiente para todos os usos. Em vez disso, o *hardware* de rede é projetado para situações e orçamentos específicos. Alguns grupos precisam de redes de alta velocidade para conectar dispositivos em um único espaço físico.

Como o *hardware* de baixo custo, que funciona bem dentro desse espaço, não pode espalhar-se a grandes distâncias geográficas, é preciso usar uma alternativa para conectar dispositivos a milhares de quilômetros uma da outra.

COMER, D. **Interligação de redes com TCP/IP**: princípios, protocolos e arquitetura. Vol. 1. Rio de Janeiro: Elsevier, 2006 (com adaptações).

Esquema de interligação entre diversos equipamentos em uma rede industrial

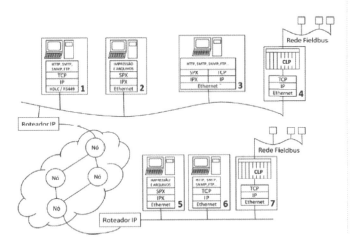

Considerando o padrão *Ethernet*, em que as aplicações de rede de uma determinada estação interagem com as aplicações de rede da estação indicada, e tendo como base a figura acima, analise as afirmações a seguir.

I. A estação 1 conversa com as estações 3, 4, 6 e 7.
II. A estação 2 conversa com as estações 3 e 5.
III. A estação 3 conversa com as estações 1, 2, 4, 5, 6 e 7.
IV. A estação 4 conversa com as estações 3, 6 e 7.

É correto apenas o que se afirma em

(A) I.
(B) II.
(C) I e III.
(D) II e IV.
(E) III e IV.

2. (ENADE – 2008)

Em uma Interface Homem-Máquina (IHM) os gráficos de tendência mostram, através de sua imagem gráfica, como determinadas variáveis de processo mudam ao longo do tempo. Os dados mostrados podem ser obtidos em tempo real, sincronizados com o tempo de varredura do Controlador Lógico Programável (CLP), ou podem advir de um histórico arquivado.

Com base nessas informações, considere as afirmações a seguir.

I. Os dados mostrados na IHM podem ser utilizados na análise de tendência do processo.
II. As variáveis de processo podem ser arquivadas para garantir a conformidade com leis federais ou outras regulamentações.

III. Por meio da IHM o operador terá condições de monitorar a eficiência da produção.
IV. Por meio da IHM o operador terá condições de alterar o tempo de varredura do CLP.

São corretas **APENAS** as afirmações

(A) I e IV
(B) II e IV
(C) I, II e III
(D) II, III e IV
(E) I, II, III e IV

3. (ENADE – 2008)

Numa planta fabril automatizada, em que é utilizado o padrão 4-20 mA para envio de informações, será implementada uma nova tecnologia de comunicação digital. Os seguintes requisitos devem ser cumpridos:

- solução econômica;
- agilidade e facilidade na migração de tecnologias;
- utilização do cabeamento existente na planta;
- diagnóstico e manutenção proativa;
- suporte técnico oferecido pela maioria dos fornecedores de instrumentação.

Dentre as várias tecnologias de redes industriais abaixo, a que atende a todos os requisitos apresentados é a

(A) Hart
(B) DeviceNet
(C) Profibus PA
(D) Profibus DP
(E) Foundation Fieldbus

4. (ENADE – 2008)

Após inúmeros problemas de parada e manutenção em um sistema antigo de tratamento de efluentes, foi proposto à equipe de manutenção que modernize e automatize esse sistema. O sistema é composto por:

- tanques
- lâmpadas de sinalização
- medidores de nível
- motores
- chaves de nível
- medidores de pressão
- chaves fim de curso
- válvulas solenoide
- válvulas de controle proporcional

Nessa automação serão utilizados os seguintes equipamentos:

- Controlador Lógico Programável (CLP)
- terminal de supervisão e controle

a) A estrutura do sistema de automação é composta por blocos denominados: **planta, processamento, entradas, saídas e interface homem-máquina (IHM)**. Com base nessas informações, elabore um diagrama de blocos do sistema a ser implantado, denominando cada bloco, e inserindo em cada um os componentes e equipamentos mencionados. **(valor: 5,0 pontos)**

b) Uma parte do sistema automatizado, ilustrado na figura abaixo, é controlado pelo CLP, utilizando uma rede do tipo barramento de campo com um protocolo do tipo mestre-escravo, para o acesso ao meio de comunicação. **(valor: 5,0 pontos)**

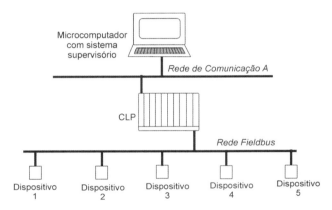

Informações enviadas pelo mestre para cada escravo:

- 6 caracteres de dados
- 4 caracteres de controle

Informações enviadas por cada escravo ao mestre:

- 10 caracteres de dados
- 4 caracteres de controle

O CLP (mestre) varre ciclicamente 5 dispositivos (escravos) com resposta imediata. Sabe-se que a codificação de caractere utiliza 16 bits e a taxa de transmissão do barramento é 480 kbits/s.

Com base nas informações, calcule o tempo total de ciclo de varredura do barramento de campo, realizado pelo CLP, e informe se esse tempo excede o tempo máximo disponível pelo CLP para comunicação, que é de 6 ms.

Habilidade 08

MANUTENÇÃO INDUSTRIAL, CONTROLE DE QUALIDADE E SEGURANÇA DO TRABALHO

1. (ENADE – 2011)

Uma das funções das metodologias de planejamento da manutenção é estabelecer uma comunicação clara entre os funcionários e a equipe de gestão. Para isso, normalmente, são utilizados recursos gráficos, como o apresentado na figura abaixo.

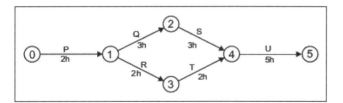

A partir da figura, analise as seguintes afirmações.

I. A figura representa o diagrama de Gantt.
II. O caminho crítico é definido pela atividade U.
III. De acordo com o método representado, a duração do evento 0 ao evento 5 é de 13 horas.
IV. O caminho crítico permite identificar as atividades que não podem sofrer atrasos, permitindo controle eficaz dos prazos.

É correto apenas o que se afirma em

(A) I.
(B) II.
(C) I e III.
(D) II e IV.
(E) III e IV.

2. (ENADE – 2011)

A preocupação com questões de segurança é crescente nas indústrias modernas. Uma empresa que possui baixos índices de acidente, tem como grande benefício, a disponibilidade de sua força de trabalho, boa imagem junto à sociedade e aos órgãos fiscalizadores e consequentemente melhor avaliação do mercado.

Os departamentos de operação e manutenção são os que possuem maior risco devido ao grande efetivo, alteração constante da natureza dos trabalhos e o próprio local onde a atividade laboral é desenvolvida.

A Análise Preliminar de Risco (APR) é uma ferramenta simples e extremamente útil para que os aspectos de segurança de uma atividade sejam conhecidos pelos envolvidos. Considerando a aplicação da APR para a manutenção de um sistema eletroidráulico realizado por equipe mista (própria e terceirizada), analise as afirmações abaixo.

I. Somente participa da elaboração da APR, um dos seguintes envolvidos: o encarregado ou executante da empresa terceirizada, ou o técnico de segurança da equipe de manutenção.
II. A APR deve conter, no mínimo, informações sobre descrição do evento indesejado ou perigoso, causa, consequência, categoria de risco, medidas de controle e área responsável pela ação.
III. A APR é um documento formal, que pode ser realizado pela equipe terceirizada sem o conhecimento e aprovação da equipe de manutenção própria local.

IV. A APR pode ser utilizada em eventos emergenciais.

É correto apenas o que se afirma em

(A) I.
(B) III.
(C) I e III.
(D) II e IV.
(E) III e IV.

3. (ENADE – 2011)

A NBR ISO 10012 – sistema de gestão da medição define que as características metrológicas devem estar de acordo com o uso pretendido. Considere que uma empresa definiu que a resolução dos instrumentos deve ser, no mínimo, de 1/10 da tolerância.

A figura abaixo representa a medição do diâmetro externo de 30 peças retificadas, realizada durante a produção.

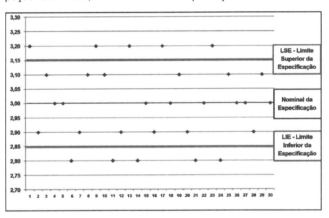

De acordo com as informações apresentadas, analise as afirmações abaixo.

I. O instrumento utilizado possui resolução de 0,10 mm.
II. Um paquímetro com resolução de 0,02 mm atende aos requisitos da empresa.
III. A dispersão das medidas indica que o instrumento deve ser trocado.
IV. A retífica não é o processo adequado, o que justifica o índice de reprovação.

É correto apenas o que se afirma em

(A) I e II.
(B) I e III.
(C) I e IV.
(D) II e IV.
(E) III e IV.

4. (ENADE – 2011)

A NBR ISO 9001 – Sistema de Gestão da Qualidade dedica um item ao tratamento do não conforme no processo produtivo. Para atender a esse requisito a equipe de qualidade coletou dados da produção para tomada de ações.

A figura a seguir representa os dados da amostragem realizada durante o processo de produção de chapas.

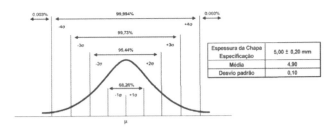

Considerando as informações apresentadas, analise as seguintes afirmações.

I. A probabilidade de encontrar espessuras acima de 5,20 mm é de 0,14%.
II. Existe a probabilidade de 68,26% de encontrar espessuras entre 4,90 e 5,10 mm.
III. A maior probabilidade de reprovação está em espessuras maiores que o especificado.
IV. A probabilidade de encontrar peças fora da tolerância é de 16,01%.

É correto apenas o que se afirma em

(A) I.
(B) II.
(C) I e IV.
(D) II e III.
(E) III e IV.

5. (ENADE – 2011)

Durante a interrupção programada na produção de uma indústria o gerente de manutenção, resolveu fazer a manutenção preventiva na rede elétrica da empresa. Sabendo que a mesma tem uma subestação que recebe 15 KiloVolts, uma rede de distribuição de 330 Volts, e uma equipe de manutenção composta por 5 funcionários para realizar a manutenção preventiva, foi feita a seguinte divisão: Equipe A (2 funcionários) e Equipe B (3 funcionários).

A Equipe A ficou responsável pela análise da subestação; e a Equipe B, pela análise da rede de distribuição de 330 Volts.

De acordo com a NR10, os equipamentos de proteção individual (EPIs) e equipamentos de proteção coletiva (EPCs) obrigatórios para realizar manutenção preventiva são

(A) capacete de obra; crachás de identificação; extintor de incendio; gaiola de faraday; disjuntores de BT e AT; meia bota isolada; óculos de segurança incolor; luvas de borracha isolantes BT e AT.
(B) as luvas de borracha isolantes BT e AT; capacete de obra; sapato de borracha; extintor de incêndio; barras de aterramento; extintor de incêndio; gaiola de faraday.
(C) os óculos de segurança incolor; placas de sinalização; fita isolante; extintor de incêndio; óculos de segurança incolor; luvas de borracha isolantes BT e AT; roupa de linho.
(D) barras de aterramento; fita isolante; disjuntores de BT e AT; luvas de pelica para proteção das luvas de borracha; detector de tensão; cones e placas de sinalização.
(E) capacete de segurança com isolamento para eletricidade; meia bota isolada; óculos de segurança incolor; luvas de borracha isolantes BT e AT; luvas de pelica para proteção das luvas de borracha e detector de tensão.

6. (ENADE – 2011)

Uma fábrica do setor metal mecânico tem como meta entregar lotes de 300 engrenagens para uma montadora de veículos. Durante uma inspeção do controle de qualidade, observou-se que a máquina do OPERADOR A gerava mais refugo que as outras duas, conforme a tabela abaixo.

Máquina	Operador	Peças Produzidas	Peças Refugadas
MÁQUINA A	OPERADOR A	100	5
MÁQUINA B	OPERADOR B	100	0
MÁQUINA C	OPERADOR C	100	0

Tabela: Peças Refugadas

Durante a inspeção para encontrar a origem do problema, ficou constatado que as máquinas têm a mesma capacidade e mesmo ajuste para a produção das engrenagens, contudo, um detalhe chamou a atenção da equipe responsável por detectar o problema: o OPERADOR A, com certa periodicidade, tirava os óculos de proteção para executar o trabalho e utilizava a própria mão para evitar que algum componente da usinagem atingisse os seus olhos, com isso, ele perdia alguns detalhes de medição durante a produção da engrenagem, fazendo com que algumas delas fossem descartadas. Ao realizar entrevista, observou-se que o OPERADOR A não sabe qual é a finalidade dos óculos como Equipamento de Proteção Individual (EPI) no processo de usinagem das engrenagens. Diante disso, a equipe de Segurança do Trabalho realizará um treinamento aos operadores, pontuando as características de proteção dos óculos no torneamento de peças.

Considerando essas características, avalie as afirmações que se seguem.

I. Proteger os olhos contra impactos de estilhaços e cavacos de operações de rebarbação e usinagem.
II. Aumentar as letras e números dos instrumentos de medição e da máquina.
III. Proteger os olhos contra poeiras provenientes de operações industriais ou impelidas pelo vento.
IV. Proteger os olhos contra a radiação solar nos ambientes abertos.

Analisando as características dos óculos de proteção é correto apenas o que se afirma em

(A) II.
(B) III.
(C) I e III.
(D) I e IV.
(E) II e IV.

7. (ENADE – 2008)

Uma das definições de confiabilidade é "a probabilidade de que um sistema irá operar dentro de níveis predefinidos de desempenho por um período específico de tempo, quando submetido a determinadas condições ambientais para as quais foi projetado". Qualquer sistema apresenta uma probabilidade de funcionamento que diminui com o tempo, e essa probabilidade é normalmente avaliada pela figura de mérito - MTBF (Tempo Médio entre Falhas –Mean Time Between Failures). O gráfico a seguir apresenta resultados que servirão para o estudo de confiabilidade de 3 sistemas automáticos diferentes (1, 2 e 3).

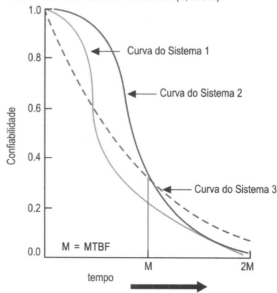

Analisando o gráfico, em relação à confiabilidade, conclui-se que

(A) dentre todos os sistemas, o sistema 1, no intervalo de tempo de 0 a 2M, tem confiabilidade intermediária.
(B) o sistema 2 tem maior confiabilidade, dentre os sistemas com tempo de utilização prevista em torno de M/2.
(C) o sistema 2 é o de maior confiabilidade, dentre os sistemas com tempo de vida muito longo (t >> M).
(D) o sistema 2 é o que apresenta a maior confiabilidade dentre todos os sistemas.
(E) o sistema 2 apresenta taxa de confiabilidade constante.

8. (ENADE – 2008)

A seguir são apresentados alguns impactos da nova norma regulamentadora NR10 em atividades e tecnologias no contexto da automação industrial.

- Estende a regulamentação às atividades realizadas nas proximidades de instalações elétricas.
- Estabelece diretrizes básicas para implementação das medidas de controle e sistemas preventivos ao risco elétrico.
- Cria "prontuário das instalações elétricas" de forma a organizar todos os documentos das instalações e registros.
- Estabelece o relatório técnico das inspeções de conformidade das instalações elétricas.

Adaptado da nova norma regulamentadora NR 10 – Segurança em Serviços e Instalações Elétricas.

Analisando-se os impactos apresentados, verifica-se que, no contexto da automação industrial, os serviços mais afetados pela NR-10 foram:

(A) combate a incêndio e hospitalar.
(B) instalações e projetos elétricos.
(C) logística e usinagem.
(D) montagem e produção.
(E) operação e manutenção mecânica.

9. (ENADE – 2011) DISCURSIVA

Devido a problemas meteorológicos, a subestação de determinada indústria teve parte de seus dispositivos de proteção danificados. Esses dispositivos trabalhavam em alta tensão e para realizar a manutenção, o único funcionário que estava presente no local efetuou contato com o encarregado do setor. A orientação fornecida era para que o próprio funcionário realizasse o reparo, utilizando os EPIs e EPCs obrigatórios, contudo, mesmo possuindo os equipamentos e treinamentos necessários, optou por não realizar o reparo, preferindo aguardar a chegada de seus colegas e do próprio encarregado. Observando o texto apresentado, nota-se que alguns termos e pontos das Normas Regulamentadoras foram citados, especialmente os da NR-10 Segurança em Instalações e Serviços em Eletricidade. Tendo como base essas normas, faça o que se pede nos itens abaixo.

a) Defina e diferencie citando ao menos um exemplo, os EPCs e EPIs utilizados durante a execução de serviços em eletricidade. (valor 5,0 pontos)

b) O texto faz referência a alta tensão (AT). Pela NR-10, acima de qual tensão, entre fases ou entre fase e terra, em corrente alternada a tensão é considerada alta? (valor 2,0 pontos)

c) Em relação à situação apresentada no texto, comente a orientação dada pelo encarregado ao único funcionário presente no local. (valor 3,0 pontos)

Habilidade 09

FABRICAÇÃO MECÂNICA E METROLOGIA

1. (ENADE – 2011)

Sabendo que a soldagem é uma das tecnologias imprescindíveis no meio industrial, principalmente nos processos de fabricação mecânica, um empresário do setor metal mecânico, irá investir neste segmento e escolheu trabalhar com dois tipos de ligas metálicas: o alumínio e o aço inoxidável. Após estudar os diversos processos de solda, o empresário resolveu adquirir os equipamentos de *Soldagem a Tungsten Inert Gas* (TIG), mas durante a aquisição dos equipamentos surgiram algumas dúvidas, tais como:

I. O processo TIG pode ser aplicado na soldagem de ligas de alumínio e ligas de aço inoxidável;
II. O processo TIG não pode ser aplicado na soldagem de ligas de aço inoxidável;
III. O processo TIG não pode ser aplicado na soldagem de ligas de alumínio;
IV. O processo TIG pode ser automatizado.

Considerando as afirmações acima, é correto apenas o que se afirma em:

(A) I.
(B) I e IV.
(C) II e III.
(D) II e IV.
(E) II, III e IV.

2. (ENADE – 2008)

Para o ajuste de uma peça de certo equipamento é necessário utilizar um instrumento que tenha resolução menor ou igual a 1/16 de polegada. No laboratório de metrologia de uma empresa, encontrou-se disponível um instrumento com certificado de calibração em período de validade, que tem a seguinte escala:

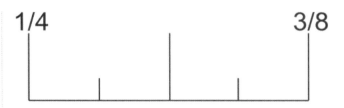

Chegou-se à conclusão de que ele poderá ser usado, pois a resolução da escala do instrumento, em polegadas, é

(A) 1/8
(B) 1/16
(C) 1/32
(D) 1/64
(E) 1/128

3. (ENADE – 2008)

Motivadas por questões econômicas e ambientais, muitas empresas têm procurado melhorar seus processos utilizando novas tecnologias e metodologias. A empresa X analisa a viabilidade de substituir máquinas CNC convencionais por máquinas com controle inteligente (ICNC), de forma a aumentar a velocidade de produção e a vida útil de ferramentas.

Pretende também diminuir o custo de manutenção, diminuindo a quantidade de intervenções do operador, além de facilitar o trabalho de programação. Considere o estudo detalhado, para 3 tipos de processos e 3 tipos de materiais, que foi realizado para comparação e análise de redução de tempos de processamento de peças, mostrado na tabela a seguir.

TEMPO DE PROCESSAMENTO x MATERIAL E PROCESSO

MATERIAL	Tipo de Processo	Máquina		Redução de Tempo	
		CNC	ICNC		
		Tempo (min)	Tempo (min)	min	%
TITÂNIO	1	364	226	138	38
	2	142	74	68	48
	3	676	336	340	50
	Total	1.182	636	546	46
AÇO	1	578	404	174	30
	2	204	150	54	26
	3	2.302	1.502	800	35
	Total	3.084	2.056	1.028	33
ALUMÍNIO	1	42	36	6	14
	2	166	98	68	41
	3	762	496	266	37
	Total	970	630	340	35
	Total Geral	5.236	3.322	1.914	37

Adicionalmente, a empresa analisa o possível impacto do repasse dos custos da energia elétrica das fundições de alumínio em seu suprimento desta matéria-prima. Em termos econômicos, o efeito do aumento no custo da matéria-prima alumínio inviabilizará sua utilização pela empresa.

Com base nas informações apresentadas, analise as afirmações a seguir.

I. O processo do Tipo 3 é o mais demorado de todos, independente da matéria-prima e do tipo de máquina utilizada.

II. Considerando somente os tempos de produção, caso haja repasse dos custos do alumínio, a empresa deverá priorizar o processamento da matéria-prima aço.

III. Sob todas as condições apresentadas, a máquina ICNC tem melhor *performance* do que a CNC convencional, principalmente utilizando a matéria-prima titânio.

É(São) correta(s) **APENAS** a(s) afirmação(ões)

(A) I

(B) II

(C) I e II

(D) I e III

(E) II e III

Capítulo VI

Questões de Componente Específico de Produção Industrial

1) Conteúdos e Habilidades objetos de perguntas nas questões de Componente Específico.

As questões de Componente Específico são criadas de acordo com o curso de graduação do estudante.

Essas questões, que representam ¾ (três quartos) da prova e são em número de 30, podem trazer, em Produção Industrial, dentre outros, os seguintes **Conteúdos**:

I. Gestão de Projetos, Processos e Planejamento Estratégico:

   a) desenvolvimento de produtos, processos e serviços e sua viabilidade;

   b) métodos e processos;

   c) elaboração e gerência de projetos industriais;

   d) estratégia e planejamento empresarial.

II. Administração da Produção:

   a) planejamento e controle da produção;

   b) custos e orçamentos;

   c) planejamento da capacidade;

   d) sistemas de produção;

   e) arranjo físico;

   f) manutenção industrial.

   g) administração de materiais;

   h) movimentação e armazenagem de materiais;

III. Sistemas de Gestão da Qualidade:

   a) ferramentas;

   b) auditoria;

   c) certificações.

IV. Saúde, Segurança e Meio Ambiente:

   a) normas regulamentadoras (NR's);

   b) ergonomia;

   c) ISO 14000 e OHSAS 18000.

V. Sistemas de Medição:

   a) processos de medição;

   b) instrumentação básica;

   c) avaliação de sistemas de medição;

   d) validação.

VI. Gestão de Pessoas:

   a) liderança;

   b) treinamento;

   c) coordenação de equipes.

VII. Tecnologias:

   a) sistemas de informações gerenciais.

O objetivo aqui é avaliar junto ao estudante a compreensão dos conteúdos programáticos mínimos a serem vistos no curso de graduação, de forma avançada. Também é avaliado o nível de atualização com relação à realidade brasileira e mundial e às questões jurídicas de maior relevância.

Avalia-se aqui também *competências* e *habilidades*. A ideia é verificar se o estudante desenvolveu as principais **Habilidades** para o profissional de Produção Industrial, que são as seguintes:

I. Compreender, analisar e gerenciar o processo de desenvolvimento de projetos, reconhecendo as atividades críticas;

II. Desenvolver projetos de produtos, processos e serviços embasados em estudos de viabilidade técnica, econômica e ambiental;

III. Conhecer e distinguir os principais processos, ferramentas e equipamentos utilizados para a produção industrial, buscando o seu entendimento, planejando e controlando sua aplicação com o objetivo de elevar a produtividade;

IV. Dominar os diversos tipos de sistemas de produção, bem como as técnicas e atividades do planejamento e controle da produção;

V. Identificar, compreender e intervir na logística dos sistemas de produção, seus custos do ponto de vista do nível de serviço e agregação de valor ao produto, bem como sua relevância para o negócio da empresa;

VI. Interpretar e aplicar as diretrizes do planejamento estratégico, desenvolvendo produtos e processos compatíveis com as mesmas;

VII. Compreender e identificar os conceitos estatísticos e probabilísticos utilizados na gestão da produção;

VIII. Compreender e analisar o cálculo de custos na produção, utilizando conceitos de análise de valor para a busca da redução de desperdícios;

IX. Compreender a qualidade como uma função estratégica nos sistemas de produção, utilizando as ferramentas da qualidade no processo produtivo;

X. Conhecer os diversos Sistemas de Gestão da Qualidade, bem como promover a implantação, manutenção e melhoria contínua desses sistemas;

XI. Aplicar conceitos da gestão da saúde, meio ambiente e segurança do trabalho (SMS), atendendo a legislação e normas vigentes;

XII. Gerenciar o sistema produtivo, compreendendo, relacionando e promovendo a sustentabilidade, identificando os benefícios para a organização produtiva e sociedade;

XIII. Conhecer técnicas de medição e ensaio visando à melhoria da qualidade de produtos e serviços da planta industrial;

XIV. Conhecer as técnicas de trabalho em equipe e gestão participativa, gerenciando ou coordenando a aplicação destes conceitos na indústria;

XV. Compreender os conceitos básicos, recursos e aplicações dos sistemas de informação gerenciais;

XVI. Conhecer o processo de gerenciamento da manutenção industrial e suas técnicas.

2) Questões de Componente Específico classificadas por Conteúdos.

Habilidade 01

GESTÃO DE PROJETOS, PROCESSOS E PLANEJAMENTO ESTRATÉGICO

---

1. (ENADE – 2011)

O desenvolvimento de um produto deve obedecer a algumas etapas básicas, ao longo das quais suas características são definidas e sua viabilidade é questionada e também atendida. Considerando essas etapas e respectiva finalidade, analise as afirmações seguintes:

I. A análise do potencial mercadológico do novo produto fornece os principais indicadores de viabilidade técnica, econômica e ambiental.
II. São consideradas inovações tecnológicas somente as modificações que implicam em melhoria técnica e ambiental.
III. A etapa de desenvolvimento do protótipo de determinado produto é importante para ampliar as avaliações em alguns quesitos que não podem ser avaliados em uma ficha de projeto, como tato e cheiro;
IV. As informações do projeto do produto juntamente com as do projeto do processo são uma fonte fundamental para a composição dos custos.

É correto apenas o que se afirma em

(A) I e II.
(B) II e IV.
(C) III e IV.
(D) I, II e III.
(E) I, III e IV.

---

2. (ENADE – 2011)

A gestão de métodos e processos nas indústrias modernas tem como um dos objetivos o desenvolvimento de ferramentas voltadas aos diferentes sistemas de manufatura em busca do aumento da competitividade especialmente dos agentes envolvidos, na forma de parceiros, com as indústrias de transformação.

Nesse contexto e considerando a utilização da manufatura ágil – *agile manufacturing* – analise as afirmações a seguir.

I. O emprego do sistema de manufatura ágil deve prever alta especialização dos trabalhadores e execução de funções específicas.
II. Os fluxos dos processos do sistema de manufatura ágil devem ser contínuos e rígidos.
III. As empresas que optam pelo sistema de manufatura ágil respondem rapidamente às mudanças de mercado.
IV. Na manufatura ágil, há o entendimento de que as mudanças oriundas do mercado são oportunidades de negócios.

É correto apenas o que se afirma em

(A) I e II.
(B) II e IV.
(C) III e IV.
(D) I, II e III.
(E) I, III e IV.

3. (ENADE – 2011)

Avalie as asserções a seguir.

A partir de estudos prévios de viabilidade econômica e técnica executados pela diretoria de operações de uma indústria do segmento metal-mecânico, desenvolveu-se um projeto capaz de compartilhar informações oriundas do setor programacão, planejamento e controle da produção, e, ainda, o setor vendas e o departamento comercial, vinculados ao departamento de engenharia

PORQUE

a área de gestão de processos, em conjunto com responsáveis pelo planejamento de capacidade é capaz de aglutinar informações dos diversos setores da organização (usinagem, tratamento térmico, materiais, suprimentos), além de possuir competência para identificar setores considerados críticos e definir a possibilidade de atender às demandas do mercado.

Analisando a relação proposta entre as duas asserções acima, assinale a alternativa correta.

(A) As duas asserções são proposições verdadeiras, e a segunda é uma justificativa correta da primeira.

(B) As duas asserções são proposições verdadeiras, mas a segunda não é uma justificativa correta da primeira.

(C) A primeira asserção é uma proposição verdadeira, e a segunda, uma proposição falsa.

(D) A primeira asserção é uma proposição falsa, e a segunda, uma proposição verdadeira.

(E) As duas asserções são proposições falsas.

4. (ENADE – 2011)

Avalie as asserções a seguir.

O conceito de estratégia permite identificar três níveis diferentes. O primeiro, e mais elevado, refere-se à estratégia corporativa, que pressupõe a existência de várias unidades de negócios. No segundo, intermediário, identifica-se a estratégia de prioridades competitiva e, no terceiro nível, surgem as estratégias funcionais adotadas em cada uma das unidades. Sob essa ótica, é possível observar com clareza o propósito principal das corporações.

PORQUE

No nível da estratégia competitiva, identifica-se o ambiente operacional e as necessidades inerentes aos processos; ao passo que as preocupações no nível funcional estão vinculadas aos fornecedores, desejos e expectativas dos consumidores, além das ações tomadas pela concorrência.

Analisando a relação proposta entre as duas asserções, assinale a opção correta.

(A) As duas asserções são proposições verdadeiras, e a segunda é uma justificativa correta da primeira.

(B) As duas asserções são proposições verdadeiras, mas a segunda não é uma justificativa para a primeira.

(C) A primeira asserção é uma proposição verdadeira, e a segunda é uma proposição falsa.

(D) A primeira asserção é uma proposição falsa, e a segunda é uma proposição verdadeira.

(E) As duas asserções são proposições falsas.

5. (ENADE – 2011)

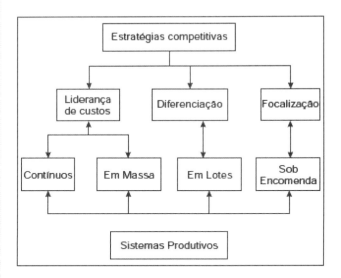

A figura acima apresenta uma interpretação do equacionamento das estratégias competitivas, que deve ser feito à luz do posicionamento dos concorrentes diretos e indiretos que atuam no mercado. Essas estratégias são conhecidas como as cinco forças competitivas de Porter: rivalidade entre as empresas concorrentes; poder de barganha dos clientes e dos fornecedores; ameaça de novos entrantes potenciais e ameaça de produtos substitutos. Para escolher a melhor estratégia competitiva, é importante considerar a avaliação dessas forças e o seu impacto sobre o desempenho das alternativas de custo/volume disponíveis à empresa.

Considerando esse contexto, analise as afirmações que se seguem.

I. Na liderança de custos, a empresa deve buscar a produção com menor custo possível e em baixa escala, com redução de custos fixos, experiência adquirida e padronização dos produtos.

II. Na estratégia de focalização, a empresa deve focar suas habilidades em determinado grupo de clientes e, com isso, atendê-lo melhor que os demais competidores do mercado.

III. Na estratégia que é praticada em sistemas de produção repetitivos em lotes, a empresa deve procurar focalizar seus produtos e, com isso, obter margem maior de lucro.

IV. Na estratégia de diferenciação, a empresa deve buscar a exclusividade em alguma característica do produto que seja mais valorizada pelos clientes, sem desprezar as questões referentes às grandes quantidades.

É correto o que se afirma em

(A) I, apenas.

(B) II, apenas.

(C) I e III, apenas.

(D) II e IV, apenas.

(E) III e IV, apenas.

6. (ENADE – 2008)

Uma das funções da administração da produção é projetar o sistema produtivo mais adequado aos objetivos estratégicos da empresa, selecionando os tipos de processo e de sistemas a serem utilizados na organização. Esse projeto é influenciado pela relação entre o volume e a variedade dos produtos a serem comercializados. Que processo e que sistema de produção devem ser utilizados quando há alto volume e baixa variedade de produto?

	Processo	Sistema
(A)	contínuo	para produção em massa
(B)	por batch	de manufatura flexível
(C)	de projeto	para produtos personalizados
(D)	de jobbing	para produtos padronizados
(E)	em lotes	de produção enxuta

7. (ENADE – 2008)

Numa empresa, uma peça era fabricada por processo de forjamento, muito demorado porque, para melhorar o acabamento, eram realizadas outras operações como rebarbação e tamboreamento. Decidiu-se fabricar a peça por operação de repuxo, que, por apresentar acabamento adequado, eliminava essas duas operações. No entanto, no nível operacional, constatou-se que a fábrica não dispunha de prensa de repuxo; no nível tático, verificou-se que era necessário adquirir ou terceirizar a peça. Assim, a decisão passou para o nível estratégico, que optou pela terceirização.

Analisando-se esse caso, conclui-se que ao nível hierárquico

(A) operacional coube o levantamento de dados da prensa e da ferramenta de repuxo e a cotação da peça para uma possível terceirização.

(B) operacional coube a decisão sobre as marcas e os modelos e o fornecedor da ferramenta e da peça.

(C) operacional coube a análise das consequências da decisão sobre os planos de longo prazo da empresa.

(D) tático, em consenso com o operacional, coube a decisão de como seria a alocação de investimentos considerando esta decisão e os demais negócios da empresa.

(E) tático coube o estudo de como a alavancagem financeira e o fluxo de caixa a longo prazo seriam afetados pela decisão.

8. (ENADE – 2008)

Uma empresa prestadora de serviços, negócios e projetos contratou um Tecnólogo em Gestão da Produção Industrial para seu departamento de engenharia e a ele foram atribuídas as seguintes tarefas:

I. desenvolver estudos de produtividade para um arranjo físico do setor de robótica em um centro automotivo;

II. desenvolver e gerenciar, no modelo celular, um restaurante por quilo em uma indústria;

III. desenvolver uma nova área de produção em indústria de equipamento hospitalar.

Pode(m) ser considerada(s) como projeto(s) **APENAS** a(s) tarefa(s)

(A) I

(B) III

(C) I e II

(D) I e III

(E) II e III

9. (ENADE – 2008)

A Empresa X explora minério de ferro na região de Minas Gerais. A Empresa Y compra e beneficia minério de ferro para posterior comercialização. X e Y fazem uma aliança e decidem, em conjunto, comercializar minério de ferro beneficiado nos mercados interno e externo.

Nessa situação, verifica-se que a aliança feita

(A) pressupõe a solução de problemas a partir de uma decisão que permita juntar três elementos: viabilidade técnica, recursos financeiros e mercado consumidor.

(B) é uma *joint venture*, meio pelo qual duas empresas concordam em produzir conjuntamente produtos e/ou serviços.

(C) é uma decisão tomada sob risco e deve ser previsível a ocorrência de resultados não satisfatórios.

(D) deve ser um processo empresarial em nível de gestão operacional.

(E) pode ser utilizada desde que as empresas tenham acesso a mercados exteriores.

10. (ENADE – 2008) DISCURSIVA

Elaborou-se um projeto de desenvolvimento e construção de um equipamento mecânico utilizado em uma usina siderúrgica, visando ao atendimento das exigências de sustentabilidade ambiental e ao aumento da produtividade. Concluiu-se que o mesmo poderia ser encerrado em um tempo esperado de 21 meses. Por outro lado, sabe-se que a instalação atual produz 1.250 toneladas utilizando 800 homens•hora. Espera-se que o novo equipamento venha a produzir 1.100 toneladas com a utilização de 700 homens•hora.

Após estudos envolvendo folgas, caminho crítico e variâncias relativas ao projeto, obteve-se

$$\Sigma\sigma^2_{cc} = 3,17$$

$$\text{Se } z = T - Te \div \sqrt{\Sigma\sigma^2_{cc}} \text{ e } \sqrt{3,17} = 1,78$$

Dados:

Te = Tempo Esperado   T = Tempo de Finalização

Produtividade = Resultados Obtidos $\div$ Recursos Utilizados

Ganho de Produtividade = GP

GP = (Produtividade Esperada – Produtividade Atual) $\div$ (Produtividade Atual)

Tabela da distribuição normal (em anexo no final da prova).

CALCULE:

a) o valor de "z" correspondente ao tempo de finalização do projeto de 24 meses;

b) a probabilidade do tempo de finalização do projeto (valor: 4,5 pontos)

(i) ocorrer entre 21 e 24 meses;

(ii) ser inferior a 24 meses;

(iii) ser superior a 24 meses.

c) o ganho de produtividade do novo equipamento.

11. (ENADE – 2008) DISCURSIVA

A rede PERT representada a seguir foi concebida para implementar o projeto de desenvolvimento de uma máquina para coletar cana-de-açúcar. Nela, os números referentes às atividades correspondem a semanas.

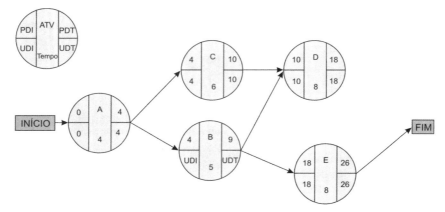

Adaptado de KRAJEWSKI, L.J. ; RITZMAN, L.P. **Administração da Produção e Operações**. São Paulo: Pearson Prentice Hall, 2004. p. 60.

Legenda :

PDI – primeira data de início

UDI – última data de início

PDT – primeira data de término

UDT – última data de término

Tempo – tempo gasto para realização da atividade

ATV – atividade

(A) Determine o caminho crítico da rede. **(valor: 4,0 pontos)**

(B) Calcule a UDI e a UDT da atividade B.

(C) Qual(ais) é(são) a(s) atividade(s) que apresenta(m) folga(s)? Justifique. **(valor: 2,0 pontos)**

Habilidade 02

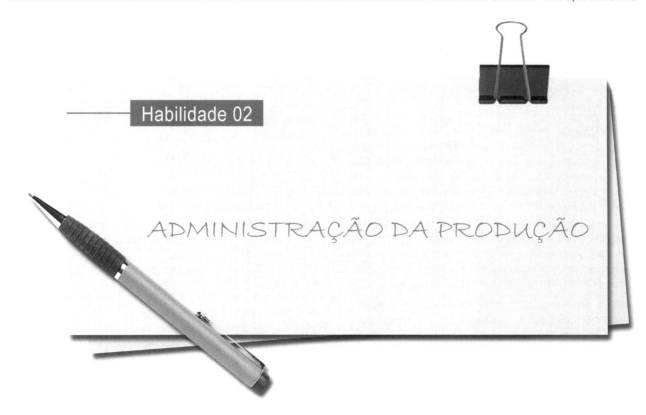

ADMINISTRAÇÃO DA PRODUÇÃO

1. (ENADE – 2011)

O ritmo de trabalho no setor de produção de uma empresa transportadora de cargas foi avaliado a partir do setor de empacotamento para o qual foram definidas como situações de viabilidade econômica e técnica: (A) a exigência para o empacotamento de uma caixa por minuto durante a jornada de 8 horas de trabalho, obrigatoriamente nesse padrão; ou (B) a permissão ao trabalhador para produzir 480 peças (caixas) no setor de empacotamento ao longo de 8 horas da jornada de trabalho, tendo nesse caso a possibilidade de acelerar ou desacelerar a produção, além de poder adequar-se ao seu próprio ritmo biológico. Avalie as asserções a seguir, a respeito do caso hipotético apresentado acima.

O ritmo de trabalho está estabelecido para o caso acima na situação (A) uma vez que ele se encontra imposto pelas normas de produção e livre na situação (B) e permite autonomia na cadência de trabalho,

PORQUE

ele se constitui a partir da cadência de trabalho que se refere à velocidade dos movimentos que se repetem em uma dada unidade de tempo, considerando-se que o ritmo é a maneira como as cadências são ajustadas ou arranjadas.

Analisando a relação proposta entre as duas asserções acima, assinale a opção correta.

(A) As duas asserções são proposições verdadeiras, e a segunda é uma justificativa correta da primeira.

(B) As duas asserções são proposições verdadeiras, mas a segunda não é uma justificativa correta da primeira.

(C) A primeira asserção é uma proposição verdadeira, e a segunda, uma proposição falsa.

(D) A primeira asserção é uma proposição falsa, e a segunda, uma proposição verdadeira.

(E) As duas asserções são proposições falsas.

2. (ENADE – 2011)

O planejamento da produção é uma composição de atividades que visa antecipar alguns elementos fundamentais da gestão da produção, colocando-os à disposição das atividades diárias de programação e controle. Fazem parte desse cenário a atividade de projetar novos produtos e de desenvolver os respectivos processos, além do planejamento do volume de produção, sendo que este é influenciado pela capacidade produtiva e pela demanda do mercado.

Diante desse contexto, analise as afirmações a seguir.

I. A automação industrial contribui, entre outros aspectos, para o aumento da capacidade e consequentemente, do volume de produção.

II. O volume de produção, por ser decorrente da demanda de mercado, pode ser incrementado simplesmente vendendo-se maiores volumes.

III. Um *layout* dedicado a determinado produto (*layout* por produto) tende a ser mais produtivo que outros, contribuindo para o aumento da eficiência do sistema.

IV. O aumento da demanda e da capacidade de produção justificam e dão sustentação ao aumento do volume de produção.

É correto apenas o que se afirma em

(A) I e II.
(B) II e IV.

(C) III e IV.

(D) I, II e III.

(E) I, III e IV.

3. (ENADE – 2011)

Um sistema de produção é definido conceitualmente como sendo a configuração de recursos combinados, de natureza física (homens, máquinas, materiais, equipamentos etc.) ou não física (métodos, rotinas, tecnologias, conhecimentos, padrões, procedimentos etc.) para a produção de bens e serviços. Uma das mais importantes funções de um sistema de produção é o Planejamento e Controle da Produção (PCP), cuja arquitetura técnica e organizacional varia em função da **natureza contínua ou intermitente** do sistema de produção, conhecendo-se para tanto, duas tipologias distintas: **por fluxo** e **por ordem**. Considerando a relação entre os sistemas de produção e as tipologias existentes de PCP, analise as afirmações que se seguem.

I. Os sistemas de produção de natureza contínua são caracterizados pela fabricação de um grande volume e pequena variedade de produtos, usando um sistema de PCP do tipo por fluxo.

II. Na produção do tipo intermitente, a fabricação é caracterizada pela elaboração de pequenos volumes e grande variedade de produtos, usando um sistema de PCP por ordem.

III. Os sistemas de produção de natureza contínua comportam operações muito variadas e que requerem instruções frequentes, usando um sistema de PCP por ordem.

IV. Na produção do tipo intermitente, a fabricação é caracterizada por uma grande frequência de operações repetitivas, usando um sistema de PCP por fluxo.

V. Os sistemas de produção de natureza contínua têm características dúbias admitindo ambos os sistemas PCP por ordem e PCP por fluxo.

VI. Na produção do tipo intermitente, a fabricação tem característica dúbia admitindo ambos os sistema PCP por ordem e PCP por fluxo.

É correto apenas o que se afirma em

(A) V.

(B) VI.

(C) I e II.

(D) III e IV.

(E) V e VI.

4. (ENADE – 2011)

Nos anos 30 do século passado, ficou evidente que as empresas já não podiam contar com demanda certa para sua produção, pois os efeitos multiplicadores da produtividade das máquinas, associados ao avanço da automação industrial, alavancavam a oferta de bens, produzindo-se cada vez mais com menos recursos naturais (mão de obra e matéria-prima). No âmbito interno das empresas, especificamente com relação à apuração e ao controle dos custos de fabricação, esse mesmo fenômeno suscita críticas ao Custeio por Absorção, evidenciando limitações deste método na aferição precisa do custo unitário dos produtos. A literatura assegura que é no lastro dessas limitações que surge o **custeio direto ou variável**, sugerindo que sua concepção e modelagem é uma resposta às **críticas feitas ao custeio por absorção**.

Considerando as ideias apresentadas no texto, assinale a opção correta.

(A) O método de custeio direto ou variável é um método eficaz na alocação dos custos indiretos de fabricação.

(B) O método de custeio direto ou variável é o método adotado pela contabilidade financeira para fins de elaboração de relatórios.

(C) O método de custeio direto ou variável possibilita a detecção de que todos os custos de fabricação são consignados aos produtos.

(D) O método de custeio direto ou variável reduz as restrições provocadas pela departamentalização da produção.

(E) No custeio direto ou variável, os custos indiretos de fabricação são todos os custos passíveis de variabilidade da produção.

5. (ENADE – 2011)

A função de Planejamento e Controle da Produção (PCP) é caracterizada pela importância de se conciliar a demanda de acordo com três componentes-chave dos sistemas produtivos: volume, tempo e qualidade. **Conciliar os componentes volume/demanda** implica realizar três tarefas típicas do PCP: carregamento, sequência e programação. Em consonância com essa abordagem, carregamento é a quantidade de trabalho alocado para um centro de trabalho e pode ser realizado de dois modos: (a) carregamento finito e (b) carregamento infinito.

Nesse contexto, o escopo do modo de carregamento finito

I. somente aloca trabalho a um centro de trabalho até um limite estabelecido.

II. é relevante quando o custo da limitação da carga não é proibitivo.

III. é relevante quando é possível limitar a carga, mesmo em condições de custos proibitivos.

IV. não limita a aceitação de trabalho e, em vez disso, tenta corresponder a ele.

É correto apenas o que se afirma em

(A) I e II.

(B) II e IV.

(C) III e IV.

(D) I, II e III.

(E) I, III e IV.

6. (ENADE – 2011)

Uma indústria, ao readequar seu almoxarifado, utilizou a seguinte padronização de acordo com norma técnica aplicável: parafuso métrico, cabeça sextavada, em aço de classe de resistência 5.6 (ABNT – EB – 168), cadmiado, diâmetro 5,00mm, passo 1,00 mm, comprimento 16mm, corpo todo roscado, acabamento grosso, conforme norma ABNT PB-40.

Nessa situação, o tipo de padronização que a indústria implantou foi por

(A) amostra detalhada do material.

(B) composição química do material.

(C) material de fábrica como padrão.

(D) desenho com características do material.

(E) padrão e características físicas.

7. (ENADE – 2011)

O planejamento, a programação e o controle da produção têm a função precípua de gerenciar a produção, organizando e fazendo fluir as informações. Em relação a esse tema, é correto afirmar que

(A) os sistemas puxados e empurrados de produção não apresentam nenhuma diferença quanto à organização da programação da produção.

(B) os sistemas puxados são mais econômicos, desde que operem com lotes grandes, visando ao ganho de escala.

(C) a produção empurrada sobressai em relação à puxada, quando nem produtos e nem volumes sofrem grandes alterações.

(D) puxar a produção é mais adequado quando se tem situações de grande alternância de produtos na linha.

(E) uma das formas ou técnicas de programação e controle mais difundidas é o MRP/MRP-II, que se alinha ao conceito de produção empurrada.

8. (ENADE – 2011)

Uma empresa montadora de motocicletas definiu, de forma clara e objetiva, seu sistema de produção, as técnicas e atividades do planejamento e controle da produção, sendo fundamental atentar para o ciclo da administração de materiais.

Sabe-se que a administração de materiais tem impacto direto na lucratividade de uma empresa e na qualidade dos produtos, havendo necessidade de uma gestão.

A partir da situação apresentada e considerando que o ciclo da administração de materiais passa por seis pontos ou estágios, essenciais à boa gestão de materiais, assinale a opção que apresenta a ordem correta dos estágios seguintes ao estágio necessidade do cliente.

(A) Análise, reposição dos materiais, recebimento, armazenamento e logística (distribuição-entrega).

(B) Recebimento, armazenamento, logística (distribuição-entrega), venda e pagamento.

(C) Análise, reposição dos materiais, armazenagem, pagamento e logística (distribuição-entrega).

(D) Reposição dos materiais, organização, recebimento, armazenamento, emissão de notas fiscais .

(E) Reposição dos materiais, armazenamento, notificações internas, logística (distribuição-entrega) e análise.

9. (ENADE – 2008)

Uma empresa de cosméticos está planejando investir em uma segunda empilhadeira para sua área de manufatura. Ela já utiliza uma empilhadeira para movimentar paletes com peças em processo de uma estação de trabalho para outra, a partir do recebimento de um cartão kanban. São realizadas 5 requisições por hora. A capacidade da empilhadeira atual é de atendimento a 10 requisições por hora.

Qual é o tempo médio, em minutos, na fila de atendimento?

(A) 30

(B) 10

(C) 5

(D) 0,6

(E) 0,1

10. (ENADE – 2008)

As prioridades competitivas são entendidas como características de produtos e serviços que os clientes mais valorizam durante a decisão de compra. A determinação dos elementos que compõem um sistema de operações deve levar em conta as prioridades competitivas que a empresa precisa ter para atender seus clientes. A seguir, são apresentadas definições de algumas prioridades competitivas.

Prioridade Competitiva	Definição
Baixo custo de produção	Baixo custo unitário de produtos e serviços
Desempenho de entrega	Entrega rápida e no tempo certo
Produtos e serviços de alta qualidade	Percepção dos clientes quanto ao grau de excelência de produtos e serviços
Flexibilidade de serviços ao cliente	Capacidade de mudar rapidamente a produção conforme encomendas específicas dos clientes

Adaptado de GAITHER, N. Frazier, G. **Administração da Produção e Operações**. 8. ed. São Paulo: Pioneira Thomson Learning, 2002, p. 40.

Considerando as prioridades competitivas apresentadas, analise o caso de uma empresa que está definindo seus objetivos operacionais para ter um desempenho de entrega melhor que os seus concorrentes. Sabendo-se que a empresa está distante dos centros consumidores e em um local onde não existe infraestrutura logística adequada, qual objetivo ela deve priorizar?

(A) Desenvolver linhas de produção automatizadas com alta capacidade de produção.

(B) Desenvolver processos que permitam alta variedade e customização.

(C) Empregar sistemas de manufatura flexível com uso de CAD/CAM.

(D) Manter Centros de Distribuição (CD) com maior estoque de produtos.

(E) Selecionar insumos e componentes de melhor qualidade para a fabricação de produtos.

11. (ENADE – 2008)

Numa empresa, em determinado mês ocorreram os seguintes gastos, em reais:

• Consumo de matéria-prima   2.500,00
• Aluguel do galpão   1.000,00
• Mão de obra da fábrica   2.000,00
• Despesas administrativas   3.000,00
• Despesas com vendas   2.000,00
• Custos diversos   1.500,00

Foram fabricadas 10 unidades de um produto, das quais 8 foram vendidas por R$ 1.500,00 cada uma.

Qual foi o Demonstrativo do Resultado do Exercício (DRE), em reais?

Dado: DRE = (Receita de Vendas) - (Custos dos Produtos Vendidos) - (Despesas Administrativas e de Vendas)

(A) 1.400,00

(B) 200,00

(C) 0

(D) - 200,00

(E) -1.400,00

12. (ENADE – 2008)

As relações entre custos, receitas e unidades produzidas estão representadas no diagrama a seguir.

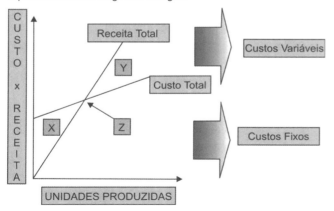

Adaptado de KWASNICKA, E.L. **Introdução à Administração**. São Paulo: Atlas, 2004. p.121.

A região indicada pelas letras X e Y e o ponto indicado pela letra Z são, respectivamente,

(A) Custo de Avaliação, Custo de Produção e Unidades Produzidas.
(B) Custo de Processo, Avaliação de Produção e Unidades Produzidas.
(C) Lucro, Prejuízo e Ponto de Equilíbrio.
(D) Ponto de Equilíbrio, Lucro e Prejuízo.
(E) Prejuízo, Lucro e Ponto de Equilíbrio.

Leia o texto a seguir, para responder às duas questões a seguir.

A partir do planejamento estratégico da produção, foram elaborados três planos de produção (X, Y e Z) para o próximo ano, com períodos bimestrais. A demanda e a Produção com Turno Normal (PTN) são as mesmas para os três planos, conforme mostra a Tabela 1. O plano X não usa Subcontratação (S) nem Turno Extra (TE); o plano Y investe em Turno Extra (TE) por três bimestres; e o plano Z utiliza Subcontratação (S) em três bimestres. Os custos com produção, estocagem e atrasos na entrega da mercadoria são apresentados na Tabela 2.

TABELA 1 - PLANOS DE PRODUÇÃO

bimestre	demanda	Plano X PTN	Plano X estoque	Plano Y PTN	Plano Y TE	Plano Y estoque	Plano Z PTN	Plano Z S	Plano Z estoque
primeiro	400	450	50	450	0	50	450	0	50
segundo	400	450	100	450	0	100	450	0	100
terceiro	400	450	150	450	0	150	450	0	150
quarto	700	450	-100	450	100	0	450	100	0
quinto	500	450	-150	450	50	0	450	50	0
sexto	600	450	-300	450	150	0	450	100	0

TABELA 2 - CUSTOS, EM REAIS, POR UNIDADE

Produção PTN	Produção TE	Produção S	Estocagem (por bimestre) (É cobrado sobre o estoque existente no final do bimestre)	Atraso na entrega (por bimestre)
5	8	10	3	16

13. (ENADE – 2008)

Considerando os custos com turno normal, estocagem e atraso, qual é o custo total do plano X, em reais?

(A) 13.500,00
(B) 14.400,00
(C) 15.150,00
(D) 23.200,00
(E) 23.250,00

14. (ENADE – 2008)

Com base nos dados apresentados, analise as afirmações a seguir.

I. A técnica empregada é adequada para decidir sobre a situação mais viável.
II. Nesse caso, pode ser utilizada a técnica informal, de tentativa e erro, para decidir a produção de menor custo.
III. O plano Y apresenta o menor custo total, sem atraso na entrega da mercadoria.

IV. O plano Z, que optou por subcontratação, tem atraso na entrega da mercadoria.

É (São) correta(s) a(s) afirmação(ões)

(A) I, apenas.
(B) II, apenas.
(C) II e III, apenas.
(D) II, III e IV, apenas.
(E) I, II, III e IV.

15. (ENADE – 2008)

Se a capacidade efetiva de produção de uma empresa é de 500 peças/turno de 8 horas/dia, e ela produz somente 50 peças/hora, o seu grau de ocupação é de aproximadamente 80%.

PORQUE

A capacidade efetiva de produção de uma empresa, quando se considera um turno com 8 horas/dia, pode ser obtida em um, dois ou três turnos.

Analisando-se as afirmações acima, conclui-se que

(A) as duas afirmações são verdadeiras, e a segunda justifica a primeira.
(B) as duas afirmações são verdadeiras, e a segunda não justifica a primeira.
(C) a primeira afirmação é verdadeira, e a segunda é falsa.
(D) a primeira afirmação é falsa, e a segunda é verdadeira.
(E) as duas afirmações são falsas.

16. (ENADE – 2008)

Nos anos 1980, os fabricantes de automóveis americanos e europeus perderam mercado em função da concorrência de empresas japonesas. Os fabricantes de automóveis japoneses apresentavam maior variedade de modelos, qualidade e preços competitivos.

	GM Framingham	Toyota Takaoka
Horas de montagem por carros	40,7	18
Defeitos de montagem por 100 carros	130	45
Espaço de montagem por carro (m²)	0,75	0,45
Estoques de peças (média)	2 semanas	2 horas

WOMACK, J. P.; Jones, D. T.; Roos, D. **A Máquina que Mudou o Mundo**. Rio de Janeiro: Campus, 1992, p. 71.

Quais as características dos sistemas de produção utilizados nas empresas GM e Toyota apresentados na tabela?

(A) A programação puxada usada pela GM faz com que ela trabalhe com estoque médio maior que a Toyota.
(B) A programação empurrada usada pela Toyota reduz os custos fixos.
(C) O sistema utilizado pela Toyota sincroniza o fluxo de produção para minimizar os estoques em processo.
(D) O sistema de qualidade da GM é mais eficiente do que o da Toyota.
(E) Os lotes de produção da GM são menores do que os processados pela Toyota.

17. (ENADE – 2008)

Um dos aspectos da produção atual é o conjunto de técnicas manufatureiras, denominado tecnologia de grupo, presente no arranjo físico celular. O leiaute e a tabela mostram um arranjo físico funcional e uma matriz de processos das partes.

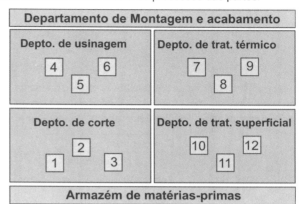

Adaptado de MARTINS, P.G., LAUGENI, F.P. **Administração da produção**. 2. ed. São Paulo: Saraiva, 2005. p. 151.

Se as partes de A até H forem agrupadas em famílias, uma das reordenações possíveis é:

- Célula 1: Constituída pelas máquinas 1, 2, 4, 8 e 10, produz as partes ADF;
- Célula 2: Constituída pelas máquinas 3, 6 e 9, produz as partes C e G;
- Célula 3: Constituída pelas máquinas 5, 7, 8, 11 e 12, produz BHE.

A análise da reordenação proposta mostra que a(s) máquina(s)

(A) 12 deverá permanecer somente na célula 3.
(B) 12 deverá permanecer somente na célula 2.
(C) 6 deverá permanecer somente na célula 2.
(D) 6 e 12 devem permanecer na célula 1.
(E) 6 e 12 não devem estar na mesma célula.

18. (ENADE – 2008)

A definição do arranjo físico de uma operação produtiva deve levar em conta o posicionamento físico dos recursos em um sistema de produção, estabelecendo a localização das máquinas, dos equipamentos e do pessoal da produção. Qual é o arranjo físico típico usado em estaleiros na construção de grandes navios?

(A) Posicional, porque os recursos a serem transformados ficam estacionários enquanto os recursos transformadores são movimentados a cada etapa do projeto.

COLETÂNEA DE QUESTÕES – PRODUÇÃO INDUSTRIAL

(B) Posicional, porque os recursos transformadores são fixos, característica típica das linhas de montagem industrial.

(C) Celular, porque os trabalhos são realizados em uma continuidade de células de produção localizadas de forma sequencial na ordem lógica das etapas de trabalho.

(D) Celular, porque a produção se desenvolve fixando os meios de produção e o produto dentro dos limites geográficos da unidade de produção.

(E) Por produto, porque o resultado do processo produtivo é unitário e único, decorrente de projeto específico, típico de uma produção customizada.

19. (ENADE – 2008)

Um componente de grandes proporções é utilizado na montagem de um produto de uma empresa e pode ser adquirido de dois fornecedores diferentes pelo mesmo preço. A empresa necessita de, rigorosamente, 30.000 componentes/ mês e deseja não manter estoques em suas dependências. Os fornecedores têm as seguintes características:

Característica	Fornecedor1 (F1)	Fornecedor 2 (F2)
Meta de produção/dia	2.000	2.000
Entrega por via	terrestre	terrestre ou aérea
Regime de trabalho	2 turnos	3 turnos
Rejeição em A-antes de montar (%)	0,5	1
Frequência de entrega	diária	semanal
Fator eficiência da produção	0,8	0,9
Localização	a 50 km de A	a 300 km de A

Considerando 20 dias trabalhados por mês, de qual fornecedor a empresa deve comprar e quanto?

(A) É indiferente comprar de F1 ou de F2, pois ambos têm capacidade de atender a demanda.

(B) 20% de sua necessidade deve ser comprada de F1 e o restante, de F2, pois é a alternativa mais econômica.

(C) 20% de sua necessidade deve ser comprada de F1 e o restante, de F2, pois F2 pode entregar mais rápido e tem fator de eficiência maior.

(D) 80% de sua necessidade deve ser comprada de F1 e o restante, de F2, pois F1 está mais próximo e tem índice de rejeição menor.

(E) 80% de sua necessidade deve ser comprada de F1 e o restante, de F2, pois o volume de ressuprimento é menor.

20. (ENADE – 2008)

Uma empresa do ramo de eletrodomésticos adota como política de controle de estoque o ponto de recolocação de pedido (ROP). Com este sistema é possível acompanhar o estoque remanescente de um item cada vez que uma retirada é feita, a fim de determinar a necessidade de reposição e, a cada revisão, é tomada uma decisão sobre a posição do estoque. Para este caso, os gestores dos estoques da empresa, ao selecionar o estoque de segurança, assumiram que a demanda durante o tempo de espera tem uma distribuição normal.

Durante a última reunião de planejamento, os números indicaram a demanda média (d) de 18 unidades por semana, com um desvio padrão de 5 unidades e com tempo de espera (L) constante e igual a duas semanas. Deseja-se um nível de atendimento de 90%, mantendo-se os demais dados de planejamento, que são:

- Demanda anual (D) de 936 peças;
- Quantidade econômica de pedido (Q) igual a 75 peças;
- Custo de pedido (S) igual a R$ 45,00 e
- Custo unitário de manutenção do estoque (H) igual a R$ 15,00.

São dados:

$sL = st. \sqrt{L}$

Custo Total do Sistema $(C) = (Q/2)(H) + (D/Q).(S) + H.z.sL$

Estoque de Segurança $= z. sL$

Ponto de recolocação de pedido $= d.L +$ Estoque de Segurança

Tabela da distribuição normal (em anexo no final da prova).

Adaptado de RITZMAN, L.P. ; KRAJEWSKI, L.J. **Administração da Produção e Operações.** São Paulo: Pearson, Prentice Hall, 2004. p. 304 - 311.

Sobre o estudo apresentado, considere as afirmações a seguir.

I. O custo total anual é R$ 1.259,10, e o estoque de segurança é igual a 9 unidades.

II. O estoque de segurança deve ser retirado para aumentar o nível de atendimento para 95%.

III. Deve-se avaliar o equilíbrio entre os objetivos conflitantes de custos e os níveis de atendimento.

IV. Quanto maior o valor de z, menores serão os níveis de atendimento.

São corretas **APENAS** as afirmações

(A) I e II

(B) I e III

(C) II e III

(D) III e IV

(E) I, II e IV

21. (ENADE – 2008)

Características intrínsecas a cada produto como, por exemplo, peso, volume, forma, valor, perecibilidade, inflamabilidade e substituibilidade influenciam o sistema logístico. Como peso e volume podem ser relacionados em um sistema logístico?

(A) Produtos pouco densos possuem características que exigem modal específico de transporte.
(B) Produtos densos tendem a ter baixos custos logísticos, comparados aos preços de venda.
(C) O fato de um produto ser denso não influencia de forma significativa a determinação do modal de transporte.
(D) O peso do produto é um componente de custo logístico mais importante do que o volume do produto.
(E) Os custos de transporte e de distribuição não são sensíveis à densidade do produto.

22. (ENADE – 2011) DISCURSIVA

A Análise de Custo/Volume/Lucro (ACVL) propõe uma abordagem demasiadamente matemática em busca de introduzir os conceitos de ponto de equilíbrio, em suas diferentes expressões. Em sua excessiva linearidade, passa ao largo daqueles custos não compreendidos e não enxergados pela contabilidade. Dessa maneira, torna deficiente qualquer diagnóstico e planejamento gerencial, visto que não considera aspectos importantes nos conceitos de custos fixos e variáveis, bem como de medidas de desempenho.

É pressuposto da ACVL que o montante dos custos fixos totais independe do volume de produção (os custos fixos unitários, ao contrário, guardam uma relação inversa), assim como o montante dos custos variáveis guarda proporção direta com o volume de produção. Entretanto, cabe destacar a ausência, na literatura, de qualquer abordagem sobre a influência dos custos ocultos nas considerações dessa análise. Também constata-se um vácuo quando se fala de produtividade. Isso nos parece significativo, quando se considera que a ACVL é importante ferramenta de tomada de decisões, inclusive para auxiliar processos de planejamento e controle empresariais.

A abordagem de Kopittke, ao apresentar a igualdade fundamental e universal da ACVL (R= CV + CF + L), impõe ainda mais o questionamento e a procura dos conceitos supramencionados, pois, nessa equação, estão implícitos custos ocultos e medidas de produtividade. Severiano Filho, ao proceder à crítica ao modelo desenvolvido por Son, denominado Medida de Desempenho Global da Produção, clarifica a superficialidade da abordagem de Kopittke. Os diferentes compartimentos em que se organizam os custos relacionados com produtividade, qualidade e flexibilidade e que convergem no custo total de um sistema produtivo não são abordados, com a verticalização necessária, no momento da ACVL.

Considerando as ideias centrais apresentadas, redija um texto dissertativo sobre o seguinte tema:

Aperfeiçoamentos teóricos em modelagens estáticas: como contribuir.

Em seu texto, aborde os seguintes aspectos:

a) função/objetivo da ACVL; (valor: 3,0 pontos)
b) limitações da ACVL; (valor: 3,0 pontos)
c) contribuições metodológicas à ACVL. (valor: 4,0 pontos)

23. (ENADE – 2011) DISCURSIVA

Os sistemas de produção tradicionalmente baseiam-se no modelo **ENTRADA ---> TRANSFORMAÇÃO ---> SAÍDA**.

A partir desse conceito, e em função da análise que se faz, são várias as maneiras de classificá-los. Uma técnica utilizada para a gestão de projetos vale-se do método PERT - CPM (*Program Evaluation and Review Technique - Critical Method Path*). As datas de início e término de atividades estão relacionadas ao tempo esperado das mesmas, assim como às suas folgas.

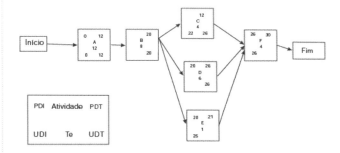

Com base na rede apresentada no diagrama acima, identifique as atividades que fazem parte do Caminho Crítico; a Primeira Data de Início (PDI) nas atividades B e C; a Última Data de Início (UDI) nas atividades B e D; e a Última Data de Término (UDT) nas atividades E e F, considerando que o tempo de duração do projeto coincide com a Última Data de Término da atividade F. Explique, ainda, qual fator foi utilizado para indicar as atividades que pertencem ao Caminho Crítico. (valor: 10,0 pontos)

Habilidade 03

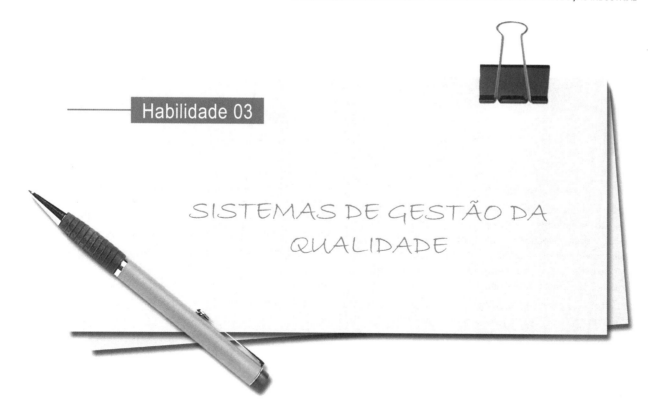

SISTEMAS DE GESTÃO DA QUALIDADE

1. (ENADE – 2011)

Na busca pela melhoria contínua da eficácia dos processos necessários ao sistema de gestão da qualidade, a norma ISO 9001 trata da importância de os instrumentos de medição serem padronizados e universalmente aceitos.

A gestão desses instrumentos envolve um parque de instrumentos como paquímetros, blocos padrão, micrômetros, balanças, trenas, voltímetros, amperímetros, equipamentos de monitoramento e medição usados com o objetivo de manutenção da conformidade dos produtos, mas a presença de fatores como temperatura e habilidade do operador pode influenciar os resultados.

A metrologia assume a função de apoio ao controle e monitoramento dos processos produtivos, para garantir a qualidade dos produtos finais, oferecendo confiabilidade, universalidade e maior exatidão das medidas ao tratar dos padrões de medição.

A partir das informações apresentadas e considerando os padrões internacionais de medição, avalie as afirmações a seguir.

I. A comprovação metrológica garante a confiabilidade dos dados referentes ao controle das características que determinam a qualidade do produto.

II. Todo equipamento de medição necessário aos requisitos metrológicos, independentemente do padrão, deve ter uma situação de calibração válida.

III. A ausência de certificação aumenta as possibilidades de gerar resultados não confiáveis e, consequentemente, afeta a qualidade oferecida.

IV. A calibração garante que os produtos tenham suas características medidas por instrumentos que atendem aos padrões de qualidade exigidos.

É correto o que se afirma em

(A) I e II, apenas.
(B) III e IV, apenas.
(C) I, III e IV, apenas.
(D) II, III e IV, apenas.
(E) I, II, III e IV.

2. (ENADE – 2011)

Os requisitos da NBR ISO 9001:2000 visam à melhoria contínua da eficácia do Sistema de Gestão da Qualidade (SGQ) da empresa, e uma auditoria deve entender se a organização procurou definir objetivos que estabeleçam uma correlação entre os objetivos corporativos, as necessidades dos clientes e as expectativas do mercado.

De acordo com a norma, em um SGQ, a empresa deve demonstrar sua capacidade de fornecer produtos em conformidade com os requisitos do cliente e dos órgãos regulamentadores aplicáveis. Assim, para garantir que os requisitos sejam atendidos, são utilizadas as auditorias, que avaliaram a eficácia do sistema de gestão da qualidade, identificando oportunidades de melhoria. De acordo com a ISO 19011, uma auditoria é um processo sistemático, documentado e independente, desenvolvido para obter evidências e avaliá-las objetivamente, para determinar a extensão do atendimento aos os critérios da auditoria.

Nesse contexto, um programa de auditoria

I. determina as melhorias a serem realizadas na empresa.
II. contribui para a melhoria do sistema de gestão de qualidade da empresa.
III. fornece informação adicional para auxiliar o modelo de decisão da empresa.

IV. identifica se os resultados estão adequados à consecução dos objetivos da empresa.

É correto apenas o que se afirma em

(A) I e III.
(B) I e IV.
(C) II e III.
(D) I, II e IV.
(E) II, III e IV.

3. (ENADE – 2011)

Uma empresa implementou o PDCA ao integrar manutenção-operação em seu parque industrial. Para isso, trabalhou com uma equipe multifuncional, desenvolvendo e implementando um modelo de manutenção, que, conforme esperado, evita a ocorrência de falhas ou de queda no desempenho, de acordo com um plano previamente elaborado, com base em intervalos definidos de tempo.

Considerando a situação apresentada, depreende-se que a manutenção que está em uso na referida empresa é do tipo

(A) preventiva.
(B) preditiva.
(C) planejada.
(D) detectiva.
(E) corretiva.

4. (ENADE – 2011)

Um importante elemento para melhoria de processos industriais relacionados à gestão da qualidade total compreende a vinculação de projetos de produtos ou serviços aos processos que os produzem. Uma das maneiras de se realizar uma análise adequada dessa relação pode ser traduzida no desdobramento da função de qualidade, também conhecido por *quality function deployment* (QFD).

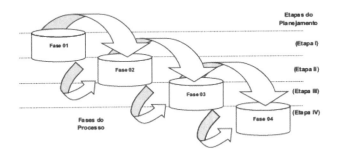

O esquema apresentado acima mostra o processo de desenvolvimento do QFD, em suas etapas, segundo as fases estratégicas de desenvolvimento do modelo.

As etapas (I), (II), (III) e (IV) do QFD correspondem, respectivamente, a

(A) necessidades dos clientes, operações de manufatura, características técnicas e características das partes.
(B) características das partes, características técnicas, operações de manufatura e necessidades dos clientes.
(C) necessidades dos clientes, características técnicas, operações de manufatura e características das partes.
(D) necessidades dos clientes, características técnicas, características das partes e operações de manufatura.
(E) características das partes, características técnicas, operações de manufatura e necessidades dos clientes.

5. (ENADE – 2008)

Para apoiar as organizações na implantação e operação de sistemas de gestão da qualidade, a NBR ISO 9000:2000 expõe, entre os princípios da gestão da qualidade, a abordagem por processos e a sistêmica para a gestão, em que estão embutidos os processos. Consequentemente, a maioria das organizações está dando mais atenção aos seus processos, buscando aperfeiçoá-los, porque essas abordagens têm por finalidade

(A) o controle contínuo sobre as ligações entre os processos individuais.
(B) o ciclo PDCA, ferramenta utilizada no gerenciamento da qualidade, com o objetivo de controlar os processos.
(C) os requisitos para produtos e para os processos associados, que podem ser especificados pelos clientes.
(D) a gestão da qualidade que representa uma parte do planejamento da gestão estratégica da organização.
(E) a eficácia e a eficiência da organização, que podem ser melhoradas analisando-se a variabilidade das características mensuráveis dos produtos e processos.

6. (ENADE – 2008)

A auditoria é um tipo de avaliação que mede o grau de atendimento dos requisitos de um sistema de gestão da qualidade e pode ser solicitada por qualquer cliente da organização.

Quando isso ocorre, que tipo de auditoria é realizada?

(A) De primeira parte: pode formar a base para autodeclaração de conformidade da organização.
(B) De segunda parte: induzida pelas partes que têm interesse na organização.
(C) Em conjunto: duas ou mais organizações de auditoria cooperam para auditar em conjunto um único auditado.
(D) Combinada: sistemas de gestão da qualidade e ambiental são auditados juntos.
(E) Programa de auditoria: planejado, dando maior importância aos processos.

7. (ENADE – 2008)

Atualmente, os padrões de competitividade mundiais impõem a qualidade como diferencial entre as empresas, exigindo atualização contínua dos processos produtivos e sistemas de gestão da qualidade mais eficazes e eficientes. Consequentemente, aumentam não só a satisfação dos clientes da organização, como também dos proprietários, empregados, fornecedores, entre outros.

Considerando essas informações, analise as afirmações a seguir.

I. A eficácia e a eficiência de uma organização podem ser melhoradas pela análise da variabilidade das características mensuráveis dos produtos e processos, por meio da aplicação de técnicas estatísticas.

II. O sucesso de uma organização pode estar na implantação de um sistema de gestão de qualidade, o qual tem seus objetivos e manutenção voltados para melhorar continuamente a eficácia e a eficiência da organização.

III. A gestão da qualidade representa uma parte do planejamento da gestão estratégica da organização cujo enfoque é alcançar resultados em relação aos objetivos da qualidade.

IV. O ciclo PDCA, composto de quatro etapas - planejar (*Plan*), executar (*Do*), verificar (*Check*) e agir corretivamente (*Act*) - é uma ferramenta utilizada no gerenciamento da qualidade, com o objetivo de controlar os processos.

É (São) correta(s) a(s) afirmação(ões)

(A) I, apenas.
(B) II, apenas.
(C) II e III, apenas.
(D) III e IV, apenas.
(E) I, II, III e IV

8. (ENADE – 2008)

A avaliação da conformidade por meio da certificação de um produto significa afirmar que ele foi produzido em um processo sistematizado e com regras preestabelecidas para garantir que atenda a requisitos mínimos predefinidos em normas e regulamentos técnicos. Muitas empresas procuram certificar seus produtos voluntariamente para demonstrar ao mercado seus padrões de qualidade. Qual deverá ser a recomendação do Tecnólogo em Gestão da Produção Industrial para uma empresa obter a certificação de seus produtos?

(A) Criar uma equipe interna de qualidade que emitirá uma certificação ou acreditação para seus produtos e processos.
(B) Participar do desenvolvimento de normas internacionais nas quais seus produtos serão certificados automaticamente.
(C) Fazer Declaração da Conformidade ou Certificação Própria, para dar uma garantia escrita de que seu produto está em conformidade com requisitos especificados.
(D) Contratar uma organização externa, acreditada para avaliação de conformidade, para avaliar seus produtos e processos de produção.
(E) Instalar um laboratório acreditado para teste de todos os seus produtos antes de serem comercializados no mercado.

9. (ENADE – 2011)

No TQC (Controle da Qualidade Total), todas as decisões são tomadas com base em análise de fatos e dados.

Para se conseguir melhor aproveitamento desses dados, são utilizadas algumas técnicas e ferramentas adequadas.

O objetivo principal é identificar os maiores problemas de uma prestação de serviços e, por meio de análise adequada, buscar a melhor solução.

As sete ferramentas da qualidade de Ishikawa são um conjunto de ferramentas estatísticas de uso consagrado para a melhoria da qualidade de produtos, serviços e processos. A estatística desempenha um papel fundamental no gerenciamento da quali-dade e da produtividade, por uma razão muito simples: não existem dois produtos exatamente iguais ou dois serviços prestados da mesma maneira, com as mesmas características. Tudo varia e obedece a uma distribuição estatística. É necessário, então, ter um domínio sobre essas variações. A estatística oferece o suporte necessário para coletar, tabular, analisar e apresentar os dados dessas variações.

As sete ferramentas da qualidade fazem parte de um grupo de métodos estatísticos elementares. É indicado que esses métodos sejam de conhecimento de todas as pessoas em uma empresa e façam parte do programa básico de treinamento da qualidade. No contexto do TQC, essas sete ferramentas encontram utilização sistemática na Metodologia de Análise e Soluções de Problemas (MASP).

FIATES, G. G. S. **A utilização do QFD como suporte a implementação do TQC em empresas do setor de serviços**. Dissertação de Mestrado: PPGEP/UFSC, 1995, Cap. 3 (com adaptações)

Figura I

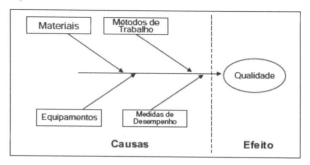

Figura II

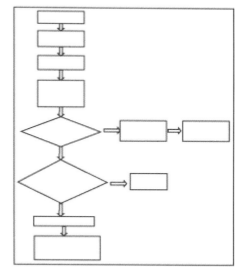

Figura III

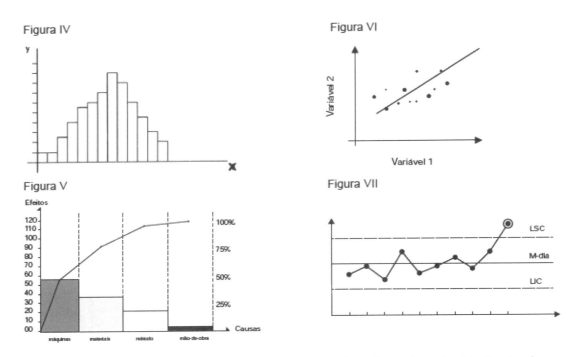

Considerando as ideias centrais do texto e as figuras apresentadas, redija um texto dissertativo sobre o texto a seguir.

As sete ferramentas da qualidade de Ishikawa.

Em seu texto, você deve identificar e conceituar as sete ferramentas de Ishikawa, abordando a importância e aplicabilidade das mesmas na gestão da produção industrial. (Valor: 10,0 pontos)

Habilidade 04

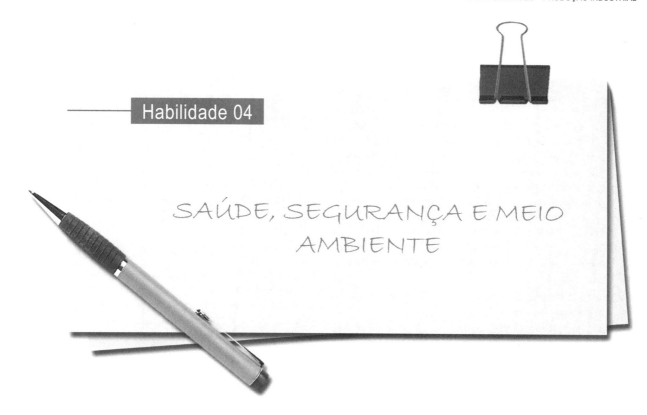

SAÚDE, SEGURANÇA E MEIO AMBIENTE

1. (ENADE – 2011)

A Série de Avaliação de Saúde e Segurança Ocupacional OHSAS 18000 (*Ocupational Health and Safety Assessment Series* 18000) foi desenvolvida como resposta à premente demanda, por parte dos clientes, de um padrão reconhecido para a saúde ocupacional e segurança, a partir do qual seus sistemas de gestão pudessem ser avaliados e certificados.

Considerando as informações apresentadas, avalie se os termos e as definições a seguir estão de acordo com as especificações OHSAS.

I. Segurança e saúde ocupacional — condições e fatores que afetam, apenas, o bem-estar dos empregados no ambiente de trabalho.
II. Auditoria — exame sistemático para determinar se as atividades e os resultados correlatos estão de acordo com as disposições planejadas e se estas estão efetivamente implementadas e são adequadas para atingir a política e os objetivos da organização.
III. Melhoria contínua — processo que visa otimizar o sistema de gestão da Segurança e Saúde Ocupacional (SSO), para que se atinjam melhorias no desempenho global da saúde ocupacional e da segurança.
IV. Acidente — evento não desejado que origina a morte, danos à saúde, prejuízos ou outras perdas.

É correto apenas o que se afirma em

(A) I e III.
(B) I e IV.
(C) II e III.
(D) I, II e IV.
(E) II, III e IV.

2. (ENADE – 2011)

No que se refere às Normas Regulamentadoras (NRs), relativas à segurança e medicina do trabalho e que devem, obrigatoriamente, ser cumpridas por todas as empresas privadas e públicas, desde que tenham empregados celetistas, avalie as asserções a seguir.

As NRs determinam que o departamento de segurança e saúde no trabalho é o órgão interno ao qual compete coordenar, orientar, controlar e supervisionar todas as atividades inerentes ao processo.

PORQUE

Na NR3, está previsto que a Delegacia Regional do Trabalho poderá interditar e/ou embargar o estabelecimento, as máquinas, ou setor de serviços se eles demonstrarem grave e iminente risco para o trabalhador, mediante laudo técnico, e/ou exigir providências para prevenção de acidentes do trabalho e doenças profissionais.

Analisando a relação proposta entre as duas asserções, assinale a opção correta.

(A) As duas asserções são proposições verdadeiras, e a segunda é uma justificativa correta da primeira
(B) As duas asserções são proposições verdadeiras, mas a segunda não é uma justificativa para a primeira
(C) A primeira asserção é uma proposição verdadeira, e a segunda é uma proposição falsa

(D) A primeira asserção é uma proposição falsa, e a segunda é uma proposição verdadeira

(E) As duas asserções são proposições falsas.

3. (ENADE – 2011)

A Resolução n.º 01/1986 do CONAMA estabeleceu os critérios básicos e as diretrizes para o uso e a implementação de EIA (Estudo de Impacto Ambiental), como instrumento da política nacional do meio ambiente, de acordo com a Lei n.º 6.938/1981. De acordo com o artigo 2 dessa Resolução, dependerá de elaboração de EIA e respectivo RIMA (Relatório de Impacto Ambiental), a serem submetidos à aprovação de órgão estadual competente e do Ibama, em caráter supletivo, o licenciamento de atividades modificadoras do meio ambiente. Segundo a norma ISO 14001:2004, o EIA e o RIMA são instrumentos de planejamento de ações.

Em relação a esse tema, avalie se as atividades abaixo são consideradas modificadoras do meio ambiente.

I. linhas de transmissão de energia elétrica de qualquer tipo e capacidade.

II. portos e terminais de minério, petróleo e produtos químicos.

III. distritos industriais e zonas estritamente industriais.

É correto apenas o que se afirma em

(A) I.

(B) II.

(C) III.

(D) I e III.

(E) II e III.

4. (ENADE – 2008)

Uma empresa que possui o SEESMT (Serviços Especializados em Engenharia de Segurança e em Medicina do Trabalho) está preparada para prevenir acidentes no seu ambiente de trabalho.

PORQUE

O PPRA (Programa de Prevenção de Riscos Ambientais) garante que os riscos serão diagnosticados de acordo com as NR (Normas Regulamentadoras) ou pela CIPA (Comissão Interna de Prevenção de Acidentes).

Analisando as afirmações, conclui-se que

(A) as duas afirmações são verdadeiras, e a segunda justifica a primeira.

(B) as duas afirmações são verdadeiras, e a segunda não justifica a primeira.

(C) a primeira afirmação é verdadeira, e a segunda é falsa.

(D) a primeira afirmação é falsa, e a segunda é verdadeira.

(E) as duas afirmações são falsas.

5. (ENADE – 2008)

Uma peça quadrada, com valor nominal de suas laterais de 115 mm e tolerância de ± 0,020 mm, foi controlada por meio de um micrômetro com campo de medição de 100 mm a 125 mm, faixa nominal de 25 mm e valor de uma divisão de 0,001 mm. As medidas obtidas constam da tabela abaixo.

Tabela de medidas da peça quadrada
Valores em mm

Lado	1ª medida	2ª medida	3ª medida
1	114,992	114,997	114,997
2	115,003	115,003	115,002

Qual a explicação para se considerar que há exatidão nos dados obtidos nesse caso?

(A) Valores encontrados confiáveis.

(B) Instrumento adequado para realizar esta medição.

(C) Resultados das medições próximos do valor verdadeiro do mensurado.

(D) Repetitividade dos resultados das medições.

(E) Médias das medidas obtidas com o micrômetro dentro da tolerância.

Habilidade 05

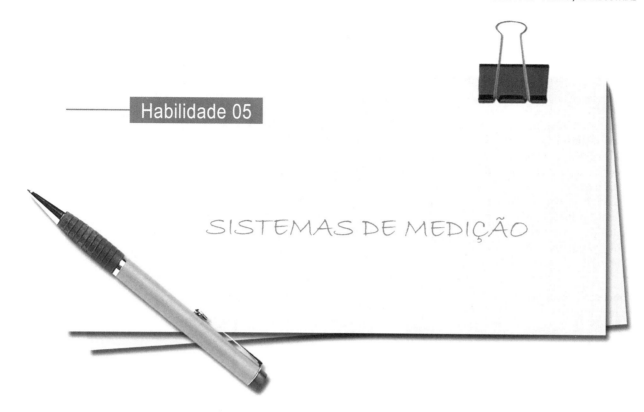

SISTEMAS DE MEDIÇÃO

1. (ENADE – 2011)

A ISO 9001:2000 no requisito controle de equipamento de monitoramento e medição prevê que os instrumentos de medição e monitoramento utilizados pela empresas sejam calibrados a intervalos regulares, isso porque a atividade de calibração garante a rastreabilidade dos resultados das medições. De acordo com essa norma a organização deve estabelecer processos para assegurar que medição e monitoramento possam ser realizados e executados de uma maneira coerente com os requisitos de medição e monitoramento.

Assim, calibrar um instrumento é

(A) realizar manutenção ou ajuste para que o equipamento possa ser utilizado.
(B) garantir que um equipamento esteja com erros baixos.
(C) garantir que o equipamento está perfeito e pode ser utilizado irrestritamente.
(D) comparar um instrumento com um padrão de referência para identificar o erro.
(E) controlar os riscos de os equipamentos gerarem resultados incorretos.

2. (ENADE – 2011)

As máquinas de medir por coordenadas (MMC's) são formadas por vários subsistemas cujo desgaste e deterioração natural, assim como os incidentes típicos das atividades de medição nas indústrias, afetam alguns desses subsistemas e, consequentemente, o desempenho metrológico da MMC. A superposição de diferentes fatores de influência define a variabilidade do processo de medição. A partir das informações apresentadas e considerando que o controle dos fatores de influência que mais contribuem para as variações de um processo de medição é fundamental para a manutenção da confiabilidade das medições, avalie as asserções a seguir.

As variações ocorridas em processos/atividades de medição em indústrias devem ser monitoradas, para que seja possível perceber quando mudanças significativas acontecem no comportamento dos sistemas e subsistemas produtivos.

PORQUE

Mesmo com a realização de calibrações periódicas, as máquinas/equipamentos podem apresentar instabilidades ocasionadas pela variação atípica de um ou mais subsistemas, ou, ainda, por influências externas.

Analisando a relação proposta entre as duas asserções, assinale a opção correta.

(A) As duas asserções são proposições verdadeiras, e a segunda é uma justificativa correta da primeira.
(B) As duas asserções são proposições verdadeiras, mas a segunda não é uma justificativa correta da primeira.
(C) A primeira asserção é uma proposição verdadeira, e a segunda é uma proposição falsa.
(D) A primeira asserção é uma proposição falsa, e a segunda é uma proposição verdadeira.
(E) As duas asserções são proposições falsas.

3. (ENADE – 2008)

O gráfico abaixo foi construído a partir do resultado de 49 medições de um eixo que será usado na montagem de um automóvel na Empresa JDJ AS.

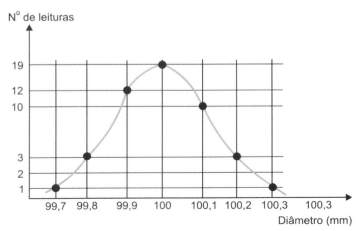

Adaptada de LIRA, F.A. **Metrologia na Indústria**. São Paulo: Érika: 2004, 9ª ed. p. 77.

Nessa situação, a Empresa JDJ AS dispõe de um gráfico que representa

(A) o erro de medição cometido.
(B) o valor médio obtido das medidas.
(C) a frequência dos valores medidos.
(D) a tolerância da peça medida.
(E) a probabilidade de ser uma peça aceita ou não.

Habilidade 06

GESTÃO DE PESSOAS

1. (ENADE – 2011)

A educação profissional, comumente chamada de capacitação ou treinamento, tem como objetivo preparar o funcionário para um cargo ou função. Pode ser aplicada a curto prazo, de forma sistemática, por meio da qual as pessoas aprendem habilidades, conhecimentos e atitudes, ou a longo prazo, com investimento em cursos técnico, superior ou pós-graduação.

Nesse contexto, assinale a opção que apresenta o processo de treinamento de forma integrada, respectivamente.

(A) levantamento das necessidades de treinamento; programação de treinamento; avaliação dos resultados; implementação e execução.
(B) avaliação dos resultados; implementação e execução; programação de treinamento; levantamento das necessidades de treinamento.
(C) programação de treinamento; implementação e execução; avaliação dos resultados; levantamento das necessidades de treinamento.
(D) levantamento das necessidades de treinamento; programação de treinamento; implementação e execução; avaliação dos resultados.
(E) implementação e execução; treinamento; programação de treinamento; avaliação dos resultados; levantamento das necessidades de treinamento.

2. (ENADE – 2011)

O tema liderança tem sido amplamente discutido tanto pelos teóricos em administração como pelos gerentes que atuam na área administrativa das indústrias. Produzir a maior quantidade, ao menor custo, com a máxima qualidade é um desafio permanente com o qual os gestores necessitam lidar cotidianamente.

Com relação aos atuais conceitos de liderança e gestão, aplicados ao ambiente da produção na indústria, avalie as seguintes asserções.

Ser um gerente eficaz significa comandar pessoas de forma eficaz.
PORQUE
O ato de liderar está diretamente relacionado à capacidade de influenciar as pessoas a atingirem os objetivos organizacionais.

Analisando a relação proposta entre as duas asserções, assinale a opção correta.

(A) As duas asserções são proposições verdadeiras e a segunda é uma justificativa correta da primeira.
(B) As duas asserções são proposições verdadeiras, mas a segunda não é uma justificativa correta da primeira.
(C) A primeira asserção é uma proposição verdadeira, e a segunda, uma proposição falsa.
(D) A primeira asserção é uma proposição falsa, e a segunda, uma proposição verdadeira.
(E) As duas asserções são proposições falsas.

3. (ENADE – 2011)

Um número crescente de organizações está aumentando significativamente sua eficácia criando equipes de trabalho formadas por número reduzido de pessoas que, com habilidades complementares, assumem responsabilidade mútua de se dedicarem a uma finalidade comum, como a de atingir metas de desempenho e a de aperfeiçoar processos de trabalho interdependentes.

Considerando que as equipes diferem quanto à autonomia e que existem alguns tipos especiais de equipes, avalie as seguintes asserções.

Uma equipe de trabalho com envolvimento dos funcionários que têm um pouco mais de autonomia reúne-se durante o horário de trabalho, em base semanal ou mensal, para apresentar sugestões aos gestores relativas, por exemplo, à segurança na fábrica, relacionamento com consumidores e qualidade de produto.

PORQUE

Embora a equipe de trabalho não seja a resposta para toda situação ou organização, se for convocada apropriadamente para atuar nos contextos corretos, ela consegue aumentar consideravelmente o desempenho da empresa e instalar um sentido de vitalidade no local de trabalho, o que seria difícil de conseguir em outras circunstâncias.

Acerca dessas asserções, assinale a opção correta.

(A) As duas asserções são proposições verdadeiras, e a segunda é uma justificativa correta da primeira.

(B) As duas asserções são proposições verdadeiras, mas a segunda não é uma justificativa correta da primeira.

(C) A primeira asserção é uma proposição verdadeira, e a segunda é uma proposição falsa.

(D) A primeira asserção é uma proposição falsa, e a segunda é uma proposição verdadeira.

(E) As duas asserções são proposições falsas.

4. (ENADE – 2008)

Uma média empresa tem como estratégia a inovação em produtos e serviços e atendimento personalizado aos seus clientes. Com pouco tempo de vida no mercado, a empresa precisa que seus empregados atuem com iniciativa, rapidez e criatividade para atender às demandas dos clientes. O principal executivo acredita que líderes com perfil *laissez-faire*, ou liberal, são os mais adequados para o momento atual da empresa. O líder *laissez-faire* é realmente o perfil adequado?

Por quê?

(A) Sim, porque ele mantém um controle detalhado das atividades desempenhadas pelos colaboradores.

(B) Sim, porque ele valoriza a padronização na execução das tarefas e atendimento às regras da empresa.

(C) Sim, porque ele permite que os colaboradores tomem decisões por conta própria e procurem soluções personalizadas junto ao cliente.

(D) Não, porque ele determina de forma coercitiva que suas ideias sejam seguidas de maneira precisa pelos colaboradores.

(E) Não, porque ele não valoriza a iniciativa individual dos colaboradores, opondo-se ao aparecimento de soluções novas.

5. (ENADE – 2008)

Os objetivos estratégicos e planos de trabalho são importantes instrumentos de administração de uma empresa. Eles são explicitados em documentos formais da organização que, entretanto, não serão efetivos se o grupo de trabalho não for incentivado a buscar a sua realização. Nesse contexto, o papel da liderança é fundamental para a consecução dos planos de uma empresa. Certos fatores situacionais básicos determinam se a liderança será eficaz na coordenação de uma equipe.

Qual dos fatores a seguir **NÃO** faz parte desses fatores situacionais básicos?

(A) Relações sociopolíticas do líder e liderados com estruturas de poder do Estado.

(B) Estruturação das tarefas a serem desempenhadas pelos membros da equipe.

(C) Grau de influência que o líder tem sobre as variáveis de poder da organização.

(D) Poder que um líder tem para contratar, demitir e realizar ações disciplinares.

(E) Relação entre líder e liderados como grau de confiança e credibilidade.

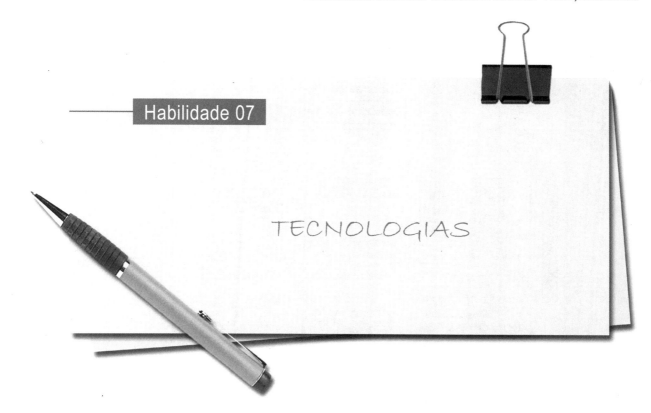

Habilidade 07 — TECNOLOGIAS

1. (ENADE – 2011)

O *Enterprise Resourse Planning (*ERP) ou Planejamento de Recursos Empresariais é considerado uma das soluções para as empresas que procuram integração entre as áreas funcionais.

Nesse contexto, o ERP

I. é um pacote comercial de *software*.
II. é composto por um *software* único, ao contrário de outros sistemas que são compostos por módulos.
III. não é desenvolvido para um cliente específico.

É correto o que se afirma em

(A) I, apenas.
(B) II, apenas.
(C) I e III, apenas.
(D) II e III, apenas.
(E) I, II e III.

2. (ENADE – 2008)

Um Sistema de Informações Gerenciais - SIG - é utilizado para o apoio à tomada de decisões na empresa. Um exemplo de SIG é o ERP (*Enterprise Resource Planning*), que tem como principal objetivo integrar as informações das diversas unidades da organização. Esse sistema é fundamental nos dias de hoje em diversas funções dentro das organizações, entre elas, aquelas relacionadas à Administração de Materiais.

Por meio dele, as diversas unidades da empresa têm acesso às informações de itens em estoque, da sua movimentação e do momento em que o processo de compra deve ser iniciado para permitir a reposição de materiais.

Um gerente de uma empresa verificou que as informações do estoque no sistema ERP tinham alto grau de inconsistência com o estoque físico. Qual tecnologia deve ser implementada para melhorar a confiabilidade dessas informações?

(A) O sistema MRP-II, *Manufacturing Resource Planning*, que permite um planejamento global de todos os recursos relacionados à manufatura.
(B) O sistema CAM, *Computer-Aided Manufacturing*, que permite a entrada de dados para controlar automaticamente máquinas e ferramentas.
(C) A tecnologia OPT, *Optimized Production Technology*, que leva em conta as restrições de capacidade.
(D) A tecnologia QFD, *Quality Function Deployment*, usada para especificação e projeto de produtos.
(E) A tecnologia EAN de código de barras, que permite a obtenção de informações de forma detalhada, rápida e confiável.

3. (ENADE – 2008)

A figura representa um sistema ERP (*Enterprise Resource Planning*) que procura integrar todos os processos de uma empresa, podendo ser implantado de acordo com suas necessidades de gestão.

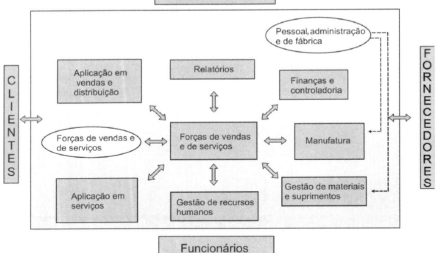

Adaptado de: MARTINS, P.G; LAUGENI, F.P. **Administração da produção**. 2. ed. São Paulo: Saraiva, 2005. p. 388.

A Empresa ABC implantou parte do sistema ERP, conforme destaca a tabela.

Sistema de TI (Áreas de Aplicação)	Tempo de Utilização (%)
1) Emissão de Nota Fiscal	10
2) Estoque	15
3) Compras	10
4) Financeiro	15
5) Atendimento de Pedidos	10

a) Identifique as áreas de aplicação 1,2,3,4,5 que constam da tabela e aloque dentro dos setores do ERP. **(valor: 5,0 pontos)**
b) Relacione os setores do ERP que NÃO estão sendo atendidos pelo sistema de TI da Empresa ABC. **(valor: 3,0 pontos)**
c) Identifique o setor que NÃO estaria incluído no sistema ERP, sabendo que as necessidades da manufatura consomem 40% do tempo de utilização e que o setor de aplicação em serviços deve estar alocado na área de atendimento de pedidos. **(valor: 2,0 pontos)**

Capítulo VII

Gabarito e Padrão de Resposta

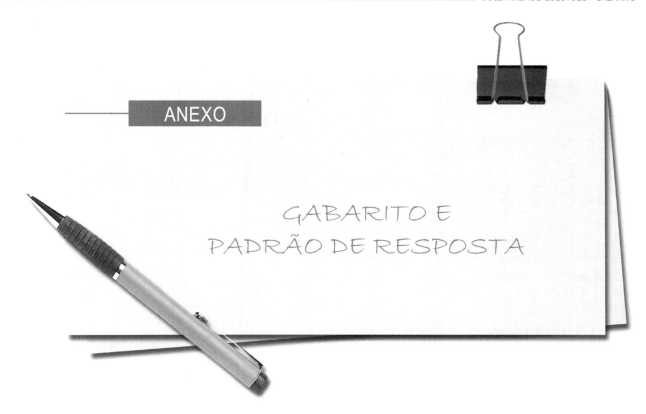

ANEXO

GABARITO E PADRÃO DE RESPOSTA

CAPÍTULO III
DESENVOLVIMENTO DE SISTEMAS

HABILIDADE 01 – MODELAGEM DE PROCESSOS DE NEGÓCIOS

1. E
2. E

HABILIDADE 02 – GERÊNCIA DE PROJETOS E PROCESSOS DE DESENVOLVIMENTO DE *SOFTWARE*

1. A
2. B
3. E
4. C
5. D
6. D
7. B

HABILIDADE 03 – ENGENHARIA DE REQUISITOS

1. B
2. B
3. B
4. E
5. A
6. A
7. C

8. ANÁLISE OFICIAL – PADRÃO DE RESPOSTA

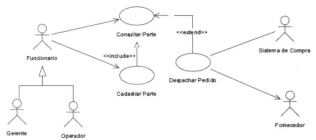

a) Quesitos Avaliados (1 ponto cada):
Identificação dos atores;
Identificação de herança entre atores;
Relacionamento de ator com caso de uso;

Relacionamento de caso de uso com caso de uso (<<*include*>> e <<*extend*>>);

Identificar direção de relacionamento

b) O estudante deve descrever um único caso de uso dentre os abaixo.

Consultar Parte – Fluxo Principal

Funcionario	Ações do Sistema (Fluxo Principal)
1. Informa o número da peça	2. Busca os dados da peça
	3. Informa a quantidade de estoque da peça

Cadastrar Parte – Fluxo Principal

Ator	Ações do Sistema (Fluxo Principal)
1. Informa o numero da peca	2. Chama o "Consultar Parte"
3. Informa os outros dados da peça	4. Cadastra as partes da peça

Enviar Parte – Fluxo Principal

Ator	Ações do Sistema (Fluxo Principal)
	1. Busca dados do Pedido
	2. Remeter o pedido ao fornecedor

Quesitos Avaliados (1 ponto cada):

Ações do Ator

Ações do Sistema

c) **O estudante deve descrever para cada caso de uso uma exceção dentre as relacionadas abaixo.**

Cada número no fluxo principal pode ocasionar 0 ou mais tratamentos de exceções.

Consultar Parte - Fluxo Alternativo

2. Número da peça não encontrado o retorno será nulo.

3. Caso a quantidade estiver abaixo do permitido, chama "Enviar Parte".

Cadastrar Parte - Fluxo Principal

4.1 Tratamento dos campos obrigatórios nulos. (se o estudante não fizer não tem problema, pois isso não foi descrito no texto).

4.2 Erro durante a gravação dos dados no banco de dados.

Cadastrar Parte - Fluxo Principal

1. Problema de comunicação com o sistema de compras.

2. Problema de comunicação com o fornecedor.

Quesitos Avaliados (1 ponto cada):

No mínimo um fluxo alternativo para cada caso de uso.

HABILIDADE 04 – ANÁLISE E PROJETO DE SISTEMAS ORIENTADOS A OBJETOS

1. B
2. C
3. A
4. C
5. E
6. B
7. D
8. E
9. D

10. ANÁLISE OFICIAL – PADRÃO DE RESPOSTA

a) A resposta correta é:

1	2	3	4
5	6	7	8
9	10	11	12

Quesitos Avaliados:

Valor correto atribuído a cada nodo da Matriz: 0,333 ponto.

b) A resposta correta é:

12	11	10	9
8	7	7	8
9	10	11	12

Quesitos Avaliados:

Valor correto atribuído a cada nodo da Matriz: 0,5 ponto.

HABILIDADE 05 – BANCO DE DADOS E ESTRUTURAS DE DADOS

1. D
2. E
3. A
4. A
5. E

6. ANÁLISE OFICIAL – PADRÃO DE RESPOSTA

a) O estudante deve destacar as classes "JogoDados" e "Dado". Esta última deve ser vista como parte do "JogoDados". "Face" é um atributo de negócio importante na classe "Dado". Uma anotação UML pode ser utilizada para registrar requisitos não funcionais, tais como "Girar lentamente até parar" (em relação ao "Dado"), "tocar por 2s" (em relação ao "JogoDados"). Outras classes que não forem de negócio deverão ser ignoradas.

b) o aluno deve listar pelo menos três das seguintes funcionalidades, podendo ser aceitas variações na descrição das funcionalidades apresentadas no padrão de respostas.

RF1: Iniciar jogo

RF2: Lançar dados

RF3: Verificar resultado

RF4: Mostrar valores das faces

RF5: Parar jogo

RF6: Calcular ou exibir lançamentos restantes

HABILIDADE 06 – ALGORITMOS E PROGRAMAÇÃO

1. E
2. B
3. C
4. C

5. ANÁLISE OFICIAL – PADRÃO DE RESPOSTA

a) Ao final da execução da linha 12, o aluno deve chegar aos seguintes valores:

vetA									
Posição	1	2	3	4	5	6	7	8	9	10
Valor	2	2	6	4	10	6	14	8	18	10

vetB									
Posição	1	2	3	4	5	6	7	8	9	10
Valor	0	0	0	0	0	0	0	0	0	0

b) Ao final da execução da linha 19, o aluno deve chegar aos seguintes valores:

vetA									
Posição	1	2	3	4	5	6	7	8	9	10
Valor	1	2	3	4	5	6	7	8	9	10

vetB									
Posição	1	2	3	4	5	6	7	8	9	10
Valor	2	0	4	0	6	0	8	0	10	0

6. ANÁLISE OFICIAL – PADRÃO DE RESPOSTA

Atenção: os comentários (//) não são necessários na reposta dada pelo candidato

- A resposta da letra (a) está no cálculo, armazenamento e escrita da variável Trigo.
- A resposta da letra (b) está no bom funcionamento da variável *TotalTrigo*.

início
// declara variável do tipo vetor
tipo Trigo **= vetor** [1..16] **de inteiros**;
// *declaração de variáveis simples*
inteiro: TotalTrigo, Indice1;
// inicializa acumulador de total de trigo
TotalTrigo <– 0 ;
//*Determinando a qtde de trigo em cada casa*
Para Indice1 **de** 0 **até** 15 **passo** 1 **faça**
Trigo [Indice1 + 1] <– **pot**(2, Indice1);
TotalTrigo <–TotalTrigo + Trigo[Indice1 + 1];
Fim para;
//*escrevendo a Rota Correta*
Para Indice1 **de** 1 **até** 16 **passo** 1 **faça**
Escreva ("Quantidade de grãos de trigo na casa ", Indice1, " = ", Trigo[Indice1]);
Fim para;
Escreva ("Total de grãos de trigo no tabuleiro = ", TotalTrigo);
Fim.

HABILIDADE 07 – QUALIDADE DE *SOFTWARE*, VERIFICAÇÃO E VALIDAÇÃO DE *SOFTWARE*

1. D **3.** C **5.** A
2. A **4.** D

HABILIDADE 08 – MANUTENÇÃO DE *SOFTWARE*

1. C **2.** B

HABILIDADE 09 – REDES DE COMPUTADORES E SEGURANÇA DA INFORMAÇÃO

1. C **2.** B

HABILIDADE 10 – SISTEMAS OPERACIONAIS

1. C **2.** C

HABILIDADE 11 – MATEMÁTICA, LÓGICA E ESTATÍSTICA

1. B **2.** A **3.** C

HABILIDADE 12 – EMPREENDEDORISMO

1. A **2.** D

CAPÍTULO IV
REDES DE COMPUTADORES

HABILIDADE 01 – FUNDAMENTOS BÁSICOS DE REDE

1. C
2. E

HABILIDADE 02 – FUNDAMENTOS DE COMUNICAÇÃO E TRANSMISSÃO DE DADOS

1. D
2. C
3. A
4. C
5. D
6. D

HABILIDADE 03 – ARQUITETURA DE REDES DE COMPUTADORES, REDES CONVERGENTES, REDES DE LONGAS DISTÂNCIAS E TECNOLOGIAS DE ACESSO

1. E
2. C
3. D
4. E
5. A
6. B
7. C
8. A
9. A

HABILIDADE 04 – PADRÕES E PROTOCOLOS UTILIZADOS NA ARQUITETURA TCP/IP

1. A
2. C
3. D
4. B
5. C
6. E

7. ANÁLISE OFICIAL – PADRÃO DE RESPOSTA

Solução para o Problema 1)

O problema (1) é sanado com **qualquer um** dos ajustes mostrados abaixo para a tabela de rotas de R2.

Uma descrição textual indicando as modificações em relação à tabela de rotas original também é aceitável, desde que R2 resulte em uma das tabelas abaixo.

R2 – Tabela de Rotas	
Rede	Interface
10.0.0.0/8	0
20.0.0.0/8	2
Default	1

OU

R2 – Tabela de Rotas	
Rede	Interface
10.0.0.0/8	0
30.0.0.0/8	1
Default	2

OU

R2 – Tabela de Rotas	
Rede	Interface
20.0.0.0/8	2
30.0.0.0/8	1
Default	0

(valor: 4,0 pontos)

Solução para o Problema 2)

O problema (2) é sanado com **qualquer um** dos ajustes mostrados abaixo para a tabela de rotas de R1.

Uma descrição textual indicando as modificações em relação à tabela de rotas original também é aceitável, desde que R1 resulte em uma das tabelas abaixo.

R1 – Tabela de Rotas	
Rede	Interface
10.0.0.0/8	2
20.0.0.0/8	0
Default	1

OU

R1 – Tabela de Rotas	
Rede	Interface
10.0.0.0/8	2
30.0.0.0/8	1
Default	0

OU

R1 – Tabela de Rotas	
Rede	Interface
20.0.0.0/8	0
30.0.0.0/8	1
Default	2

(valor: 3,0 pontos)

Solução para o Problema 3)

O problema (3) é sanado com **qualquer um** dos ajustes mostrados abaixo para a tabela de rotas de R3.

Uma descrição textual indicando as modificações em relação à tabela de rotas original também é aceitável, desde que R3 resulte em uma das tabelas abaixo.

R3 – Tabela de Rotas	
Rede	Interface
10.0.0.0/8	1
20.0.0.0/8	0
Default	2

OU

R3 – Tabela de Rotas	
Rede	Interface
20.0.0.0/8	0
30.0.0.0/8	2
Default	1

OU

R3 – Tabela de Rotas	
Rede	Interface
10.0.0.0/8	1
30.0.0.0/8	2
Default	0

(valor: 3,0 pontos)

8. ANÁLISE OFICIAL – PADRÃO DE RESPOSTA

Departamentos	Prefixos de rede	Endereço de difusão (*broadcast*)
Pessoal	200.10.10.0/25	200.10.10.127
Vendas	200.10.10.128/26	200.10.10.191
Compras	200.10.10.192/27	200.10.10.223
Produção	200.10.10.224/28	200.10.10.239
Pesquisa	200.10.10.240/28	200.10.10.255

(valor: 10,0 pontos)

HABILIDADE 05 – EQUIPAMENTOS PARA INTERCONEXÃO DE REDES E PADRÕES DE CABEAMENTO ESTRUTURADO

1. B
2. D
3. B
4. A
5. A
6. B
7. E
8. D

HABILIDADE 06 – PADRÕES PARA REDES LOCAIS IEEE 802 E PADRÕES PARA REDES SEM FIO

1. D
2. D
3. B
4. E
5. E
6. C
7. D

8. ANÁLISE OFICIAL – PADRÃO DE RESPOSTA

Uma solução mais escalável para a interconexão de switch das VLAN é conhecido como entroncamento de VLAN. Nesse caso há uma porta especial em cada switch configurada como uma porta de tronco (trunking) para interconectar os switches.

O tráfego entre as VLAN ocorre no roteador, dessa forma, no *switch* será necessária uma única porta conectada ao roteador e o roteador terá que permitir configuração de múltiplas interfaces de roteamento na interface física que liga o "*trunking*".

HABILIDADE 07 – GERENCIAMENTO DE REDES E ADMINISTRAÇÃO DE SISTEMAS OPERACIONAIS DE REDES

1. C
2. A
3. E
4. C
5. B
6. C
7. D
8. B

HABILIDADE 08 – SEGURANÇA DE REDES DE COMPUTADORES E DE DADOS, CRIPTOGRAFIA

1. A	**3.** C	**5.** B
2. C	**4.** E	**6.** D

7. ANÁLISE OFICIAL – PADRÃO DE RESPOSTA

a) Ana deverá cifrar a mensagem com a chave pública de Beto antes de enviar para ele.
OU
Y=C(KPubBeto,M)
(valor: 2,5 pontos)
b) Beto, ao receber a mensagem, deve decifrar com a sua própria chave privada.
OU
M=D(KPrivBeto,Y)
(valor: 2,5 pontos)
c) Ana deve cifrar a mensagem com a sua própria chave privada antes de enviar para Carlos.
OU
Y=C(KPrivAna,M)
(valor: 2,5 pontos)
d) Carlos, ao receber a mensagem, deve decifrar com a chave pública de Ana.
OU
M=D(KPubAna,Y)
(valor: 2,5 pontos)
(valor total: 10,0 pontos)

HABILIDADE 09 – PROJETO DE REDES DE COMPUTADORES

1. A   **2.** B

3. ANÁLISE OFICIAL – PADRÃO DE RESPOSTA

Para o serviço Web, uma das alternativas abaixo:
- considerando que o serviço Web será hospedado na rede interna e disponibilizado um serviço de atualização remota das páginas, o protocolo HTTP, porta 80 e opcionalmente o protocolo FTP, porta 21;

- considerando que o serviço Web será hospedado externamente não será necessário nenhum serviço na rede interna;

Para o serviço de distribuição dos parâmetros da configuração TCP/IP das estações na rede local, uma das alternativas abaixo:
- o protocolo DHCP, porta 67;
- o protocolo BOOTP, porta 67;

Para o serviço de acesso remoto, uma das alternativas abaixo:
- o protocolo SSH, porta 22;
- o protocolo TELNET, porta 23;
- o protocolo RLOGIN, porta 513;

Para o serviço de tradução de nomes: protocolo DNS, porta 53;

Para os serviços de correio eletrônico:
- envio: protocolo SMTP, porta 25;
- recebimento (pelo menos uma das alternativas abaixo):
- o protocolo POP, porta 110;
- o protocolo IMAP, porta 143.

4. ANÁLISE OFICIAL – PADRÃO DE RESPOSTA

a) A WAN é considerada como uma única sub-rede, pois utiliza um protocolo ponto-multiponto.
Os endereços das sub-redes devem seguir os padrões:
- Pertencer à rede 172.16.0.0/16
- Comportar o número de pontos de cada uma das sub-redes
- Não deverá haver sobreposição das faixas de endereçamento

Um exemplo de resposta possível seria:
- Sub-rede Matriz: 172.16.0.0/24
- Sub-rede Filial 1: 172.16.1.0/25
- Sub-rede Filial 2: 172.16.1.128/26
- Sub-rede WAN: 172.16.1.192/29
- Sub-rede DMZ: 172.16.1.200/29

b) Qualquer endereço válido global no formato R.R.R.0 com máscara de 23 bits ou menos, fornecendo ao menos 512 endereços de *host*.

CAPÍTULO V
AUTOMAÇÃO INDUSTRIAL

HABILIDADE 01 – MATEMÁTICA E FÍSICA APLICADAS

1. A
2. E
3. B

HABILIDADE 02 – ELETRICIDADE, MÁQUINAS ELÉTRICAS, INSTALAÇÕES ELÉTRICAS INDUSTRIAIS, ACIONAMENTOS ELÉTRICOS

1. E
2. C
3. C
4. C
5. C
6. C
7. D
8. E
9. A

HABILIDADE 03 – ELETRÔNICA ANALÓGICA/DIGITAL, MICROCONTROLADORES, SISTEMAS DE CONTROLE, SENSORES E TRANSDUTORES, CONTROLES LÓGICOS PROGRAMÁVEIS E ROBÓTICA

1. B
2. C
3. B
4. E
5. C
6. A
7. A
8. B
9. E
10. A
11. D
12. A
13. D
14. A
15. D
16. D
17. E
18. C
19. B
20. A
21. D
22. A

23. ANÁLISE OFICIAL – PADRÃO DE RESPOSTA

a) Os motores de CC são acionados por corrente contínua e o enrolamento de armadura encontra-se na parte rotativa, o rotor, sendo esse o arranjo mais comum. Outros arranjos, como no motor sem escovas são válidos. Já os motores de CA por indução são acionados por corrente alternada de uma ou mais fases, possuindo os enrolamentos de armadura alojados tipicamente na parte estacionária do motor, conhecida como estator.

b) Vantagens: Operação em 4 quadrantes com custos relativamente mais baixos; Ciclo contínuo mesmo em baixas rotações; Alto torque na partida e em baixas rotações; Ampla variação de velocidade; Facilidade em controlar a velocidade; Os conversores CA/CC requerem menos espaço; Flexibilidade (vários tipos de excitação) e Relativa simplicidade dos modernos conversores CA/CC

Desvantagens: Os motores de corrente contínua são maiores e mais caros que os motores de indução, para uma mesma potência; Maior necessidade de manutenção (devido aos comutadores); Arcos e faíscas devido à comutação de corrente por elemento mecânico (não deve ser aplicado em ambientes perigosos); Tensão entre lâminas não deve exceder 20V, ou seja, não devem ser alimentados com tensão superior a 900V, enquanto que motores de corrente alternada normalmente possuem tensão elevada aplicada aos seus terminais;

Necessidade de medidas especiais de partida, mesmo em máquinas pequenas.

c)
- Bloco 01 – Retificação: converte a tensão da rede CA em CC.
- Bloco 02 – Filtragem: realiza a filtragem da tensão retificada através de capacitores.
- Bloco 03 – Saída (Etapa de potência): converte a tensão CC, retificada e filtrada anteriormente, em CA e aplica essa a saída que é ligada a um motor CA. Tal bloco muitas vezes é formado por módulos IGBT.
- Bloco 04 – CPU: (unidade central de processamento) realiza o controle do inversor e gera os pulsos de disparo para os IGBT's (bloco de saída).
- Bloco 05 – IHM: (interface homem-máquina) possibilita ao usuário visualizar o que está ocorrendo no inversor, através de um display, permitindo configurar o inversor de acordo com a aplicação, através de teclas.

24. ANÁLISE OFICIAL – PADRÃO DE RESPOSTA

a)
- Variável de processo: Temperatura na fornalha.
- Variável manipulada: Abertura da válvula de gás.
- Variáveis de perturbação: Temperatura ambiente e vazão de gás natural.

b)

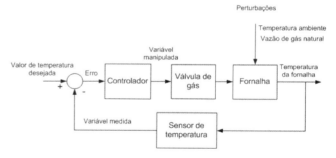

c) PTC100 responde melhor para esta faixa de temperatura.

25. ANÁLISE OFICIAL – PADRÃO DE RESPOSTA

a)

Primeira possibilidade	Segunda possibilidade
$250 \cdot 20 \cdot 10^{-3} = 5V$ $250 \cdot 4 \cdot 10^{-3} = 1V$ Se a tensão V_A é igual a 2V, teremos: $Q = \left(\dfrac{8-0}{5-1}\right)(2-1) = 2\,m^3/s$	$150 \cdot 20 \cdot 10^{-3} = 3V$ $150 \cdot 4 \cdot 10^{-3} = 0,6V$ Se a tensão V_A é igual a 2V, teremos: $Q = \left(\dfrac{8-0}{3-0,6}\right)(2-0,6) = 4,67\,m^3/s$

b)
- O primeiro amplificador possui ganho unitário.
  (valor: 0,5 ponto)
- O ganho em dB do circuito RC é igual a zero na frequência de 10 rad/s, ou seja, o ganho de tensão também é unitário no circuito RC.
  (valor: 1,0 ponto)

- O segundo amplificador operacional está na configuração não inversora e seu ganho é igual a 2, pois:
VS = VD
mas

$$V_D = \frac{V_B R}{R + R}$$

Portanto

$$V_S = \frac{V_B R}{2R} \Rightarrow V_B = 2V_S$$

Assim, o ganho total do filtro nessa frequência pode ser calculado através da multiplicação desses três valores:
Av = 1.1. 2 = 2

c) $\frac{10,24}{2^n} = 0,02 \Rightarrow 512 = 2^n \Rightarrow n = 9$

d)
200 amostras por segundo ou 200 samples/s ou 200 Hz, pois a frequência de amostragem deve ser igual ao dobro da largura de banda do sinal amostrado.

26. ANÁLISE OFICIAL – PADRÃO DE RESPOSTA

a)

C	A	E1	E2
0	0	0	1
0	1	0	1
1	0	1	0
1	1	0	0

b) E1:
c) E2:
d) E2:

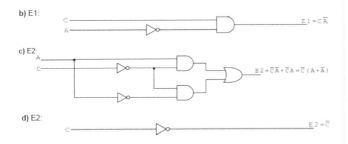

HABILIDADE 04 – INFORMÁTICA APLICADA

1. E
2. E

HABILIDADE 05 – SISTEMAS ELETROPNEUMÁTICOS E ELETRO-HIDRÁULICOS

1. C
2. E

HABILIDADE 06 – DESENHO TÉCNICO

1. B
2. C

HABILIDADE 07 – SISTEMAS SUPERVISÓRIOS E REDES INDUSTRIAIS

1. D
2. C
3. A

4. ANÁLISE OFICIAL – PADRÃO DE RESPOSTA

a)

OBS.: Serão consideradas variações sobre o tema.

b) O mestre envia 10 caracteres (6+4) e o escravo, 14 caracteres (10+4). No total são 24 caracteres.
Como cada caractere é composto de 16 bits, serão trocados 384 bits (16 x 24).
Como a taxa de transmissão é de 480 kbits/s ou 480.000 bits/s, o tempo necessário para completar uma operação mestre-escravo é de 0,8 ms (384 / 480.000).
Tendo-se 5 dispositivos, o tempo total é dado por 0,8 ms x 5 = 4 ms.
O tempo não excede o valor de 6 ms.

HABILIDADE 08 – MANUTENÇÃO INDUSTRIAL, CONTROLE DE QUALIDADE E SEGURANÇA DO TRABALHO

1. E
2. D
3. A
4. C
5. E
6. C
7. B
8. B

9. ANÁLISE OFICIAL – PADRÃO DE RESPOSTA

a) O EPC, ou Equipamento de Proteção Coletiva, é todo dispositivo, sistema, ou meio, fixo ou móvel de abrangência coletiva, destinado a preservar a integridade física e a saúde dos trabalhadores usuários e terceiros. Por exemplo: manta isolante, cobertura isolante, cones e fitas de sinalização, grades dobráveis,etc.
Já o Equipamento de Proteção Individual, ou EPI, é todo dispositivo de uso individual utilizado pelo empregado, destinado à proteção de riscos suscetíveis de ameaçar a segurança e a saúde no trabalho. Tem-se como exemplos: o capacete, a bota, os protetores auriculares, etc.

b) A tensão em corrente alternada é considerada alta (AT) quando igual ou superior a 1000 V.

c) Segundo a norma, os serviços em instalações elétricas energizadas em AT, bem como aqueles executados no Sistema Elétrico de Potência - SEP não devem ser realizados individualmente, ou seja, desacompanhado.

HABILIDADE 09 – FABRICAÇÃO MECÂNICA E METROLOGIA

1. B
2. C
3. D

CAPÍTULO VI
PRODUÇÃO INDUSTRIAL

HABILIDADE 01 – GESTÃO DE PROJETOS, PROCESSOS E PLANEJAMENTO ESTRATÉGICO

1. C
2. C
3. A
4. C
5. B
6. A
7. A
8. B
9. B

10. ANÁLISE OFICIAL – PADRÃO DE RESPOSTA

a) Valor de "z"

$$Se\ z = T\text{-}Te \div \sqrt{\sum \sigma^2_\infty}$$

$$z = 24 - 21 \div \sqrt{3,17} \quad 3,17 = 3 \div 1,78 = 1,68$$

$$z = 1,68$$

Então, p" será 0,4535 = 45,35% (Conforme tabela)
(valor: 1,5 ponto)
b) Cálculo das probabilidades
- (i) Entre 21 e 24 meses = 0,4535 ou 45,35%
- (ii) 24 meses ou menos = 0,5+0,4535 = 0,9535 ou 95,35%
- (iii) Mais do que 24 meses = 0,5-0,4535 = 0,0465 ou 4,65%

(valor: 4,5 pontos)
c) Cálculo do ganho de produtividade
Produtividade Atual: 1.250 toneladas ÷ 800 homem. hora = 1,56 toneladas/homem.hora
(valor: 1,5 ponto)
Produtividade Esperada: 1.100 toneladas ÷ 700 homem. hora = 1,57 toneladas/homem.hora
(valor: 1,5 ponto)
Dado fornecido:
Ganho de Produtividade = (Produtividade Esperada – Produtividade Atual) ÷ (Produtividade Atual)
Ganho de produtividade = (1,57 – 1,56) ÷ 1,56 = 0,0064 = 0, 64%
(valor: 1,0 ponto)

11. ANÁLISE OFICIAL – PADRÃO DE RESPOSTA

1) Considerando que no sentido "D" → "E" exista fluxo, então o caminho crítico será: A,C,D,E
(valor: 4,0 pontos)
2) 5 e 10
(valor: 4,0 pontos)
3) Apenas a atividade B
Justificativa: Porque Folga = UDI – PDI ou UDT – PDT diferente de zero **(valor: 2,0 pontos)**

HABILIDADE 02 – ADMINISTRAÇÃO DA PRODUÇÃO

1. B
2. E
3. C
4. D
5. A
6. E
7. E
8. A
9. D
10. D
11. A
12. E
13. D
14. E
15. B
16. C
17. E
18. A
19. E
20. B
21. B

22. ANÁLISE OFICIAL – PADRÃO DE RESPOSTA

a) A resposta deverá mencionar as finalidades básicas da ACVL, tais como: determinar o ponto de equilíbrio da empresa, da produção, do projeto ou da unidade objeto de avaliação; dar suporte ao processo de tomada de decisão entre comprar ou fabricar internamente; sinalizar as zonas de lucratividade e/ou de prejuízo das unidades de negócio, dentre outras.

b) A resposta deverá evidenciar as críticas feitas a ACVL relacionadas às premissas e pressupostos nas quais se baseiam tais como as limitações: do escopo temporal (caráter estático), da dinâmica das negociações variando custos e lucros, das sazonalidades econômicas (crises); e das variações de produtividade.

c) Finalmente, espera-se que a resposta identifique as contribuições teóricas da ACVL, contextualizadas no tempo, reconhecidas pela literatura existente sobre o assunto.

23. ANÁLISE OFICIAL – PADRÃO DE RESPOSTA

Caminho Crítico = A, B, D, F (Apresentam folga = ZERO)

PDI da Atividade B = 12

PDI da Atividade C = 20

UDI da Atividade B = 12

UDI da Atividade D = 20

UDT da Atividade E = 26

UDT da Atividade F = 30 e é o tempo necessário para concluir o projeto

O caminho crítico. Este se apresenta por meio das atividades que apresentam folga = ZERO (0)

HABILIDADE 03 – SISTEMAS DE GESTÃO DA QUALIDADE

1. E
2. E
3. A
4. D
5. A
6. B
7. E
8. D

9. ANÁLISE OFICIAL – PADRÃO DE RESPOSTA

a) As sete ferramentas da qualidade de Ishikawa são uma importante contribuição ao gerenciamento da produção industrial. São elas: o diagrama de causa e efeito, a folha de verificação, o fluxograma, o histograma, o gráfico de Pareto, o diagrama de dispersão e o gráfico de controle.

b) Identificando e conceituando as figuras do enunciado tem-se:

Figura 1: Diagrama de causa e efeito

Este diagrama, também chamado de diagrama de Ishikawa ou espinha de peixe, é utilizado para mostrar a relação entre causas e efeito ou uma característica de qualidade e fatores. As causas principais podem ainda serem ramificadas em causas secundárias e/ou terciárias.

Figura 2: Folha de verificação

O objetivo desta ferramenta é gerar um quadro claro dos dados, que facilite a análise e tratamento posterior. Para tanto, é necessário que os dados obtidos correspondam à necessidade da empresa. Três pontos são importantes na coleta de dados: ter um objetivo bem definido, obter contabilidade nas medições e registrar os dados de forma clara e organizada. As folhas de coleta de dados não seguem nenhum padrão preestabelecido, o importante é que cada empresa desenvolva o seu formulário de registro de dados, que permita que além dos dados seja registrado também o responsável pelas medições e registros, quando e como estas medições ocorreram. Outro fator imprescindível é que os responsáveis tenham o treinamento necessário para a correta utilização desta ferramenta.

Figura 3: Fluxograma

Esta técnica é utilizada para representar sequencialmente as etapas de um processo de produção, sendo uma fonte de oportunidades de melhorias para o processo, pois fornece um detalhamento das atividades concedendo um entendimento global do fluxo produtivo, de suas falhas e de seus gargalos. Os diagramas de fluxo são elaborados com uma série de símbolos com significados padronizados. É importante que os trabalhadores que confeccionem ou manipulem este tipo de diagramas conheçam a simbologia utilizada pela empresa.

Figura 4: Histograma

O histograma é um instrumento que possibilita ao analista uma visualização global de um grande número de dados, através da organização destes dados em um gráfico de barras separado por classes.

Figura 5: Gráfico de Pareto

Este método é utilizado para dividir um problema grande em vários problemas menores. Ele parte do princípio de Pareto que defende que os problemas são causados por muitas causas triviais, ou seja, que contribuem pouco para a existência dos problemas, e os pouco vitais, que são os grandes responsáveis pelos problemas. Desta forma, separando-se os problemas em vitais e triviais pode-se priorizar a ação corretiva.

Figura 6: Diagrama de Dispersão

O diagrama de dispersão é uma técnica gráfica utilizada para descobrir e mostrar relações entre dois conjuntos de dados associados que ocorrem aos pares. As relações entre os conjuntos de dados são inferidas pelo formato das nuvens de pontos formada. Os diagramas podem apresentar diversas formas de acordo com a relação existente entre os dados.

Figura 7: Gráfico de controle

O gráfico de controle é uma ferramenta utilizada para avaliar a estabilidade do processo, distinguindo as variações devidas às causas assinaláveis ou especiais das variações casuais inerentes ao processo. As variações casuais repetem-se aleatoriamente dentro de limites previsíveis. As variações decorrentes de causas especiais necessitam de tratamento especial. É necessário, então, identificar, investigar e colocar sob controle alguns fatores que afetam o processo.

A aplicabilidade das sete ferramentas da qualidade de Ishikawa está fortemente focada em medições e acompanhamento estatístico dos processos de produção. Desta forma, em seu conjunto, torna-se uma importante ferramenta de gestão da produção industrial, permitindo controle e acompanhamento dos processos produtivos.

HABILIDADE 04 – SAÚDE, SEGURANÇA E MEIO AMBIENTE

1. E **3.** E **5.** C
2. B **4.** C

HABILIDADE 05 – SISTEMAS DE MEDIÇÃO

1. D **2.** A **3.** C

HABILIDADE 06 – GESTÃO DE PESSOAS

1. D **3.** A **5.** A
2. D **4.** C

HABILIDADE 07 – TECNOLOGIAS

1. C **2.** E

3. ANÁLISE OFICIAL – PADRÃO DE RESPOSTA

a)

Setor do ERP	Áreas de Aplicação
Finanças e controladoria	Financeiro (d)
Manufatura	-
Gestão de materiais e suprimentos	Estoque (b) e Compras (c)
Gestão de recursos humanos	-
Aplicações em serviços	-
Aplicações em vendas e distribuição	Atendimento de pedidos (e)
Relatórios	Emissão de Nota Fiscal (a)

b) Manufatura, Gestão de recursos humanos e Aplicações em serviços.

(valor: 3,0 pontos)

c) Gestão de recursos humanos.

(valor: 2,0 pontos)